U0094319

集成电路系列丛书·集成电路设计

后量子密码芯片设计

刘冬生　邹雪城　张　聪　胡　昂　著

电子工业出版社

Publishing House of Electronics Industry

北京·BEIJING

内 容 简 介

随着信息时代的发展，量子计算机逐步展现出对传统公钥密码系统的破坏性，使得依赖传统公钥密码系统的网络安全与数据信息无法得到可靠保障，迫切要求对网络及信息安全系统进行革新。后量子密码与其芯片技术是未来应对量子计算机攻击威胁的关键力量。本书首先介绍了后量子密码的研究背景、算法理论以及当前的研究现状，其次由后量子密码芯片面临的技术挑战引出了对核心算子高效硬件实现、侧信道攻击防御机制设计等关键技术的讨论，最后详细介绍了不同后量子密码芯片的设计思路与实现结果。本书的研究成果与国际后量子密码前沿技术同步，有利于我国下一代密码技术的发展，尤其是可以促进自主后量子密码的理论与应用研究，推动我国自主研制符合国际标准且具有国际竞争力的后量子密码芯片。

本书主要适合信息安全、密码学、数字集成电路设计等专业的本科生、研究生阅读，也可供从事信息安全和其他信息技术工作的相关科研人员参考。

图书在版编目（CIP）数据

后量子密码芯片设计 / 刘冬生等著. —北京：电子工业出版社，2023.12
（集成电路系列丛书. 集成电路设计）
ISBN 978-7-121-47120-9

Ⅰ．①后… Ⅱ．①刘… Ⅲ．①量子-密码-芯片-设计 Ⅳ．①TN918.1

中国国家版本馆 CIP 数据核字（2023）第 250630 号

责任编辑：刘海艳
印　　刷：河北迅捷佳彩印刷有限公司
装　　订：河北迅捷佳彩印刷有限公司
出版发行：电子工业出版社
　　　　　北京市海淀区万寿路 173 信箱　邮编　100036
开　　本：720×1000　1/16　印张：15.75　字数：317.52 千字
版　　次：2023 年 12 月第 1 版
印　　次：2023 年 12 月第 1 次印刷
定　　价：108.00 元

凡所购买电子工业出版社图书有缺损问题，请向购买书店调换。若书店售缺，请与本社发行部联系，联系及邮购电话：（010）88254888，88258888。

质量投诉请发邮件至 zlts@phei.com.cn，盗版侵权举报请发邮件至 dbqq@phei.com.cn。

本书咨询联系方式：lhy@phei.com.cn。

"集成电路系列丛书·集成电路设计"编委会

主　　编： 魏少军

副 主 编： 严晓浪　　程玉华　　时龙兴　　王　源

责任编委： 尹首一

编　　委： 任奇伟　　刘伟平　　刘冬生　　叶　乐

朱樟明　　孙宏滨　　李　强　　杨　军

杨俊祺　　孟建熠　　赵巍胜　　曾晓洋

韩银和　　韩　军

"集成电路系列丛书"主编序言

培根之土 润苗之泉 启智之钥 强国之基

　　王国维在其《蝶恋花》一词中写道："最是人间留不住，朱颜辞镜花辞树"，这似乎是自然界无法改变的客观规律。然而，人们还是通过各种手段，借助于各种媒介，留住了人们对时光的记忆，表达了人们对未来的希冀。

　　图书，尤其是纸版图书，是数量最多、使用最悠久的记录思想和知识的载体。品《诗经》，我们体验了青春萌动；阅《史记》，我们听到了战马嘶鸣；读《论语》，我们学习了哲理思辨；赏《唐诗》，我们领悟了人文风情。

　　尽管人们现在可以把律动的声像寄驻在胶片、磁带和芯片之中，为人们的感官带来海量信息，但是图书中的文字和图像依然以它特有的魅力，擘画着发展的总纲，记录着胜负的苍黄，展现着感性的豪放，挥洒着理性的张扬，凝聚着色彩的神韵，回荡着音符的铿锵，驰骋着心灵的激越，闪烁着智慧的光芒。

　　《辞海》中把书籍、期刊、画册、图片等出版物的总称定义为"图书"。通过林林总总的"图书"，我们知晓了电子管、晶体管、集成电路的发明，了解了集成电路科学技术、市场、应用的成长历程和发展规律。以这些知识为基础，自20世纪 50 年代起，我国集成电路技术和产业的开拓者踏上了筚路蓝缕的征途。进入 21 世纪以来，我国的集成电路产业进入了快速发展的轨道，在基础研究、设计、制造、封装、设备、材料等各个领域均有所建树，部分成果也在世界舞台上拥有一席之地。

为总结昨日经验，描绘今日景象，展望明日梦想，编撰"集成电路系列丛书"（以下简称"丛书"）的构想成为我国广大集成电路科学技术和产业工作者共同的夙愿。

2016 年，"丛书"编委会成立，开始组织全国近 500 名作者为"丛书"的第一部著作《集成电路产业全书》（以下简称《全书》）撰稿。2018 年 9 月 12 日，《全书》首发式在北京人民大会堂举行，《全书》正式进入读者的视野，受到教育界、科研界和产业界的热烈欢迎和一致好评。其后，《全书》英文版 *Handbook of Integrated Circuit Industry* 的编译工作启动，并决定由电子工业出版社和全球最大的科技图书出版机构之一——施普林格（Springer）合作出版发行。

受体量所限，《全书》对于集成电路的产品、生产、经济、市场等，采用了千余字"词条"描述方式，其优点是简洁易懂，便于查询和参考；其不足是因篇幅紧凑，不能对一个专业领域进行全方位和详尽的阐述。而"丛书"中的每一部专著则因不受体量影响，可针对某个专业领域进行深度与广度兼容的、图文并茂的论述。"丛书"与《全书》在满足不同读者需求方面，互补互通，相得益彰。

为更好地组织"丛书"的编撰工作，"丛书"编委会下设了 14 个分卷编委会，分别负责以下分卷：

☆ 集成电路系列丛书·集成电路发展史话

☆ 集成电路系列丛书·集成电路产业经济学

☆ 集成电路系列丛书·集成电路产业管理

☆ 集成电路系列丛书·集成电路产业、教育和人才

☆ 集成电路系列丛书·集成电路发展前沿与基础研究

☆ 集成电路系列丛书·集成电路产品与市场

☆ 集成电路系列丛书·集成电路设计

☆ 集成电路系列丛书·集成电路制造

☆ 集成电路系列丛书·集成电路封装测试

☆ 集成电路系列丛书·集成电路产业专用装备

☆ 集成电路系列丛书·集成电路产业专用材料

☆ 集成电路系列丛书·化合物半导体的研究与应用

☆ 集成电路系列丛书·集成微纳系统

☆ 集成电路系列丛书·电子设计自动化

2021年，在业界同仁的共同努力下，约有10部"丛书"专著陆续出版发行，献给中国共产党百年华诞。以此为开端，2021年以后，每年都会有纳入"丛书"的专著面世，不断为建设我国集成电路产业的大厦添砖加瓦。到2035年，我们的愿景是，这些新版或再版的专著数量能够达到近百部，成为百花齐放、姹紫嫣红的"丛书"。

在集成电路正在改变人类生产方式和生活方式的今天，集成电路已成为世界大国竞争的重要筹码，在中华民族实现复兴伟业的征途上，集成电路正在肩负着新的、艰巨的历史使命。我们相信，无论是作为"集成电路科学与工程"一级学科的教材，还是作为科研和产业一线工作者的参考书，"丛书"都将成为满足培养人才急需和加速产业建设的"及时雨"和"雪中炭"。

科学技术与产业的发展永无止境。当2049年中国实现第二个百年奋斗目标时，后来人可能在21世纪20年代书写的"丛书"中发现这样或那样的不足，但是，仍会在"丛书"著作的严谨字句中，看到一群为中华民族自立自强做出奉献的前辈们的清晰足迹，感触到他们在质朴立言里涌动的满腔热血，聆听到他们的圆梦之心始终跳动不息的声音。

书籍是学习知识的良师，是传播思想的工具，是积淀文化的载体，是人类进步和文明的重要标志。愿"丛书"永远成为培育我国集成电路科学技术生根的沃土，成为润泽我国集成电路产业发展的甘泉，成为启迪我国集成电路人才智慧的金钥，成为实现我国集成电路产业强国之梦的基因。

编撰"丛书"是浩繁卷帙的工程，观古书中成为典籍者，成书时间跨度逾十年者有之，涉猎门类逾百种者亦不乏其例：

《史记》，西汉司马迁著，130 卷，526500 余字，历经 14 年告成；

《资治通鉴》，北宋司马光著，294 卷，历时 19 年竣稿；

《四库全书》，36300 册，约 8 亿字，清 360 位学者共同编纂，3826 人抄写，耗时 13 年编就；

《梦溪笔谈》，北宋沈括著，30 卷，17 目，凡 609 条，涉及天文、数学、物理、化学、生物等各个门类学科，被评价为"中国科学史上的里程碑"；

《天工开物》，明宋应星著，世界上第一部关于农业和手工业生产的综合性著作，3 卷 18 篇，123 幅插图，被誉为"中国 17 世纪的工艺百科全书"。

这些典籍中无不蕴含着"学贵心悟"的学术精神和"人贵执着"的治学态度。这正是我们这一代人在编撰"丛书"过程中应当永续继承和发扬光大的优秀传统。希望"丛书"全体编委以前人著书之风范为准绳，持之以恒地把"丛书"的编撰工作做到尽善尽美，为丰富我国集成电路的知识宝库不断奉献自己的力量；让学习、求真、探索、创新的"丛书"之风一代一代地传承下去。

王阳元

2021 年 7 月 1 日于北京燕园

"集成电路系列丛书·集成电路设计"
主编序言

集成电路是人类历史上最伟大的发明之一，六十多年的集成电路发展史实际上是一部持续创新的人类文明史。集成电路的诞生，奠定了现代社会发展的核心硬件基础，支撑着互联网、移动通信、云计算、人工智能等新兴产业的快速发展，推动人类社会步入数字时代。

集成电路设计位于集成电路产业链的最上游，对集成电路产品的用途、性能和成本起到决定性作用。集成电路设计环节既是产品定义和产品创新的核心，也是直面全球市场竞争的前线，其重要性不言而喻。党的"十八大"以来，在党中央、国务院的领导下，通过全行业的奋力拼搏，我国集成电路设计产业在产业规模、产品创新和技术进步等方面取得了长足发展，为优化我国集成电路产业结构做出了重要贡献。

为全面落实《国家集成电路产业发展推进纲要》提出的各项工作，加快推进我国集成电路设计技术和产业的发展，满足蓬勃增长的市场需求，在王阳元院士的指导下，我国集成电路设计产业的专家、学者共同策划和编写了"集成电路系列丛书·集成电路设计"分卷。"集成电路设计"分卷总结了我国近年来取得的研究成果，详细论述集成电路设计领域的核心关键技术，积极探索集成电路设计技术的未来发展趋势，以期推动我国集成电路设计产业实现从学习、追赶，到自主创新、高质量发展的战略转变。在此，衷心感谢"集成电路设计"分卷全体作者的努力和贡献，以及电子工业出版社的鼎力支持！

正如习近平总书记所言："放眼世界，我们面对的是百年未有之大变局。"面对复杂多变的国际形势，如何从集成电路设计角度更好地促进我国集成电路产业的发展，是社会各界共同关注的问题。希望"集成电路系列丛书·集成电路设计"分卷不仅成为业界同仁展示成果、交流经验的平台，同时也能为广大读者带来一些思考和启发，从而吸引更多的有志青年投入到集成电路设计这一意义重大且极具魅力的事业中来。

魏少军

2021 年 7 月 28 日于北京清华园

前　　言

　　量子计算机数以百亿倍的计算速度革命性提升对现有依赖传统密码体制的信息安全系统带来了严峻挑战，严重威胁了信息安全。作为能抵御量子计算机攻击的新一代密码技术，后量子密码一直被视为量子计算时代下传统公钥密码系统的可靠替代。2023 年 8 月，美国 NSA、CISA 和 NIST 组织联合发布了《量子准备：向后量子密码学过渡》报告，盘点国防/安全系统等需要优先过渡的高密级系统。后量子密码芯片是量子时代实现信息安全的基石，也是抢占新兴产业技术制高点的重要抓手。早在 2016 年面向全球的后量子密码标准征集工作中，基于格的后量子密码算法凭借着极强的安全性、平衡性和灵活性成为 NIST 标准化算法中最主要的组成部分。基于格的后量子密码芯片，属于信息安全防护的硬件级解决方案，在设计上通常需要采用软硬件协同设计技术，充分考虑资源开销与运算性能的平衡优化，并引入完备的侧信道攻击防御机制，以满足信息安全领域应用多样性、开发通用性和安全级别多元化等诸多需求。设计实现灵活性、高效性与安全性有机统一的后量子密码芯片，是未来应对量子计算机大规模商用的有效手段，能持续保障信息产业蓬勃发展，使国家处于一定的战略高度。

　　从"云"到"端"的信息安全需求牵引后量子密码芯片设计技术步入快速发展的轨道，在算法、架构、电路、抗攻击等多个维度的新思想、新方法层出不穷。本书全面探讨了量子密码芯片的基础理论与技术实现，深入分析和总结了当前最具有先进性、代表性的工作成果，并详细介绍了核心算子高效硬件实现、侧信道攻击防御机制设计和安全处理器架构等三大关键技术，同时给出了相关实现结果，供读者评估性能、成本和可行性。

　　全书分为 11 章：第 1 章是绪论，分析了当前后量子时代下，在信息安全领域部署后量子密码的必要性和可行性；第 2 章全面介绍了格理论、格难题和格密码算法，让读者能够快速了解后量子密码芯片的基础理论知识，为后续章节内容的探讨做好铺垫；第 3 章基于国际上相关领域的最新研究成果，总结了后量子密码芯片的研究现状与技术挑战，进而引出了密码方案与安全 SoC 芯片的适配性、资源开销与运算性能及侧信道安全性的设计需求；第 4 章详细介绍了后量子密码中广泛使用的 SHA-3（Secure Hash Algorithm 3，第三代安全散列算法）及其硬件加速单元的设计方法，涵盖了流水线分割、循环展开等电路优化策略；第 5 章以后量子密码芯片中高斯采样器为攻击对象，深入剖析了时间攻击、功耗分析攻击等常见侧信道攻击的特点，介绍了如何设计有效的电路结构来构建防御机制；第6章介绍了后量子密码重要的核心算子——数论变换，并以底层的模运算和多项式运算为算法模型，逐步介绍了从模乘法器到蝶形运算单元，再到可重构数论变换单元的设计思路；第7章重点介绍了在满足灵活性的设计目标下，从数据通路、数据存储方案和微指令等三个方面入手设计 Ring-LWE 密码处理器的方法和过程；第8章从 FPGA 原型系统到 ASIC 实现的角度介绍了后量子密钥交换协议 NewHope-Simple 的高效硬件实现；第9章、第10章分别阐述了实现后量子密码算法 Saber 和 CRYSTALS-Kyber 的安全协处理器架构；第11章总结全书并展望了后量子密码芯片设计的未来发展方向。

我们希望通过本书与国内同行一起分享和探讨后量子密码芯片的创新研究成果，共享后量子密码技术给信息安全领域带来的巨大发展机遇，促进我国自主的后量子密码算法理论和应用研究，共同推动我国后量子密码芯片产业的崛起与发展。

本书相关资料的收集整理和相关研究成果的取得凝聚了华中科技大学集成电路学院后量子密码研究团队近几年的集体智慧与汗水，特别感谢众多的博士和硕士研究生，包括陆家昊、刘子龙、李奥博、陈宇阳、陈勇、刘星杰、赵文定、黄天泽、杨朔、李翔等，他们在读期间为后量子密码芯片技术的研究和发展以及本书的最终完成做了大量辛勤的工作。

我们在撰写本书的过程中力图精益求精，却也难免存在疏漏之处，敬请读者指正和谅解。

作　者

2023 年 12 月

··☆☆☆ 作 者 简 介 ☆☆☆··

刘冬生，华中科技大学集成电路学院，教授。长期从事集成电路与集成系统专业的教学和科研工作，近 5 年主持国家基金重点项目、国家重点研发课题、华为合作项目等近 20 项，其中千万级项目 2 项，百万级项目 8 项。在 IEEE TII、TIE、TCAS I、ASSCC、ISCAS 等期刊及会议上发表论文 50 余篇；申请授权专利 63 项，国际 PCT 专利 2 项，美国专利 1 项，专利转让 6 项。

目　　录

第1章

绪论

1.1　信息安全与密码体制

在当今这个万物互联的大数据时代下，人们在充分享受"互联网+"、云计算和移动支付等信息技术带来便捷智能生活的同时，对信息传输与交互的数据需求量也在飞速增长，进而对信息系统的依赖性变得更为突出，最终不得不去面对个人隐私、机密业务等信息频频出现泄露的问题。知名安全情报供应公司 Risk Based Security（RBS）提供的 2020 年第三季度数据泄露事件报告[1]显示，在 2020 年 1—9 月，全球共计披露的数据泄露量高达 360 亿条记录，包括大量的个人信息和敏感数据，与 2019 年相比增长了接近 3.5 倍，是用户隐私安全遭受危害最大的一年。同时，IBM 公司的 2020 年度"数据泄露成本报告"[2]统计发现，2020 年全球数据泄露事件的平均总成本接近 386 万美元，主要包括涉事企业所必须承担的直接和间接的经济损失，如违法后的巨额罚款、事后处理成本和名誉损失恢复成本等。不仅如此，随着人工智能、区块链和 5G 等新兴技术的快速发展，相关领域还将出现更多当前未知的安全问题，小到个人隐私信息，大到国家层面的绝密级信息，都面临不断扩大的安全风险，信息安全牵涉到国家安全和社会稳定，是新时代面临的综合性挑战[3]。

信息安全主要是指保护信息和信息系统免遭未经授权的访问、使用、泄露、中断、修改及破坏等过程。密码技术是保证信息安全的一种必要手段。2020 年 1月 1 日，《中华人民共和国密码法》[4]（以下简称《密码法》）施行。根据《密码法》要求，我国后续信息系统的建设，要充分考虑密码应用与安全评估的相关内容，可见国家对信息安全的重视。《密码法》中所规定的密码技术，是指采用特定变换的方法对信息等进行加密保护、安全认证的技术、产品和服务，主要功能有两个：一个是加密保护，用于将原始可读的信息变成不能识别的符号序列；另

1

一个是安全认证，用于确认主体和信息的真实性、可靠性。密码技术最早可追溯到公元前 5 世纪希腊城邦与波斯战争中所使用的字母置换和替代等古典加密方法，直到 1949 年 C. E. Shannon（香农）发表了 *Communication Theory of Secrecy Systems*[5] 这一划时代的论文，才标志着现代密码学的诞生，因此可以说密码学是一门古老而年轻的科学。现代密码技术主要为信息安全提供了以下五个基本功能：保密性（Confidentiality）、完整性（Integrity）、认证性（Authentication）、不可否认性（Non-repudiation）、可用性（Availability）。其中，保密性是指确保传输和存储的信息只能被授权的通信方获得，即便非授权方获得了信息也无法使用正确的信息内容，通常由加密算法来实现。完整性是指传输和存储的信息不应发生非授权情况下的数据篡改，通常使用哈希函数生成的消息摘要来验证原始信息是否被替换、插入或删除等。认证性是指保证传输和存储的信息有正确的来源标识，并且需要确保来源标识没有被伪造以防止假冒，通常包括消息认证和实体认证两类。

密码技术包括密码编码技术和密码分析技术。密码体制的设计是密码编码技术的核心。密码体制的破译是密码分析技术的主要内容。两者相互依存、共同发展、密不可分。现代密码学主要存在对称密码体制（Symmetric Cryptosystem）和非对称密码体制（Asymmetric Cryptosystem）两大密码体制。如图 1-1 所示，对称密码体制的主要特点是在对明文（Plaintext）进行加密和对密文（Ciphertext）进行解密时，通信双方使用同一个密钥或两个可以进行相互推算的密钥。目前广泛使用的对称加密算法有 DES（Data Encryption Standard）[6]、3DES 和 AES（Advanced Encryption Standard）[7] 等。对称密码体制最大的优点是计算量小、加解密运算效率高。由于通信双方总是需要使用相同的密钥，因此密钥的分发和管理相对困难，安全性得不到保障。1976 年，Diffie 和 Hellman 在 *New Directions in Cryptography* 一文[8] 中首次提出了使用公开密钥进行加密的方法，使得双方可以在不事先共享任何秘密信息的前提下安全地进行通信，开辟了非对称密码体制这一全新的研究领域。非对称密码体制又称公钥密码体制（Public-Key Cryptosystem），如图 1-2 所示，主要特点是需要使用两个不同的密钥分别进行加密和解密。用于加密的密钥可以公开，被称为公钥（Public Key）。用于解密的密钥仅被解密方私有，被称为私钥（Private Key）。虽然公钥和私钥具有一定的数学相关性，但是无法通过公钥计算推断出私钥。目前广泛使用的公钥加密算法有 RSA（Rivest Shamir Adleman）[9]、椭圆曲线密码（Elliptic Curve Cryptography，ECC）[10-11]、ElGamal[12] 和背包密码[13] 等。与对称密码体制相比，公钥密码体制只需要公开发送公钥而单方保管私钥，仍然适合在不安全的通信环境中使用，计算更为复杂，加解密运算效率低于对称密码体制。

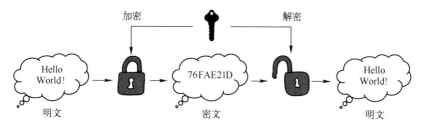

图 1-1　对称密码体制示意图

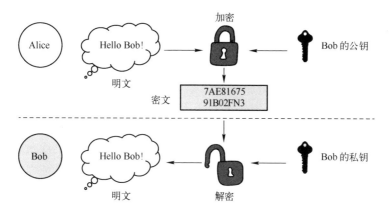

图 1-2　公钥密码体制示意图

1.2　量子计算机的潜在威胁

当今信息安全领域广泛使用的公钥密码体制主要都是基于经典计算机"难以求解"的数学问题所设计构造的。例如，RSA 基于大整数分解问题，Diffie-Hellman 和 ElGamal 基于离散对数问题，ECC 基于椭圆曲线离散对数问题。具体来说，在经典计算范式（Classic Computing Paradigm）下，RSA、Diffie-Hellman 和 ECC 等密码算法所依赖的底层数学问题是足够困难而无法在指数时间 $O(n2^n)$ 内求解的[14]，其中 n 代表被分解的整数或离散对数的参数。一旦上述数学问题可以在一个合理的时间复杂度（如多项式时间）下求解，则该解决方案就可以用来破解相关的密码算法并还原出密钥和原始加密信息。

1994 年，贝尔实验室的数学家 Peter Shor 首次论述了通过使用能执行量子算法的量子计算机，可以在多项式时间 $O(n^2)$ 内求解大整数分解问题[15]。在对 Shor 提出的量子算法进行改进后，同样可以有效求解（椭圆曲线）离散对数问题。

Shor 的研究发现迅速掀起了世界范围内量子计算机和量子算法的研究浪潮：一方面，诸如 Grover 搜索算法、基于量子傅里叶变换和基于量子遍历的量子算法层出不穷，显著缩短了传统公钥密码体制所依赖数学问题的求解时间[16]；另一方面，大量的研究工作朝着设计出实际可行的、可执行量子算法的、拥有强大算力的量子计算机这一目标而不断向前推进。据专业人士估计，破解 2048 位强度的 RSA 密钥可能需要当今最快的超级计算机耗费 80 年以上，而运行 Shor 算法的量子计算机只需要不到 8h 就可以完成。2008 年，中国科学技术大学潘建伟教授领导的研究团队率先在光量子计算机上实现了量子分解算法。2015 年，全球第一家量子计算公司 D-Wave 宣布开发出了一种 1000 量子比特（Qubit）的新型处理器。2017 年，IBM 公司宣布推出全球首个商用的量子计算服务。量子计算机和量子算法的快速发展，对现有公钥密码体制造成了巨大冲击。在量子计算机面前，传统公钥密码体制通过增加密钥长度和改变参数来抵御安全攻击的方式不再有效。2019 年 10 月 23 日，*Natrue* 上刊登了 Google 公司关于实现"量子霸权"（Quantum Supremacy）的论文[17]，介绍了 Google 公司量子硬件首席科学家 John Martinis 所在团队设计的具有 53 量子比特的 Sycamore 处理器（即"悬铃木"），可在 200s 内完成 IBM 超级计算机 Summit 需要花费 1 万年才能完成的计算任务。2020 年 12 月 4 日，中国科学技术大学宣布潘建伟院士所在团队成功构建了 76 个光子量子比特（Photonic Qubit）的量子计算原型机"九章"，只需 200s 即可求解 5000 万个样本的高斯玻色取样，而超级计算机"富岳"完成相同计算需要 6 亿年。"九章"这一研究成果在 *Science* 上同步发表[18]，牢固确立了我国在国际量子计算研究领域中的第一方阵地位。在经典计算机中，使用了由电平（电压）表征的比特（bit）来对信息进行存储，且比特值只能为 0 或 1 中的一个。而在量子计算机中，量子计算所使用的量子比特则不再是一个简单的 0 或 1 了。1 量子比特是 1 个展开的二维空间，其遵循量子力学的规律，可同时为 0 和 1。这是一种被称为"叠加态"（Superposition）的属性。同理，如果拥有 2 量子比特，就可以同时具备 4（2^2）个计算状态；如果拥有 333 量子比特，将会具备 2^{333}，即 1.7×10^{100} 个计算状态，这比宇宙中原子数目的总和还要多。在这种特性下，量子比特的计算状态会随着量子比特的数量增加而呈"指数级"增长，使量子计算机在探索一个问题时，可能拥有众多解决方案，以实现高速并行求解。

虽然目前量子计算机还远未达到商用阶段，但埃森哲公司（Accenture）的技术分析报告[19]指出：根据学术界的共识，在 2028 年之前，量子计算机将具备足够大的规模来实施 Shor 算法并能攻破当前所使用的传统公钥密码体制。随着研究人员在增加量子比特寿命方面不断取得重大研究进展[20]，上述情形可能在 2026 年就会发生。可以看到，Google 公司在 2019 年所设计的"悬铃木"实际上只能在-273.12℃这一超低温环境下正常运行。我国于 2020 年提出的"九章"却可以整体运行在正常的室温环境下。这也反映了量子计算机技术一直都在突飞猛进。尽管在理论上真正实现了一个通用容错的量子计算机需要 100 万量子比特，且每量子比特的操控精度要求为 99.8%以上，但我国相关研究团队和 Google 公司均制订了相似的研究计划：预计在未来 5 年实现 1000 量子比特的原型机。这样就能比经典计算机更快求解一些实际的密码学应用，并且在未来 10 年完成 100 万量子比特这一极具挑战性的研究目标，初步实现商用量子计算机。

在实际可用的量子计算机面前，传统公钥密码体制所基于的数学难题将可在多项式时间内被轻易求解，进而依赖传统公钥密码体制而构建的信息安全系统及各种应用将面临严峻的安全攻击，甚至是被完全破解的潜在威胁。企业和组织必须确保在未来量子计算机的攻击下，使用传统加密方案加密的敏感数据仍然能保持多年内不可被解密。量子计算机的迅猛发展在给信息安全领域带来威胁的同时，也点燃了研究能抵御量子计算攻击的密码算法的火花。对于对称密码体制，以最常使用的 AES-128 加密算法为例，破解 AES-128 最有效的方法是使用暴力破解来搜索并找到正确的密钥。由于量子计算机在执行 Grover 搜索算法后可明显加速对 AES-128 的暴力破解，因此研究者认为应当加倍 AES-128 所使用的密钥长度来实现量子计算机下 128 位的安全级别，即使用 AES-256 来替代常用的 AES-128 即可。对于传统公钥密码体制，由于量子计算机在执行 Shor 算法后可在多项式时间内对其完成求解，增加密钥长度并不能抵御量子计算攻击，因此研究者开始研究由不受量子计算攻击影响的数学问题来构建新型公钥密码算法，以在未来全面取代传统公钥密码体制[21]。

1.3　后量子密码

为了尽早部署能抵御量子计算攻击的密码算法，提前设计基于新型的、高效的、能抵抗量子计算机攻击的困难问题的密码算法，即后量子密码（Post-Quantum Cryptography，PQC）算法，是当今公钥密码学研究的重点内容。2012 年，美国国家标准与技术研究院（National Institute of Standards and Technology，NIST）宣布，现有的公钥加密技术需要逐渐过渡到具有量子安全或者说后量子替代的方案（Post-Quantum Alternatives）上，并且正式启动了后量子密码的研究工作。2016 年，NIST 的 PQC 项目宣布正式开展后量子密码标准征集工作[22-23]，主要聚焦公钥加密算法（包括密钥封装机制）和数字签名两类后量子密码算法的征集。在候选密码算法的安全性分析方面，NIST 建立了 5 个安全等级。其中，第 I 级为至少与破解 AES-128 的困难程度相当，第 V 级则是以对 AES-256 密钥的穷尽搜索为参照。NIST 要求每个研究团队提交可以抵御量子计算攻击的密码算法的详细文档、工程实现和相关测试数据。此次后量子密码标准征集竞赛面向全球范围展开，共有来自 6 大洲，25 个国家和地区的密码学家参与了竞赛[24]。后量子密码标准的第一轮方案提交截至 2017 年 11 月 30 日，NIST 共收到 82 个后量子密码算法方案。在进行初步审查后，NIST 最终公布了 64 个"完整且适合"的方案正式进入第一轮筛选，具体见表 1-1。其中，来自我国复旦大学、上海交通大学和密码科学技术国家重点实验室的相关研究团队也贡献并提交了几个后量子密码方案。

表 1-1　第一轮后量子密码方案统计

类　　别	数字签名方案（个）	公钥加密/密钥封装机制（个）	每种类别合计（个）
基于格的	5	21	26
基于编码的	2	17	19
基于多变量的	7	2	9
基于哈希的	3	0	3
其他	2	5	7
总计	19	45	64

在这 64 个候选方案中，主要包括由以下 4 类数学问题构造的后量子密码算法：基于格的（Lattice-based）共计 26 个，基于编码的（Code-based）共计 19 个，基于多变量的（Multivariate-based）共计 9 个，基于哈希的（Hash-based）共计 3 个。经过为期一年多的评估，已有近 1/3 的方案被发现存在各类安全缺陷，近 1/5 的方案已被彻底攻破。NIST 于 2019 年 1 月 31 日宣布[25]，只有 26 个后量子密码方案成功进入了第二轮半决赛筛选。其中，基于格的有 12 个，基于编码的有 7 个，基于多变量的有 4 个，具体见表 1-2。

表 1-2　第二轮后量子密码方案统计

类　　别	数字签名方案（个）	公钥加密/密钥封装机制（个）	每种类别合计（个）
基于格的	3	9	12
基于编码的	0	7	7
基于多变量的	4	0	4
基于哈希的	2	0	2
其他	0	1	1
总计	9	17	26

再次经历一年半的严格评选后，2020 年 7 月 22 日，NISI 宣布只有 7 个后量

子密码方案入围了第三轮决赛筛选[26]。其中，公钥加密算法和密钥封装机制方案包括 Classic McEliece、CRYSTALS-KYBER（简称 Kyber）、NTRU（Number Theory Research Unit）和 SABER（也称 Saber），数字签名方案包括 Rainbow（彩虹签名）、FALCON 和 CRYSTALS-DILITHIUM。除 Classic McEliece 和 Rainbow 外，其他 5 个均为基于格的后量子密码方案。按照 NIST PQC 项目的规划[27]，最终的审查工作同样将持续一年到一年半，预计在 2024 年，后量子密码的标准化工作正式完成。这些方案中将有一个或几个会成为最终的后量子密码方案标准。

除 NIST PQC 项目在推进后量子密码算法的标准化进程外，其他国际组织同样也在积极部署：IEEE P1363.3 工作组已经标准化了一些基于格的密码算法[28]；欧盟专家组 PQCRYPTO 和 SAFEcrypto 针对后量子密码方案提出了建议并发布了相关报告[29-30]；ISO/IEC JTC1/SC27 机构已经对后量子密码学进行了为期两年的研究，并且正在开发相关标准。后量子密码很可能是一项在根本上改变人类社会信息安全的新技术，将作为 RSA、ECC 等传统公钥加密算法的替代逐步融入信息化的工作和生活，为抵御量子计算机的攻击做好充足的准备。信息安全相关的行业将会产生巨大的变化，也将出现更多后量子密码应用方面的市场需求。

1.4　基于格的后量子密码

在现有的后量子密码方案中，格密码（Lattice-Based Cryptography，LBC）依靠独特的困难问题规约结果，被认为是最有可能成为下一代公钥密码标准的新型密码结构，引起了很多研究者的高度关注和重视。格的概念最早由 Guass 于 18 世纪提出，后经过 Lageange 等人的发展，逐渐形成了一套关于格的数学理论[8]。在相当长的一段时间内，密码界的研究者更侧重于研究解决格困难问题的算法和格理论在密码分析中的应用[9]。在密码学中，格理论最初仅仅是一种对公钥密码算法进行安全性分析的工具。1996 年，Ajtai 开创性地提出了一种构造一类随机格的方法，给出了格困难问题从最坏情况到平均情况的规约证明[31]。基于 Ajtai 的这项研究，研究者随后便开始利用随机格构建单向陷门函数、公钥加密、抗碰撞的哈希函数和数字签名等一系列的密码方案。1997 年，Ajtai 和 Dwork 提出了具有里程碑意义的首个基于格的公钥加密方案——Ajtai-Dwork 密码体制[32]。该方案的安全性规约工作于 2003 年得到了 Regev 的完善[33]。同年，Goldreich、Goldwasser 和 Halevi 等人提出了更易理解且实用的 GGH 密码体制。这是一种基于格的公钥加密和数字签名方案，缺点是缺少最坏情况下的安全性证明[34]。尽管后来 Micciancio 改进了 GGH 密码体制[35]，但它的安全性问题仍然没有得到解决。1998 年，Hoffstein 等人首次提出了 NTRU[36]这一使用多项式环设计的密码体制，全面优化了加解密速度和密钥长度。尽管 NTRU 密码体制的设计利用了格的结构性，但无法找到已知的格困难问题进行严格的安全性规约分析。

使得格密码真正意义上同时兼顾实用性、高效率和可证明安全性的研究工作来自 Regev 于 2005 年发表的论文[37]。Regev 给出了第一个基于误差学习（Learning With Errors，LWE）问题构造的公钥加密方案，标志着格密码进入了一个全新的时期。2010 年，V. Lyubashevsky 和 C. Peikert 等人进一步基于环域上的 LWE（Ring-LWE）问题设计了 Ring-LWE 公钥加密方案[38]，有效缓解了 LWE 公钥加密方案中过大的密钥尺寸而带来的存储问题。2011 年，R. Lindner 和 C. Peikert 对 Ring-LWE 公钥加密方案进行了更为全面的安全性分析，平衡了算法的时间复杂度，给出了不同安全等级下安全参数的计算，使得基于 Ring-LWE 问题设计的格密码方案有更加易于实现的密钥和密文尺寸[39]。2017 年，Albrecht 等人给出了 MLWE 到 RLWE 的规约证明[16]，为基于 MLWE 问题构建密码方案的安全性提供了理论基础。LWE 问题及其变体一直都是格密码学中最为热门的研究领域。研究者基于 LWE 问题及其变体构建了许多公钥密码方案，包括公钥加密方案[17-18]、密钥交换协议（如 NewHope[19]、Frodo[20]、Kyber[21]）、数字签名方案[22-23]和伪随机数生成函数[24-25]等。

基于 LWE 问题及其变体的密码方案虽然兼具了安全性和高效性，但也存在固有的缺陷。LWE 方案的安全性主要依赖向公钥和密文引入随机、独立的误差。该误差来自对噪声分布的采样。这就导致基于 LWE 问题及其变体的方案始终存在公钥和密文体积较大的问题，在实现时需要消耗大量的存储空间和带宽来保存和传输数据。为了解决这个问题，Banerjee 等人于 2012 年提出了带舍入学习困难（Learning With Rounding，LWR）问题，并证明在特定的参数选取下，LWR 问题和 LWE 问题的复杂度等价[26]。在此基础上，Alwen[27]、Bogdanov[28]和 Alperin-Sheriff[29]等人陆续对 LWR 问题的安全性进行了进一步的证明。LWR 问题可以看作 LWE 问题的"去随机化版本"。与 LWE 问题不同的是，LWR 问题中的误差是通过模域的转换结合四舍五入运算而确定性地引入的。这种方法避免了向每个样本的内积添加随机误差项，减小了公钥和密文的体积。LWR 问题也演变出 RLWR 问题和 MLWR 问题等变体，均可以看作 LWE 体系中对应问题的衍生。LWR 问题及其变体的提出为格密码方案的设计提供了新的思路，但由于 LWR 问题特殊的参数选取导致了一些能够应用到 LWE 问题中的高效数学算法，如 NTT 变换，无法应用到 LWR 问题中，以至于基于 LWR 问题的密码方案面临运算效率较低的问题。在相当长的一段时间内，基于 LWR 问题构建密码算法并不属于格密码学中热门的研究内容。随着许多优化方法的提出和一些优秀的实现实例的证明，这种状况正在逐渐发生改变。

随着格密码的不断发展，公钥长度与密文长度得到了更好的优化，运算性能得到了全面的提升，安全性分析也更加完备。具体而言，格密码的优点主要体现在三个方面：

（1）拥有完备的安全性证明。当前的格密码方案主要是基于 SIS、LWE、Ring-LWE 和 Module-LWE 等问题构建的，其安全性均已被证明建立在解决最坏情况下最短向量问题（Shortest Vector Problem，SVP）和最短线性无关向量问题（Shortest Independent Vector Problem，SIVP）等格困难问题的困难程度上。

（2）高效且易于实现。格密码方案通常仅需要十几位的向量、矩阵和多项式模运算，相较于 RSA、ECC 等需要几百位以上的大数模乘、模幂运算的密码方案，更易于实现。格密码方案的运算流程简单，有更高的运算速度。

（3）灵活性强，用途广泛。格密码的安全参数易于设计并选取，能被广泛应用于多样化、具有不同安全需求的密码系统。另外，格密码不仅可以用于构造公钥加密、密钥封装机制和数字签名等方案，还能用于构建单向陷门函数（Trapdoor Functions）、属性加密方案（Attribute-Based Encryption）和同态加密方案（Homomorphic Encryption）等高级密码学应用。

表 1-3 中列出了 NIST PQC 项目中各类后量子密码方案的实际性能及数量的具体对比。可以看到，在众多的后量子密码方案中，基于格的后量子密码方案，即格密码方案，凭着自身众多优异的特点，在 NIST PQC 项目的三轮评选中方案总数始终保持第一，毫无疑问地成为最有潜力的一类后量子密码方案。目前，在经过第三轮 PQC 标准化会议的评审后，剩余的 7 个主选方案中，基于格的方案有 CRYSTALS-KYBER（简称 Kyber）、NTRU（Theory Research Unit）、SABER（也称 Saber）、FALCON 和 CRYSTALS-DILITHIUM 等 5 个，占据了绝大多数；基于编码的方案为 Classic McEliece；基于多变量的方案为 Rainbow。

表 1-3　后量子密码方案对比

类　　别	公钥与密文长度	运算性能（密钥生成+加密+解密）	功能多样性	第一轮数量（个）	第二轮数量（个）	第三轮数量（个）
基于格的	小	快	很好	26	12	5
基于编码的	较小	较快	好	19	7	1
基于多变量的	大	一般	较好	9	4	1
基于哈希的	大	较快	有限	3	2	0

后量子时代下的信息安全如图 1-3 所示。可以预见，在传统公钥密码体制面临安全隐患的未来，从无处不在的物联网终端设备到超大规模的云计算平台、

智能电网、工业应用、车辆联网、医学检测等，都有望部署格密码来保障后量子时代下的信息安全。

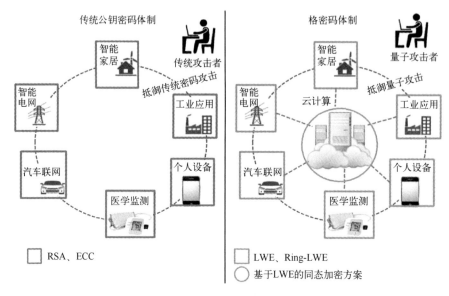

图 1-3　后量子时代下的信息安全

参 考 文 献

[1] Risk Based Security. 2020 Q3 data breach quickview report[R]. Washington: Cyber Risk Analytics, 2020.

[2] Ponemon Institute. 2020 cost of data breach study[R]. New York: IBM Security, 2020.

[3] 秦安. 论网络国防与国家大安全观[J]. 中国信息安全, 2014, 49(1): 34-37.

[4] 国家密码管理局. 中华人民共和国密码法[Z]. 中华人民共和国全国人民代表大会常务委员会公报, 2019(6):912-916.

[5] SHANNON C E. Communication theory of secrecy systems[J]. The Bell System Technical Journal, 1949, 28(4): 656-715.

[6] National Bureau of Standards. Data encryption standard (DES)[S]. [2022-04-13] Federal Information Processing Standards Publications, 1977.

[7] DAEMEN J, RIJMEN V. The design of rijndael[M]. New York: Springer, 2002.

[8] DIFFIE W, HELLMAN M. New directions in cryptography[J]. IEEE Transactions on Information Theory, 1976, 22(6):644-654.

[9]　RIVEST R L, SHAMIR A, ADLEMAN L. A method for obtaining digital signatures and public-key cryptosystems[J]. Communications of the ACM, 1978, 21(2): 120-126.

[10]　MILLER V S. Use of elliptic curves in cryptography[M]. Berlin Heidelberg: Springer, 1986.

[11]　KOBLITZ N. Elliptic curve cryptosystems[J]. Mathematics of Computation, 1987, 48(177): 203-209.

[12]　ELGAMAL T. A public key cryptosystem and a signature scheme based on discrete logarithms[J]. IEEE Transactions on Information Theory, 1985, 31(4): 469-472.

[13]　赖溪松, 韩亮, 张真诚, 等. 计算机密码学及其应用[M]. 北京: 国防工业出版社, 2001.

[14]　KUMAR M, PATTNAIK P. Post quantum cryptography (PQC)-an overview[C]// 2020 IEEE High Performance Extreme Computing Conference (HPEC). 22-24 September 2020, Waltham, MA, USA: IEEE, 2020: 1-9.

[15]　SHOR P W. Polynomial-time algorithms for prime factorization and discrete logarithms on a quantum computer[J]. SIAM review, 1999, 41(2): 303-332.

[16]　MONZ T, NIGG D, MARTINEZ E A, et al. Realization of a scalable Shor algorithm[J]. Science, 2016, 351(6277): 1068-1070.

[17]　ARUTE F, ARYA K, BABBUSH R, et al. Quantum supremacy using a programmable superconducting processor[J]. Nature, 2019, 574(7779): 505-510.

[18]　ZHONG H S, WANG H, DENG Y H, et al. Quantum computational advantage using photons[J]. Science, 2020, 370(6523): 1460-1463.

[19]　AHRENS K. Cryptography in a post-quantum world: poster[C]// Proceedings of the 5th Annual Symposium and Bootcamp on Hot Topics in the Science of Security. 2018: 1-1.

[20]　MIAO K C, BLANTON J P, ANDERSON C P, et al. Universal coherence protection in a solid-state spin qubit[J]. Science, 2020, 369(6510): 1493-1497.

[21]　CHENG C, LU R, PETZOLDT A, et al. Securing the internet of things in a quantum world[J]. IEEE Communications Magazine, 2017, 55(2): 116-120.

[22]　MOODY D. Post-quantum cryptography standardization: announcement and outline of NIST's call for submissions[C]// International Conference on Post-Quantum Cryptography-PQCrypto. 2016.

[23]　CHEN L, CHEN L, JORDAN S, et al. Report on post-quantum cryptography[M]. Gaithersburg, MD, USA: US Department of Commerce, National Institute of Standards and Technology, 2016.

[24]　MOODY D. The ship has sailed: the NIST post-quantum cryptography "competition"[C]// 23rd International Conference on the Theory and Applications of Cryptology and Information Security, December 3-7, 2017, Hong Kong, China: Springer Cham, 2017.

[25] National Institute of Standards and Technology. Status report on the first round of the NIST post-quantum cryptography standardization process: NISTIR 8240 DRAFT[R]. Gaithersburg: U.S. Department of Commerce, 2019.

[26] National Institute of Standards and Technology. Status report on the second round of the NIST post-quantum cryptography standardization process: NISTIR 8309 DRAFT[R]. Gaithersburg: U.S. Department of Commerce, 2020.

[27] MOODY D. NIST PQC standardization update-round 2 and beyond[EB/OL]. [2022-11-23] https://csrc.nist.gov/CSRC/media/Presentations/pqc-update-round-2-and-beyond/images-media/pqcrypto-sept2020-moody.pdf.

[28] LIEMAN D. Standard specification for public-key cryptographic techniques based on hard problems over lattices[J]. IEEE P1363, 2001, 1: D2.

[29] NEJATOLLAHI H, DUTT N, RAY S, et al. Software and hardware implementation of lattice-cased cryptography schemes[J]. Center for Embedded Cyber-Physical Systems, 2017: 1-43.

[30] HODGERS P, REGAZZONI F, GILMORE R, et al. State-of-the-art in physical side-channel attacks and resistant technologies[R]. Technical Report, 2016.

[31] AJTAI M. Generating hard instances of lattice problems[C]// Proceedings of the Twenty-eighth Annual ACM Symposium on Theory of Computing. New York: Association for Computing Machinery, 1996: 99-108.

[32] AJTAI M, DWORK C. A public-key cryptosystem with worst-case/average-case equivalence[C]// Proceedings of the Twenty-ninth Annual ACM Symposium on Theory of Computing. May 4 - 6, 1997, New York, NY, United States: Association for Computing Machinery, 1997: 284-293.

[33] REGEV O. New lattice-based cryptographic constructions[J]. Journal of the ACM (JACM), 2004, 51(6): 899-942.

[34] GOLDREICH O, GOLDWASSER S, HALEVI S. Public-key cryptosystems from lattice reduction problems[C]// Advances in Cryptology—CRYPTO'97: 17th Annual International Cryptology Conference Santa Barbara, California, USA August 17–21, 1997 Proceedings 17. Springer Berlin Heidelberg, 1997: 112-131.

[35] MICCIANCIO D. Improving lattice based cryptosystems using the Hermite normal form[C]// Cryptography and Lattices: International Conference, CaLC 2001 Providence, RI, USA, March 29-30, 2001 Revised Papers. Springer Berlin Heidelberg, 2001: 126-145.

[36] HOFFSTEIN J, PIPHER J, SILVERMAN J H. NTRU: A ring-based public key cryptosystem [M]// Algorithmic Number Theory: Third International Symposiun, ANTS-III Portland, Oregon, USA, June 21-25, 1998 Proceedings. Berlin, Heidelberg: Springer Berlin Heidelberg, 2006: 267-288.

[37] REGEV O. On lattices, learning with errors, random linear codes, and cryptography[J]. Journal of the ACM (JACM), 2009, 56(6): 1-40.

[38] LYUBASHEVSKY V, PEIKERT C, REGEV O. On ideal lattices and learning with errors over rings[J]. Journal of the ACM (JACM), 2013, 60(6): 1-35.

[39] LINDNER R, PEIKERT C. Better key sizes (and attacks) for LWE-based encryption[C]// Topics in Cryptology–CT-RSA 2011: The Cryptographers' Track at the RSA Conference 2011, San Francisco, CA, USA, February 14-18, 2011. Proceedings. Springer Berlin Heidelberg, 2011: 319-339.

第 2 章

基于格的后量子密码算法理论

2.1　格理论基础

格（Lattice）$\mathcal{L}$ 指在 n 维欧几里得空间 $\mathbb{R}^n$ 中由无限个离散的点构成的具有周期性的数学结构。如果给定 n 个线性无关的向量 $\boldsymbol{b}_1,\boldsymbol{b}_2,\cdots,\boldsymbol{b}_n \in \mathbb{R}^n$，由它们可以生成一个格 $\mathcal{L}$，则可以称 $\boldsymbol{b}_1,\boldsymbol{b}_2,\cdots,\boldsymbol{b}_n \in \mathbb{R}^n$ 为 $\mathcal{L}$ 的一组基（Basis），且这组基向量的任意线性组合的集合形成了整个 $\mathcal{L}$：

$$\mathcal{L}(\boldsymbol{b}_1,\boldsymbol{b}_2,\cdots,\boldsymbol{b}_n) = \left\{ \sum_{i=1}^{n} \boldsymbol{x}_i \boldsymbol{b}_i : \boldsymbol{x}_i \in \mathbb{Z} \right\} \tag{2-1}$$

这也被称为标准格（Standard Lattice）。格的基并不是唯一的，通过使用线性代数中的基变更运算（Change of Basis），很容易计算得到一组新的基向量。一个简单的二维格和它对应的两种可能的基向量如图 2-1 所示。因此，从数学的角度而言，$\mathcal{L}$ 是 $\mathbb{R}^n$ 中离散加法子群（Discrete Additive Subgroup）。

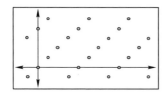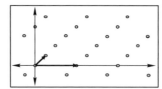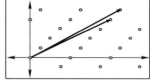

图 2-1　一个简单的二维格和它对应的两种可能的基向量

理想格（Ideal Lattice）则定义在整数多项式环 $R_q = \mathbb{Z}_q[x]/(f(x))$ 上。其中，$\mathbb{Z}$ 表示整数集合，正整数 q 为模数，$f(x) = x^n + f_n x^{n-1} + \cdots + f_1 \in \mathbb{Z}[x]$ 为不可约的分圆多项式（Cyclotomic Polynomial），且 R_q 中所有多项式需要对 $f(x)$ 进行取模运算，其系数都需要对 q 进行取模运算。并且，当 $f(x)$ 是一个 n 阶首项系数为 1

的（Monic）不可约多项式时，$R_q = \mathbb{Z}_q[x]/(f(x))$ 包括次数项不大于 n-1 阶的多项式。例如，在 n 是 2 的幂时，$R_q = \mathbb{Z}_q[x]/(x^n + 1)$ 是一个理想格；然而，$R_q = \mathbb{Z}_q[x]/(x^n - 1)$ 不是一个理想格，这是因为 $x^n - 1$ 是一个可约多项式。

2.2　格难题及其在密码学中的应用

Ajtai 在他具有开创性意义的研究工作[1]中证明了将基于格的数学问题应用于构建密码方案的可行性。具体而言，Ajtai 证明了求解一些平均情况（Average-Case）下 NP-Hard 的格难题（如最短向量问题）与求解对应最坏情况（Worst-Case）下的假设有相同的困难性。例如，想要求解格中最短向量问题（Shortest Vector Problem，SVP），应当求解在给定任意一组基向量时所对应的 SVP，即格中 SVP 的所有实例都需要被计算求解。因此，根据文献[2]中的证明，可以推测出目前不存在任何一个概率多项式时间算法可以在多项式时间内近似计算格中的一些困难数学问题。这也是基于格的后量子密码（格密码，Lattice-Based Cryptography，LBC）安全性的基础。由文献[3]可知，目前能够最快求解 SVP 的算法的时间和内存复杂度是 $2O(n)$。

2.2.1　经典格难题

格中常见的三种困难问题（格难题）分别是最短向量问题（Shortest Vector Problem，SVP）、最近向量问题（Closest Vector Problem，CVP）和最短线性无关向量问题（Shortest Independent Vector Problem，SIVP）。接下来将主要根据文献[4]给出的定义对它们一一进行具体介绍。

1．SVP

SVP 有三种变体可以相互进行归约：第一种是找到格中最短非零向量，第二种是找到最短非零向量的长度，第三种是确定最短非零向量的长度是否比一个给定的实数短。假设 B 为格 $\mathcal{L}$ 的基向量构成的矩阵，定义格 $\mathcal{L}(B)$ 中的最短非零向量 $v \in \mathcal{L}(B) \setminus \{0\}$，并且其长度为 $\|v\| = \lambda_1(\mathcal{L}(B))$。SVP 的输出是格中确定且唯一的最短非零向量，且 SVP 可以使用任意的范数（Norm）进行定义，但通常会使用 L2 范数即欧几里得范数来计算 $\mathbb{R}^n$ 中两个点的距离。在 γ-近似 SVP（SVP_γ）中，对于 $\gamma \geqslant 1$，目标是找到最短非零向量 $v \in \mathcal{L}(B) \setminus \{0\}$ 且 $\|v\| \leqslant \lambda_1(\mathcal{L}(B))$；对于 $\gamma = 1$ 这一特殊情况，与 SVP 完全等价。判定型 γ-近似 SVP（$\mathrm{G_{AP}SVP}_\gamma$）被定义为判断不等式 $d < \lambda_1(\mathcal{L}(B)) \leqslant \gamma$ 是否成立，其中 d 是一个正实数。

2. CVP

假设 B 为格 $\mathcal{L}$ 的基向量构成的矩阵，t 为连续空间中任意的一个目标点（可能不是 $\mathcal{L}(B)$ 中的格点），CVP 被定义为找到一个向量 $v \in \mathcal{L}(B)$，使得 v 到目标点 t 的距离（$\|v-t\|$）最短。在 γ-近似 CVP（CVP_γ）中，对于 $\gamma \geqslant 1$，目标是找到向量 $v \in \mathcal{L}(B)$ 满足 $\|v-t\| \leqslant \gamma \cdot \text{dist}(t, \mathcal{L}(B))$，其中 $\text{dist}(t, \mathcal{L}(B)) = \inf\{\|v-t\| : v \in \mathcal{L}(B)\}$ 是指目标点 t 到 $\mathcal{L}(B)$ 的距离。

3. SIVP

假设 B 为格 $\mathcal{L}$ 的基向量构成的矩阵，q 为一个素数，SIVP 被定义为在格中找到 n 个线性无关的向量 $\{v = v_1, v_2, \cdots, v_n : v_i \in \mathcal{L}(B), 1 \leqslant i \leqslant n\}$，并使得其中最长向量 $\|v\| = \max_i \|v_i\|$ 的长度最短。给一个定近似因子 $\gamma \geqslant 1$，γ-近似 SIVP（SIVP_γ）被定义为找到 n 个线性无关的向量 $\{v = v_1, v_2 \cdots, v_n : v_i \in \mathcal{L}(B)\}$，并且其中最长向量满足 $\max_i \|v_i\| \leqslant \lambda_n(\mathcal{L}(B))$，$\lambda_n$ 为第 n 个可行的最小值。具体而言，在一个 n 维格中，第 i 个可行的最小值 λ_i 是指包含了格中 i 个线性无关向量的最小球体的半径（以格点为球心）。判断型 γ-近似 SIVP（$\text{G}_{\text{AP}}\text{SIVP}_\gamma$）被定义为判断不等式 $d < \lambda_n(\mathcal{L}(B)) \leqslant \gamma \cdot d$ 是否成立，其中 d 是一个正实数。

笛卡儿坐标系中二维格 SVP 和 CVP 的简化示意图如图 2-2 所示。$B_0 = (b_0, b_1)$ 和 $B_1 = (b_2, b_3)$ 是格 $\mathcal{L}$ 的一组基向量，SVP 则是找到最短非零向量 $\lambda_1 = 2B_0 - B_1$。给定一个目标点 $C = (c_0, c_1)$（可能并不在 $\mathcal{L}$ 中的格点上），CVP 则是找到 $\mathcal{L}$ 中与 C 最近的点 D 和其对应的向量 $\lambda_2 = (d_0, d_1)$。

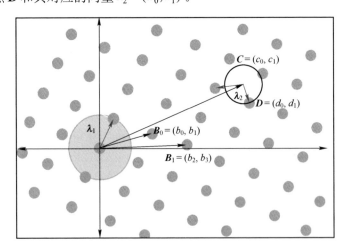

图 2-2　笛卡儿坐标系中二维格 SVP 和 CVP 的简化示意图

2.2.2　应用于密码学的格难题

在格密码学中，两类重要的平均情况（Average Case）问题是模线性方程组中的小整数解（Small Integer Solution，SIS）问题和机器学习理论中的误差学习（Learning With Errors，LWE）问题，均与经典格难题（SVP 和 CVP 等）有紧密的联系。

1. SIS 问题

随机选取矩阵 $A = (a_1, a_2, \cdots, a_n) \in \mathbb{Z}^{m \times n}$，$q$ 为一个素数，SIS 问题被定义为找到向量 $z \in \mathbb{Z}^n$，使得 $z_1 \cdot a_1 + z_2 \cdot a_2 + \cdots + z_n \cdot a_n = 0 (\bmod q)$，通常 z_i 的取值范围为 $z_i \in \{-1, 0, 1\}$。同样，若随机选取矩阵 $A = (a_1, a_2, \cdots, a_n) \in \mathbb{Z}_q^{m \times n}$，则可以计算生成对应的 q 阶随机格 $\varLambda_q^\perp(A)$，其中 $\varLambda_q^\perp(A) = \{z \in \mathbb{Z}^n : Az = 0(\bmod q)\}$。这样 SIS 问题就变为在格 $\varLambda_q^\perp(A)$ 中找到最短向量的问题。根据 Ajtai 的理论[1]，如果存在一个多项式时间算法 A 可以求解 SIS 问题，那么就一定存在一个高效的算法 B 可以在多项式时间内解决任意 n 阶格中的 SVP 或 SVIP。

环域上 SIS（Ring-SIS）问题：令矩阵 $A = (a_1, a_2, \cdots, a_n)$，其中 $a_i \in \mathbb{Z}_q[x] / (x^n + 1)$，对应 q 阶随机格 $\varLambda_q^\perp(A) = \{z \in \mathbb{Z}_q[x] / (x^n + 1) : Az = 0(\bmod q)\}$，Ring-SIS 问题就是在格 $\varLambda_q^\perp(A)$ 中找到最短向量的问题。

2. LWE 问题

选取一个矩阵 $A \in \mathbb{Z}_q^{m \times n}$ 和秘密向量 $s \in \mathbb{Z}_q^n$，系数分别在 $\mathbb{Z}_q^{m \times n}$ 和 $\mathbb{Z}_q^n$ 中满足均匀分布，其中 n 和 q 分别为格的维度和模数（通常为素数），m 为样本数；再选取误差向量 $e \in \mathbb{Z}_q^m$，系数满足 $\mathbb{Z}_q^m$ 中的某种公开的误差分布 χ，并通过计算得到向量 $b \in \mathbb{Z}_q^m$，满足 $b = As + e$。LWE 问题的主要计算过程如图 2-3 所示。搜索型 LWE 问题就是根据矩阵 A 和向量 b，计算还原出秘密向量 s。Regev 提出的公钥加密方案就是使用搜索型 LWE 问题设计的[5]。从另一个角度而言，搜索型 LWE 问题可以看作在维度为 m 的 q 阶格 $\varLambda_q^\perp(A)$ 上，找到以 b 为目标向量的最近向量，其中 $\varLambda_q^\perp(A) = \{y \in \mathbb{Z}^m : y = As(\bmod q)\}$。判断型 LWE 问题则是需要去区分 LWE 系统实际计算得到的向量 b 和系数在 $\mathbb{Z}_q^m$ 中满足均匀分布的向量 b。根据 Regev 的证明，如果存在一个多项式时间算法 C 可以求解 LWE 问题，那么就一定存在能求解 G_{AP}SVIP 和 SIVP 的有效量子算法 D。LWE 问题最大的优势在于，其最坏情况下的困难假设在量子归约和经典归约下都得到了证明。另外，根据文献[6]可知，如果向量 b 与向量 e 是在相同的误差分布中采样得到的，那么 LWE 问题的困难假设仍然有效成立。

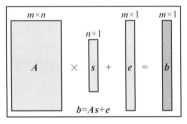

图 2-3　LWE 问题的主要计算过程

3．环域上 LWE（Ring-LWE）问题

定义整数多项式环 $R_q = \mathbb{Z}_q[x]/(x^n+1)$，其中 n 是 2 的幂，模数 $q \equiv 1 \bmod 2n$ 是一个大素数。选取任意多个多项式 $\mathbf{a}_i \in R_q (i \geqslant 1)$ 和一个秘密多项式 $\mathbf{s} \in R_q$，$\mathbf{a}_i$ 和 $\mathbf{s}$ 的系数均在 R_q 上满足均匀分布，再选取对应数量的误差多项式 $\mathbf{e}_i \in R_q$，其系数满足 R_q 上某种公开的误差分布 χ，可以计算得到 i 组多项式 $\mathbf{b}_i \in R_q$，满足 $\mathbf{b}_i = \mathbf{a}_i \mathbf{s} + \mathbf{e}_i$。搜索型 Ring-LWE 问题就是根据任意组多项式对 $<\mathbf{b}_i, \mathbf{a}_i>$ 找出秘密多项式 $\mathbf{s}$；判定型 Ring-LWE 问题则能以不可忽略的优势区分出任意组独立的多项式 $\mathbf{b}_i$ 是由 Ring-LWE 系统计算得到的，还是由均匀分布采样得到的。可见，Ring-LWE 问题和 LWE 问题在基本形式上是非常相似的，Lyubashevsky 和 Peikert 证明了两项与安全性证明有关的重要结果[7]：

（1）理想格中最坏情况下的近似 SVP 到搜索型 Ring-LWE 问题的量子规约。

（2）如果（1）中的搜索问题是难解的，则 Ring-LWE 分布实际上是伪随机的。

因此，他们给出了以下结论：在给定的多项式参数下，如果近似求解理想格中最坏情况，搜索型 SVP 对于多项式时间量子算法是困难的，那么对于任何多项式时间的攻击者而言（即使是量子算法），从 Ring-LWE 分布中得到的任意组多项式样本都是伪随机的。

4．Module-LWE 问题

记 R_q 的阶数（格的维度）为 n，定义 Module（元素为多项式的向量或者矩阵）$\mathbf{M} \in R_q^d$ 的秩（Rank）为 d。当 $d=1$、$R_q = \mathbb{Z}_q[x]/(x^n+1)$ 时，Module-LWE 问题的困难程度基于 Ring-LWE 问题和 Ring-SIS 问题；当 $d>1$、$R_q = \mathbb{Z}_q$ 时，则与 LWE 问题和 SIS 问题有关。可见，Module-LWE 问题是 LWE 问题和 Ring-

LWE 问题在参数为 $R_q = \mathbb{Z}_q[x]/(x^n+1)$ 和 $d>1$ 时的归一化方案[8]，且 M 中格难题的安全规约取决于 $N = n \times d$（对应 Module Lattice 的维度）。对于 LWE 这类问题而言，$d=1$ 且 R_q 的维度为 n（即 Ring-LWE 问题）与 $d=i$ 且 R_q 的维度为 n/i（Module-LWE 问题）这两种情况的安全归约是相同的。假设 M 是一个 $d \times d$ 大小的随机多项式矩阵（矩阵元素为 n 次多项式），在上述前者的情形中，M 包括 n 个属于 $\mathbb{Z}_q$ 的系数；对于后者，M 则由 $i^2 \times (n/i)$ 个属于 $\mathbb{Z}_q$ 的系数组成。具体而言，对 $R_q^{d \times d}$ 的均匀分布采样得到多项式矩阵 A，对 R_q^d 某种公开的误差分布 χ^d 采样得到秘密多项式向量 s 和误差多项式向量 e，可以计算得到多项式向量 $b \in R_q^d$，满足 $b = As + e$。搜索型 Module-LWE 问题就是根据多项式矩阵 A 和多项式向量 b，计算还原出秘密多项式向量 s 的。

LWE、Module-LWE 和 Ring-LWE 中随机矩阵（向量）的数据量对比如图 2-4 所示。在格的维度 $n=9$ 时，LWE 问题中需要 $m \times n = 81$ 个属于 $\mathbb{Z}_q$ 的系数；Module-LWE 问题需要 $d^2 \times (n/d) = 27$ 个属于 $\mathbb{Z}_q$ 的系数；Ring-LWE 问题仅需要 $n=9$ 个属于 $\mathbb{Z}_q$ 的系数。Module-LWE 问题是介于 LWE 问题和其环域上的变体 Ring-LWE 问题之间的一个中间问题，降低了标准格中的数据计算和数据带宽的需求，提升了理想格中数学难题的安全性。由于 LWE、Module-LWE 和 Ring-LWE 问题有相同的基础运算，因此 Module-LWE 提供了安全性和成本（计算与存储）之间的折中。

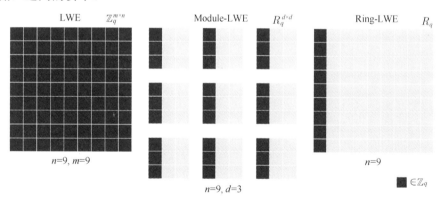

图 2-4　LWE、Module-LWE 和 Ring-LWE 中随机矩阵（向量）的数据量对比

参 考 文 献

[1] AJTAI M. Generating hard instances of lattice problems[C]// Proceedings of the Twenty-eighth Annual ACM Symposium on Theory of Computing. New York: Association for Computing

Machinery, 1996: 99-108.

[2] MICCIANCIO D, REGEV O. Lattice-based cryptography[J]. Post-quantum Cryptography, Springer, 2009: 147-191.

[3] AGGARWAL D, DADUSH D, REGEV O, et al. Solving the shortest vector problem in 2n time using discrete gaussian sampling[C]// Proceedings of the Forty-seventh Annual ACM Symposium on Theory of Computing. New York: Association for Computing Machinery, 2015: 733-742.

[4] MICCIANCIO D. Cryptographic functions from worst-case complexity assumptions[M]. The LLL Algorithm: Survey and Applications. Berlin, Heidelberg: Springer Berlin Heidelberg, 2009: 427-452.

[5] REGEV O. On lattices, learning with errors, random linear codes, and cryptography[J]. Journal of the ACM (JACM), 2009, 56(6): 1-40.

[6] APPLEBAUM B, CASH D, PEIKERT C, et al. Fast cryptographic primitives and circular-secure encryption based on hard learning problems[C]// Advances in Cryptology-CRYPTO 2009: 29th Annual International Cryptology Conference, Santa Barbara, CA, USA, August 16-20, 2009. Proceedings. Springer Berlin Heidelberg, 2009: 595-618.

[7] LYUBASHEVSKY V, PEIKERT C, REGEV O. On ideal lattices and learning with errors over rings[J]. Journal of the ACM (JACM), 2013, 60(6): 1-35.

[8] LANGLOIS A, STEHLÉ D. Worst-case to average-case reductions for module lattices[J]. Designs, Codes and Cryptography, 2015, 75(3): 565-599.

第3章

基于格的后量子密码芯片的研究现状与技术挑战

3.1　研 究 现 状

早期基于格的后量子密码方案虽然很少涉及具体的 NIST 候选方案，但是专用模块的硬件优化设计为整体的第三轮候选密码方案，如 CRYSTALS-KYBER（简称 Kyber）、SABER（也称 Saber）和 NTRU 的实现奠定了基础。目前，使电子设备支持后量子密码（PQC）方案仍是一项具有挑战性的任务，特别是对于低成本和资源限制的 IoT 设备，通常需要硬件加速来满足一定的性能需求。此外，由于 PQC 的标准化过程仍在进行中，因此硬件实现效率是 NIST PQC 标准化的一个重要评价标准，同时也需要充分关注格密码方案硬件实现的灵活性。

为了满足灵活性和适配性的需求，软硬件协同设计技术逐渐出现在格密码方案的实现研究中。其中，最有突破性工作的是利用 RISC-V 指令集将使用 NTT 算子的第二轮后量子密码协议集成到一块芯片中并流片[1]。此外，Alkim 等人[2]提出并评估了自定义扩展的用于有限域算法的 RISC-V 指令集：通过在 Kyber 和 NewHope 密钥封装方案的应用说明评估扩展的有效性；通过自定义指令集替换格密码方案中完整的通用乘法器，以实现非常紧凑的设计。Fritzmann 等人[3]提出了一个增强型的 RISC-V 架构，集成了一组硬件加速器，扩展了 RISC-V 指令集使其能有效执行基于格的密码操作，同时在 ASIC 和 FPGA 平台上实现了此架构。他们基于 RISC-V 架构分别在 ASIC 和 FPGA 平台上评估了 NewHope、Kyber 和 Saber，相较于纯软件实现，性能获得了很大的提升。Xin 等人[4]针对 5G 通信高吞吐量和多样化应用场景的需求，研究了

NTT 的矢量化和采样算法，利用 RISC-V 的自定义指令扩展，开发了一个高性能的矢量体系结构及基于此结构的处理器。与以前最先进的实现相比，该处理器在计算 KEM 协议方面（NewHope、Kyber 和 LAC）实现了数量级的加速，从而为安全应用程序提供了一个高速 PQC 平台。

一种后量子密码协议集成芯片的架构如图 3-1 所示。该芯片具备指令集控制的模式，主要包括核心运算结构（多项式乘法器）、伪随机数生成（SHA-3）和数据生成（多功能采样器）这三个主要部分。其中，多项式乘法器由蝶形结构和算术单元构成，搭配对称 LWE 缓存缩短访存等待时间；并在采样器中集成多种功能的采样。

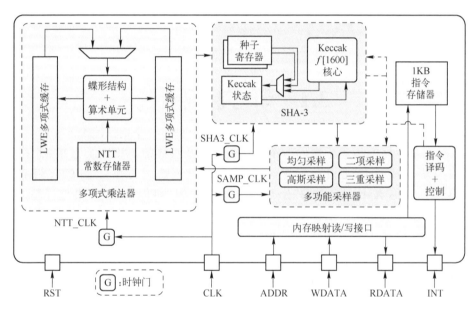

图 3-1　一种后量子密码协议集成芯片的架构[5]

为了实现高性能和高硬件效率，硬件加速单元和协处理器等架构方案也备受青睐。2020 年，Xing 等人[6]提出了一种高效的纯硬件 NewHope 密钥交换协议结构，采用乒乓 RAM 结构，使用 4 个蝶形变换单元提升了 NTT 的运算速度。在最新的研究中，Zhang 等人[7]通过将前处理和后处理环节与 NTT 蝶形变换过程融合，利用低复杂度的 NTT 结构提高了 Newhope 密钥交换协议实现的效率。Zhu 等人[8]和 Roy 等人[9]通过不同的方式对基于 Module-LWR 的 Saber 协议进行了硬件加速单元的实现，Zhu 等人[8]采用分层 Karatsuba 算法框架，利用硬件效率高的 Karatsuba 算法调度策略优化多项式乘法电路结构以实现高吞吐量。此外，为了在 Saber 的不同版本和不同阶段之间实现可配置设计，密码处理器的系统结构组件采用了多参数设计的思想。Roy 等人[9]提出了一种基于格密码方案的指令集协处理器体系结构，为了实现快速计算，该体系结构完全通过硬件结构实现，并提出了一种基于 Schoolbook 的并行多项式乘法器结构，克服了内存访问瓶颈，实现了高度并行、简单且易于扩展的设计。Mera 等人[10]在 Xilinx Zynq 设备上实现了 Saber 软硬件协处理器，将 FPGA 集成到 ARM 处理器上。Zynq 设备支持基于 AXI 的通信接口，用于 ARM 核心和 FPGA 中任何硬件模块的交互，利用 Toom-Cook 多项式乘法硬件模块与 ARM 处理器数据交互处理和微架构层次上的分布式计算思想，以低资源开销实现，与优化的软件实现相比大约有 6 倍的加速。如何在满足性能、资源和功耗上的不同需求条件下，选择最优的后量子密码方案整体架构实现方式是亟待解决的问题。

3.2　技　术　挑　战

一方面，安全 SoC 芯片中将基于格的 PQC 方案进行了系统级实现并应用，面临安全性需求与资源限制矛盾下的硬件实现与优化、合理且高效的 SoC 软硬件协同设计、侧信道攻击的防御技术及安全防护评估等技术挑战。另一方面，国内外基于格的 PQC 方案的硬件实现研究工作大多数仅为针对特定密码算法的单一硬件实现与 FPGA 原型验证，将基于格的 PQC 方案进行系统级 ASIC 实现并应用于安全 SoC 芯片的研究工作十分匮乏。因此，在后量子密码芯片的研究中，以下问题都是需要关注的核心难题。

3.2.1　多样化格密码方案与安全 SoC 芯片的适配性

基于 NTRU、Module-LWE、Module-LWR 等格困难问题构造的 NTRU、Kyber、Saber 等后量子密码方案（2020 年 7 月 NIST 公布的第三轮 PQC 密码方案）在算法理论上存在一定的差异性。因此，对不同的格密码方案进行硬件实现，所需要的基本逻辑运算、存储容量及实际的运算性能、功耗也不一样。如何在适配安全 SoC 芯片的资源限制性、计算复杂性、通信速率需求和实际应用安全性需求的前提下，采取不同的设计方式以完全部署多种不同的格密码方案，实现安全性和硬件实现的高效性、灵活性有机统一是一个重要的核心技术难题。如图 3-2 所示，抗量子攻击密码系统可被应用于不同场景，从网络安全到移动安全与云计算安全等，从数据存储和恢复到付款及多重身份验证，从控制系统到驾驶系统，都需要对后量子密码协议进行兼容和适配。

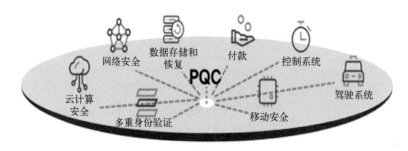

图 3-2　应用于不同场景的抗量子攻击密码系统

3.2.2　核心算子的资源开销与运算性能平衡

在基于格的后量子密码方案所需的模运算中,模乘运算是最为耗时、最影响整体硬件资源开销的基础核心算子。由大量模乘运算构成的多项式模乘运算是 NTRU、Kyber、Saber 等第三轮格密码方案的主要计算瓶颈。考虑到基于格的后量子密码方案有不同的模数 q(影响数据位宽)和多项式阶数 n(影响计算次数),使用不同的模乘算法和多项式乘法算法来实现模运算单元时,在运算性能与资源开销上具有不同的优势。如何在满足设计需求的情况下,选择最优的模乘算法,进行更合适的硬件实现,最终达到更高的硬件实现效率,是基于格的后量子密码算法硬件实现中的一个核心技术难题。在实现基于 SHA-3 的系数生成模块时,吞吐量是衡量采样性能的重要指标,影响整个密码系统系数生成的速率。由图 3-3 可知,无论是从时间方面考虑,还是从资源开销 [以使用的 LUT(查找表,Look-Up Table)计算] 方面考虑,SHA-3 的系数生成模块都会占据较多的时间与资源开销。由于增大吞吐量一般从提高最高频率和减少时钟周期两个方面进行优化,因此无论是插入流水线还是使用展开的电路结构,都会造成用于实现轮函数的资源开销成倍增加。如何做到吞吐量与资源开销的平衡是对系数生成运算进行硬件实现需要解决的难题。

3.2.3　安全 IP 功能可配置性需求与资源开销平衡

在硬件级安全防护中,密码算法通常作为系统的安全 IP 集成到整个 SoC 芯片,并通过 SoC 的软件可编程性使其可以根据不同的应用需要改变自身功能。对于智能终端等应用场景,需要兼具加密和解密等安全功能,这也要求安全 IP 具备功能的可配置性。基于格的后量子密码方案通常包含密钥生成、加密和解密三个步骤,需要用到各自独有的功能模块和运算,会在一定程度上增加系统的资源开销。如何通过合理地设计子功能模块并规划主控状态机,实现大部分运算资源的复用，减少资源开销，是基于格的后量子密码方案硬件实现的核心技术难题。

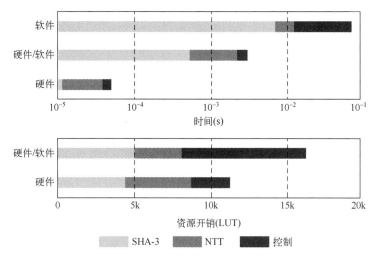

图 3-3　硬件和软硬件协同下资源与资源开销对比

3.2.4　多层次高效侧信道攻击防御机制

侧信道攻击是一种通过窃取实际密码系统在运行过程中泄漏的诸如电压、电流、温度、时间、频率等物理信息中所包含的密码系统关键内容来达到攻破密码系统的攻击方法和手段。如图 3-4 所示，多样化的侧信道攻击手段均可对密码系统产生严重的安全威胁。例如，以破坏性手段打开安全芯片的封装，通过激光、电磁波和辐射暴露的方法来探测芯片内部关键的安全信息；或是通过显微镜来直接观察，进行内部的电路模式分析、电压探测、排放监测等来读取信息。更隐秘的攻击方式来自多种非破坏性手段，如频率缩放、电压缩放、噪声注入、电场磁场干扰等错误注入攻击，或辐射暴露、处理时间、电磁发射、电流和电压读取等信息窃取方法均可对安全密码芯片或系统产生严重的安全威胁。

在格密码方案中，采样、模运算等核心算子在运行时会通过计算时间、功耗和电磁等侧信道信息泄露敏感信息，给格密码系统带来巨大的安全隐患。例如，在 NTT 运算中，虽然输入和输出是未知的，但是旋转因子常数是已知的，攻击者会以旋转因子常数为变量节点构造代替因子的结构图，使得固定化的 NTT 结构存在被攻击的风险。

侧信道攻击防御方法通过抑制或者消除电路中功耗、时间、电磁等侧信道信息与所处理数据、执行指令之间的内在关系来提升抗侧信道攻击安全性。常见的

25

防御方法有掩码、冗余电路等。例如，在 NTT 运算中，由旋转因子所带来的风险，通过随机化其旋转因子来打消固定的 NTT 结构，从而掩盖本会泄露的信息。然而，类似的侧信道攻击防御机制会产生额外硬件开销，影响格密码系统的性能。

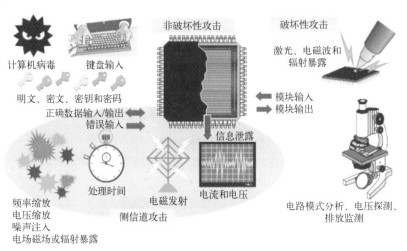

图 3-4　多样化的侧信道攻击手段

目前格密码方案抵御侧信道攻击的研究工作主要集中在侧信道攻击机制和模型建立两个方面，未见全面深入的防御侧信道攻击的硬件设计与实现的相关研究工作。如何既保证侧信道攻击防御机制的有效，又尽可能地减少硬件开销、保证格密码系统整体性能也是一个关键的技术难题。

参 考 文 献

[1] BANERJEE U, UKYAB T S, CHANDRAKASAN A P. Sapphire: a configurable crypto-processor for post-quantum lattice-based protocols[J]. IACR Transactions on Cryptographic Hardware and Embedded Systems, 2019, 2019: 17-61.

[2] ALKIM E, EVKAN H, LAHR N, et al. ISA extensions for finite field arithmetic accelerating kyber and newhope on RISC-V[J]. IACR Transactions on Cryptographic Hardware and Embedded Systems, 2020, 2020(3): 219-242.

[3] FRITZMANN T, SIGL G, SEPÚLVEDA J. RISQ-V: Tightly coupled RISC-V accelerators for post-quantum cryptography[J]. IACR Transactions on Cryptographic Hardware and Embedded Systems, 2020, 2020(4): 239-280.

[4] XIN G, HAN J, YIN T, et al. VPQC: a domain-specific vector processor for post-Quantum cryptography based on RISC-V architecture. IEEE Transactions on Circuits and Systems I:

Regular Papers, 2020, 67(8): 2672-2684.

[5] BANERJEE U, PATHAK A , CHANDRAKASAN A P. An energy-efficient configurable lattice cryptography processor for the quantum-secure internet of things[C]// 2019 IEEE International Solid- State Circuits Conference - (ISSCC), 17-21 February 2019 , San Francisco, CA, USA : IEEE 2019: 46-48.

[6] XING Y , LI S. An efficient implementation of the newhope key exchange on FPGAs. IEEE Transactions on Circuits and Systems I: Regular Papers, 2020, 67(3): 866-878.

[7] ZHANG N, YANG B, CHEN C, et al. Highly efficient architecture of newhope-NIST on FPGA using low-complexity NTT/INTT[J]. IACR Transactions on Cryptographic Hardware and Embedded Systems, 2020, 2020(2): 49-72.

[8] ZHU Y, WEI S, LIU L. A high-performance hardware implementation of saber based on karatsuba algorithm. Technical report[J]. IACR Cryptol ePrint Arch, 2020 , 2020: 1037.

[9] ROY S S, BASSO A. High-speed instruction-set coprocessor for lattice-based key encapsulation mechanism: saber in hardware[J]. IACR Transactions on Cryptographic Hardware and Embedded Systems, 2020, 2020(4): 443-466.

[10] MERA J M B, TURAN F, KARMAKAR A, et al. Compact domain-specific co-processor for accelerating module lattice-based key encapsulation mechanism[C]// 2020 57th ACM/IEEE Design Automation Conference (DAC) , 20-24 June 2020, San Francisco, CA, USA: IEEE, 2020: 1-6.

第4章

SHA-3 硬件加速单元

核心算子的高效实现是后量子密码技术的重要研究内容和核心组成部分。前三章介绍了后量子密码的发展与挑战，以及较为关键的基于格的密码体制和基本数学原理。从本章开始，将介绍后量子密码中常用的核心算子及高效硬件实现，并围绕核心算子的硬件实现，逐步阐述后量子密码芯片的设计与实现。

本章介绍常用于后量子密码中数据生成的核心算子 SHA-3 计算模块。第 5 章和第 6 章介绍高斯采样器的实现和数论变换运算加速单元的实现。第 5 章还对影响安全性的侧信道防御技术进行了研究与分析。第 7 章和第 8 章以各类核心算子的实现为中心，串联起安全芯片"数据生成-随机采样-运算加速"的关键运算结构，分别介绍整体实现的可重构 Ring-LWE 后量子密码处理器与后量子密钥交换协议芯片。第 9 章和第 10 章叙述作者对 SABER（也称 Saber）和 CRYSTALS-KYBER（简称 Kyber）这两种基于格的后量子密码方案的安全处理器的研究、设计与实现。

哈希函数又称散列函数或杂凑函数，作为密码学的一个重要分支，是一种将任意长度的消息输入转换为固定长度的摘要输出且不可逆的单向密码体制。第三代安全散列算法（Secure Hash Algorithm 3，SHA-3）作为最新一代哈希函数，被广泛用于构造后量子公钥加密算法。在 Kyber 中，使用 SHA3-256 及 SHA3-512 构造散列函数保证数据的安全性；使用 SHAKE128 构造可扩展输出函数生成随机数比特流，方便后续函数进行均匀采样和二项式采样；使用 SHAKE256 生成伪随机序列及密钥。在 Saber 中，使用 SHA3-256 和 SHA3-512 构造散列函数，保证数据的安全性；使用 SHAKE128 构造可扩展输出函数，生成随机矩阵。近些年，SHA-3 在格密码中的重要作用和对整体方案实施性能指标的重要影响[1-2]，引起了研究人员的高度关注。

4.1　SHA-3 研究现状

常用的哈希函数有 MD5、HAVAL-128、SHA 系列等。安全散列算法（Secure Hash Algorithm，SHA）由 NIST 研发设计，最初在 1993 年作为联邦信息处理标准（FIPS 180）发布，随后 1995 年发布了修订版（FIPS 180-1[3]），称为 SHA-1 算法。SHA-1 算法的散列值长度为 160 位。2002 年，NIST 再次更新修订版（FIPS 180-2[4]），称为 SHA-2 算法。SHA-2 函数家族一共有四种函数，分别为 SHA-224、SHA-256、SHA-384 和 SHA-512，相较于 SHA-1、SHA-2，输出的哈希值长度更长，安全性更高。2004 年以来，MD5、HAVAL-128、MD4、RIPEMD、SHA-1 算法相继受到了我国王小云教授的有效攻击[5-8]。这些算法的安全性被严重动摇。由于 SHA-2 在设计时采用与 SHA-1 相似的结构，因此也存在安全隐患。2007 年，NIST 面向全球发起了新哈希标准的竞赛活动[9]，经过三轮的评选，Keccak 算法从最初被提交的 64 个算法中脱颖而出，成为新一代的哈希函数标准，并被命名为 SHA-3[10-11]。2014 年，NIST 发布了 FIPS 202 的草案，并被最终批准。

在 SHA-3 标准化期间，各类候选算法及其实现性能的差异成为国内外学者研究的热点。2011 年，Ekawat Homsirikamol 等人研究了 SHA-3 候选算法的硬件实现，以及不同的优化方式对各个方案的优化效果[12]。同年，清华大学的梁晗分别以速度优先和面积优先两种方式对三种 SHA-3 候选算法 BLAKE、Keccak、Skein 设计了硬件实现方案：在速度优先的方案中，Keccak 算法的吞吐量可达 11.23Gbps；在面积优先的方案中，Keccak 算法仅花费了 293 个 Slice 的资源开销[13]。2012 年，西安电子科技大学的丁冬平研究了五种 SHA-3 候选算法 BLAKE、Grøstl、JH、Skein、Keccak 的硬件实现，其中 Keccak 算法在 Xilinx Virtex-II Pro FPGA 上的吞吐量可达 8.57Gbps[14]。

SHA-3 标准化之后，研究方向大致分为三点：更高的速度和吞吐量；更低的硬件资源开销，以及吞吐量和资源开销的平衡。

在以更高的速度和吞吐量为目标的实现方案中，通常采取的是展开、流水线和架构创新的策略。2014 年，George S. Athanasiou 设计了一种可以支持所有 SHA-3 模式的结构，并通过插入流水线的方式，在 Virtex-5、Virtex-6、Virtex-7 上分别达到了 389MHz、387MHz、434MHz 的最高频率和 18.7Gbps、19.1Gbps、20.8Gbps 的吞吐量[15]。2015 年，Lenos Ioannou 运用二次展开和两级流水线组合方法在 Virtex-6 上达到了 18.77Gbps 的吞吐量[16]。同年，Harris E. Michail 运用四次展开和四级流水线的组合方法在 Virtex-6 上达到了 37.63Gbps 的吞吐量[17]。

2016 年，Fatma Kahri 等人通过在迭代运算中插入流水线的方法，在 Virtex-6 上达到了 394MHz 的最高频率[18]。2017 年，Hassen MESTIRI 等人同样通过在迭代运算中插入一级流水线的方法，在 Virtex-6 上达到了 12.68Gbps 的吞吐量[19]。同年，清华大学的 Xufan Wu 运用三次展开的方法，在 65nm 工艺下 SHA3-256 达到了 61.8Gbps 的吞吐量[20]。2019 年，Soufiane El Moumni 等人在 Virtex-5 和 Virtex-6 上对比所有的展开情况，包含二级、三级、四级、六级、八级和十二级展开结构，就单纯的展开优化而言，在十二级展开结构下，Virtex-5 和 Virtex-6 的吞吐量能分别达到 23.98Gbps 和 33.35Gbps[21]。同年，Pranav Gangwar 等人提出了一种架构，并通过减少关键路径中的控制信号数量和优化生成存储地址的计数器，达到了 14.04Gbps 的吞吐量[22]。

在以更低的硬件资源开销为目标的实现方案中，通常采取的是对算法模型结构进行优化的策略。2014 年，Alia Arshad 等人提出了一种紧凑结构，通过将算法的关键步骤重组和合并，在 Virtex-5 上实现的 SHA3-512 仅需 240 个 Slice[23]。2017 年，Magnus Sundal 等人比较了流水线和折叠结构对 SHA-3 实现性能的影响，其中折叠结构在 Virtex-4 上实现仅需 476 个 Slice[24]。2019 年，Bernhard Jungk 等人对 SHA-3 算法的三维模型中的切片结构进行了优化，在 Virtex-5 上实现最低仅需 87 个 Slice[25]。同年，Victor Arribas 对 SHA-3 算法的三维模型中的"行"结构进行了优化，在 Virtex-6 上实现仅需 49 个 Slice[26]。

在以吞吐量和资源开销的平衡为目标的实现方案中，采用的是多种优化方式组合的策略。2018 年，Ming Ming Wong 采用两级展开、两级流水线、两级子流水线和简化轮函数的方式，在 Virtex-6 上达到了 11.47Mbps/Slice 的硬件效率[27]。

4.2 SHA-3 算法分析

4.2.1 哈希函数

哈希函数的输入值被称为消息（Message），消息的长度是任意的；输出值被称为摘要（Digest）或哈希值，摘要的长度是固定的。如图 4-1 所示，哈希函数通过特定的算法将消息转化为摘要。

消息(Message) ——→ 哈希函数 ——→ 摘要(Digest)

图 4-1 哈希函数

将任意长度的消息记为 m，固定长度的摘要记为 d，散列算法记为 h，则哈希函数可表示为

$$d = h(m) \tag{4-1}$$

为了保证安全性，在加密协议中哈希函数还必须具有以下三种属性[28]：

（1）抗第一原象性（单向性）：已知一个摘要 d，求解出满足 $d = h(m)$ 的消息 m 在计算上是不可行的。

（2）抗第二原象性（弱抗冲突性）：两个不同消息不会映射相同摘要值，即给定消息 m_1，找到另一个消息 $m_2(m_1 \neq m_2)$，满足 $h(m_1) = h(m_2)$，在计算上是不可行的。

（3）抗冲突性（强抗冲突性）：找到满足 $h(m_1) = h(m_2)$ 的两个不同的消息 $m_1 \neq m_2$ 在计算上是不可行的。

哈希函数的三种核心属性如图 4-2 所示。

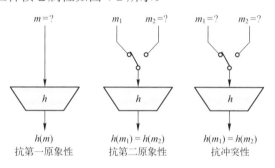

图 4-2　哈希函数的三种核心属性

4.2.2　参数构造

SHA-3 函数家族由四个哈希函数和两个可扩展输出函数（Extendable-Output Function，XOF）组成。四个哈希函数分别为 SHA3-224、SHA3-256、SHA3-384、SHA3-512，其中连字符后的后缀数字表示固定的输出摘要长度。例如，SHA3-224 的摘要长度为 224 位。SHA-2 函数家族的 SHA-224、SHA-256、SHA-384、SHA-512 能生成相同对应 SHA-3 长度的摘要，因此在实施时，SHA-2 函数可以方便地过渡移植为 SHA-3 函数。可扩展输出函数指的是输出长度可任意扩展的函数，两个可扩展输出函数分别为 SHAKE128 和 SHAKE256。其中，后缀数字表示 XOF 可支持的安全强度，与输出长度无关。SHAKE128 和 SHAKE256 是 NIST 第三代哈希函数第一次标准化的可扩展输出函数。

SHA-3 函数基于 Keccak 算法。Keccak 算法的置换规则可表示为 Keccak-p。Keccak-p 在定义时由两个重要的参数组成：置换后字符串的固定长度，即置换的

宽度；函数内部置换的迭代次数（也称迭代轮数），即"轮"（Round）。通常置换的宽度用 b 表示，迭代轮数用 n_r 表示，具有 n_r 次迭代，置换宽度为 b 的 Keccak-p 置换可表示为 Keccak-p[b,n_r]。在 Keccak 最初定义时，b 的取值范围为{ 25, 50, 100, 200, 400, 800, 1600}。Keccak 函数还有另两个重要的参数，速率（比特率）r 和容量 c。速率 r 表示在海绵结构中，每次调用函数时处理的输入消息分组长度。容量 c 在数值上等于宽度 b 减去速率 r，即 $r+c=b$。c 越大，函数的安全性越高；相反，b 越大，函数的运行速度越快。SHA-3 函数家族速率 r、容量 c 和输出长度 d 见表 4-1。

表 4-1　SHA-3 函数家族速率 r、容量 c 和输出长度 d

SHA-3 函数家族	速率（比特率）r（位/轮）	容量 c（位）	输出长度 d（位）
SHA3-224	1152	448	224
SHA3-256	1088	512	256
SHA3-384	832	768	384
SHA3-512	576	1024	512
SHAKE128	1344	256	可扩展
SHAKE256	1088	512	可扩展

4.2.3　海绵结构

Keccak 算法构造时基于海绵结构。海绵结构是一种能生成任意长度的二进制数据输出的特定函数框架。海绵结构可表示为 Sponge[f, pad, r](N,d)，其中 N 为消息串，d 为摘要长度。结构主体由三组参数定义：迭代函数 f、消息填充规则 pad 和消息分组长度 r。迭代函数在 4.2.4 节中详细介绍。不同 SHA-3 函数的消息分组长度 r 不同，在数值上等于速率。消息填充 pad 遵循多重位速率填充（Multi-rate Padding）的规则，规则描述见算法 4-1。

算法 4-1：pad10*1(x, m)

输入：正整数 x，非负整数 m

输出：比特串 P（满足 len(P)+m 是 x 的正整数倍）

1. 令 $j = (-m-2) \bmod x$
2. 返回 $P = 1 \parallel 0^j \parallel 1$

其中，len 为比特串 P 的长度，mod 表示模运算。在 SHA-3 中，输入正整数 x 为速率 r，非负整数 m 为消息串 N 的比特长度。简单来说，就是首先在消息值末尾添加 1 位 1，之后中间填充若干位 0，最后添加 1 位 1，填充 0 的位数要使得

填充后的消息长度是消息分组长度 r 的最小整数倍。

　　Keccak 海绵函数结构如图 4-3 所示。海绵结构处理数据的过程类似于海绵：任意长度的消息被分段"吸收"入结构中，之后摘要被分段从结构中"挤出"。计算的过程见算法 4-2。

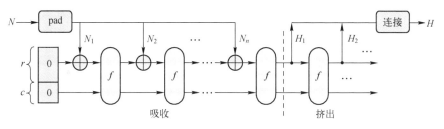

图 4-3　Keccak 海绵函数结构

算法 4-2：Sponge[f, pad, r] (N, d)

输入：消息串 N，非负整数 d

输出：数据串 Z，满足 len(Z)=d

1．令 $P = N \parallel \text{pad}(r, \text{len}(N))$

2．令 $N = \text{len}(P) / r$

3．令 $c = b-r$

4．将 P 分割为 r 段 $P_0, P_1, \cdots, P_{n-1}$，即 $P_0 \parallel \cdots \parallel P_{n-1} = P$

5．令 $S = 0^b$

6．对于 i 等于 0 到 $n-1$，令 $S = f(S \oplus (P_i \parallel 0^c))$

7．令 Z 为空白消息串

8．令 $Z = Z \parallel \text{Trunc}_r(S)$

9．如果 $d \leqslant |Z|$，则返回 $\text{Trunc}_d(Z)$，否则继续

10．令 $S = f(S)$，继续步骤 8

　　计算的过程可表述如下。

　　（1）吸收阶段：消息 N 首先被填充。填充完成后，消息将被顺序分割成若干组 $N_1, N_2, \cdots, N_n$，每组长度均为 r。之后，第一组消息段 N_1 将与长度同样为 r 的二进制串 0 进行异或计算，计算结果拼接 c 个 0 后将作为迭代函数 f 的输入，经迭代函数处理后，输出的低 r 位将与第二组消息段 N_2 进行异或计算，计算结果拼接 c 个 0 后同样作为迭代函数 f 的输入。重复以上过程，直至所有的消息段都被吸收入海绵结构中。

　　（2）挤压阶段：特定长度的摘要 H_1 将直接从最后一次迭代函数输出的最低位截取获得。如果需要的输出长度大于 r，则将多次调用迭代函数，每调用一次

产生 r 位输出，将这些输出段拼接起来，直至达到所需长度的输出。

4.2.4 迭代函数

迭代函数 f 是整个 SHA-3 算法的核心部分。记每一轮的迭代运算为 R，迭代轮数 $n_r = 12 + 2l$，则 f 可表示为

$$f[b] = R[b, n_r] \tag{4-2}$$

迭代轮数 n_r 由数据的位宽 b 决定

$$2l = \frac{b}{25} = w \tag{4-3}$$

由于在最终确定的 SHA-3 标准中，位宽 b=1600，因此迭代轮数 n_r 为 24。每一轮迭代运算 R 共需 5 个步骤，分别是θ、ρ、π、χ和ι，故 R 可表示为

$$R = \theta \circ \rho \circ \pi \circ \chi \circ \iota \tag{4-4}$$

在迭代函数运算的过程中，中间状态固定为 1600 位，如图 4-4 所示，为了方便定义运算规则，将这 1600 位数据转换为一个 5×5×64 的三维状态数组，数据按照坐标轴 x、y、z 依次填充，状态数组中的任一位数据可表示为 $S[x][y][z]$。迭代运算基于该三维数组进行变换，每一轮变换包括 θ、ρ、π、χ、ι 五个步骤，一共需要 24 轮变换。Keccak-f[1600]五个步骤中的前四个步骤都是在三维数组中进行不同方向的行（Row）、列（Column）、道（Lane）变换，从而将所有元素混淆和扩散。最后一个步骤是将一组 24 个各不相同的轮常数添加到数组元素中以打破其他四个步骤变换的对称性。

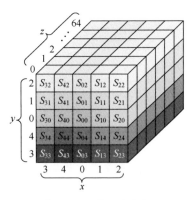

图 4-4 三维状态数组

以下讲述这五个变换步骤。

（1）步骤θ：对于 $0 \leqslant x < 5$ 且 $0 \leqslant y < 5$，有

$$C[x] = A[x,0] \oplus A[x,1] \oplus A[x,2] \oplus A[x,3] \oplus A[x,4] \tag{4-5}$$

$$D[x] = C[x-1] \oplus \mathrm{rot}(C[x+1],1) \tag{4-6}$$

$$A[x,y] = A[x,y] \oplus D[x] \tag{4-7}$$

步骤θ的作用是将矩阵数组中的每一位数据更新为附近两列与其本身的异或值。具体来说，对于任一位 $A[x_0,y_0,z_0]$，其值将更新为$((x_0-1) \bmod 5, z_0)$所在列与$((x_0+1) \bmod 5, (z_0-1) \bmod 64)$所在列与其本身共 11 位数值的异或值。θ变换的数学模型可以用图 4-5 表示。

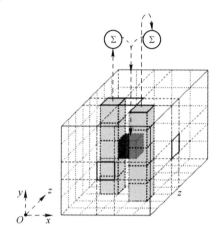

图 4-5　θ变换的数学模型

（2）步骤ρ：对于 $0 \leqslant x < 5$ 且 $0 \leqslant y < 5$，有

$$A[x,y,z] \leftarrow A[x,y,z], \quad \text{若} x = y = 0 \tag{4-8}$$

$$A[x,y,z] \leftarrow A\left[x,y,\left(z - \frac{(t+1)(t+2)}{2}\right)\right], \quad 0 \leqslant t < 24 \text{且} \begin{pmatrix} 0 & 1 \\ 2 & 3 \end{pmatrix}^t \begin{pmatrix} 1 \\ 0 \end{pmatrix} = \begin{pmatrix} x \\ y \end{pmatrix} \tag{4-9}$$

步骤ρ对应的操作是 z 轴方向上的循环移位，三维数组中各个位置的移位长度见表 4-2。

表 4-2　ρ变换移位表

	x=3	x=4	x=0	x=1	x=2
y=2	153	231	3	10	171
y=1	55	276	36	300	6
y=0	28	91	0	1	190
y=4	120	78	210	66	253
y=3	21	136	105	46	15

ρ变换的数学模型可以用图 4-6 表示。

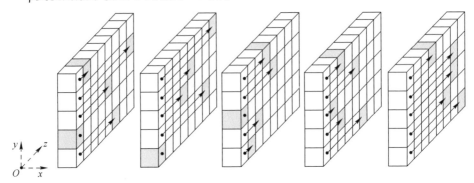

图 4-6 ρ变换的数学模型

（3）步骤π：对于 0≤x<5 且 0≤y<5，有

$$A[x,y] \leftarrow A[x',y'], \quad \begin{pmatrix} x \\ y \end{pmatrix} = \begin{pmatrix} 0 & 1 \\ 2 & 3 \end{pmatrix} \begin{pmatrix} x' \\ y' \end{pmatrix} \tag{4-10}$$

π变换对应的是 xOy 平面上任一位的位置变换，数学模型如图 4-7 所示。

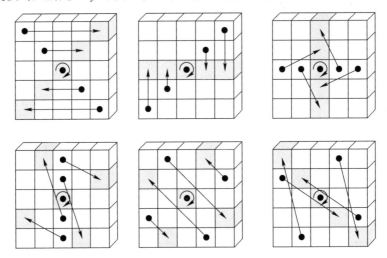

图 4-7 π变换的数学模型

（4）步骤χ：对于 0≤x<5 且 0≤y<5，有

$$A[x,y] = B[x,y] \oplus ((\sim B[x+1,y]) \wedge B[x+2,y]) \tag{4-11}$$

χ变换对应的是每一行的任一位与该行的另外两位非线性函数进行异或运算。χ变换的数学模型可以用图 4-8 表示。

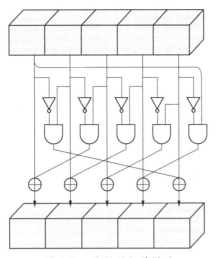

图 4-8 χ变换的数学模型

（5）步骤ι：对于 $0 \leqslant i \leqslant 23$ ，有

$$A[0,0] = A[0,0] \oplus \text{RC}[i] \tag{4-12}$$

ι运算对应的操作是将 $A[0,0,z]$ 这一道共 64 位与轮常数（Round Constant, RC）异或。轮常数 RC 共 64 位，一共 24 个轮常数。每一轮迭代变换依次与其中一个进行异或运算。轮常数的值根据以下函数定义。

$$\text{RC}[i_r][0][0][2^j - 1] = \text{rc}[j + 7i_r], \quad 0 \leqslant j \leqslant l \tag{4-13}$$
$$n_r \text{为轮数}, 12 + 2l - n_r \leqslant i_r \leqslant 12 + 2l - 1 。$$

其中， $\text{RC}[i_r][x][y][z]$ 的其他值均为 0 ； $\text{rc}[t] \in \text{GF}(2)$ ，由算法 4-3 定义。

算法 4-3：rc[t]

输入：整数 t

输出：轮常数 RC[t]

1. 如果 $t \bmod 255 = 0$ ，返回 1
2. 令 $R = 10000000$
3. 对于 i 从 1 到 $t \bmod 255$ ，令

    a. $R = 0 \parallel R$
    b. $R[0] = R[0] \oplus R[8]$
    c. $R[4] = R[4] \oplus R[8]$
    d. $R[5] = R[5] \oplus R[8]$
    e. $R[6] = R[6] \oplus R[8]$
    f. $R = \text{Trunc}_8[R]$
4. 返回 $R[0]$

根据算法 4-3 计算的轮常数值见表 4-3。

表 4-3　根据算法 4-3 计算的轮常数值（十六进制）

轮常数	值	轮常数	值
RC[0]	0x0000000000000001	RC[12]	0x000000008000808B
RC[1]	0x0000000000008082	RC[13]	0x800000000000008B
RC[2]	0x800000000000808A	RC[14]	0x8000000000008089
RC[3]	0x8000000080008000	RC[15]	0x8000000000008003
RC[4]	0x000000000000808B	RC[16]	0x8000000000008002
RC[5]	0x0000000080000001	RC[17]	0x8000000000000080
RC[6]	0x8000000080008081	RC[18]	0x000000000000800A
RC[7]	0x8000000000008009	RC[19]	0x800000008000000A
RC[8]	0x000000000000008A	RC[20]	0x8000000080008081
RC[9]	0x0000000000000088	RC[21]	0x8000000000008080
RC[10]	0x0000000080008009	RC[22]	0x0000000080000001
RC[11]	0x000000008000000A	RC[23]	0x8000000080008008

4.3　SHA-3 算法的硬件实现

可配置 SHA-3 的硬件结构由填充模块（Padding）、迭代运算模块（Transformation Round）、控制模块（Control）和截取模块（Truncating）四个部分组成，如图 4-9 所示。SHA-3 启动后，随机数种子（Seed）首先通过寄存器进入填充模块。填充模块对随机数种子进行填充，填充的规则是"pad10*1"，填充完成后，会在数据末尾补 0，使得数据长度为 1600 位。数据接下来会通过多路选择器（mux）进入迭代运算模块。迭代运算模块执行数据的迭代运算操作，迭代运算包含 θ、ρ、π、χ、τ 五个步骤。五个步骤执行完成后，数据通过寄存器进入数据分配器（dmux）。从数据分配器输出的数据会再次通过多路选择器进入迭代运算模块执行运算操作，此过程需要重复 24 轮。若 SHA-3 的模式为 SHA3-224、SHA3-256、SHA3-383、SHA3-512 中的任意一种，或者 SHA-3 的模式为 SHAKE128、SHAKE256 两者之一且同时满足挤压（Squeeze）次数设置为 0，则 24 轮迭代运算完成后，数据通过数据分配器进入截取模块，截取模块截取特定的长度位输出即可。若 SHA-3 的模式为 SHAKE128、SHAKE256 两者之一，挤压次数设置为 $n(n \neq 0)$，则迭代运算需执行 $(n+1)*24$ 次，每执行 24 轮，截取模块会产生一次特定长度位（r 位）输出，一共生成 $(n+1)*r$ 位随机数。

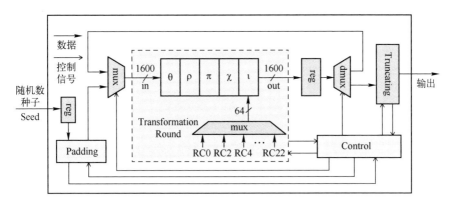

图 4-9　可配置 SHA-3 的硬件结构

4.3.1　哈希函数

填充模块执行数据的填充操作，填充的规则是"pad10*1"，即先在输入数据的末尾添加单位 1，然后在单位 1 后接若干位 0，最后在若干位 0 的末尾再添加单位 1，使得整个数据长度填充为 r 的最小整数倍。在执行"pad10*1"规则之前，需要在输入数据的末尾添加后缀，可扩展输出函数和加密散列函数的后缀不同，四种加密散列函数在填充前需要在末尾添加"01"，两种可扩展输出函数在填充前需要在末尾添加"1111"，即

$$\text{SHA3-224}(M) = \text{KECCAK}[448](M\|01, 224) \tag{4-14}$$

$$\text{SHA3-256}(M) = \text{KECCAK}[512](M\|01, 256) \tag{4-15}$$

$$\text{SHA3-384}(M) = \text{KECCAK}[768](M\|01, 384) \tag{4-16}$$

$$\text{SHA3-512}(M) = \text{KECCAK}[1024](M\|01, 512) \tag{4-17}$$

$$\text{SHAKE128}(M, d) = \text{KECCAK}[256](M\|1111, d) \tag{4-18}$$

$$\text{SHAKE256}(M, d) = \text{KECCAK}[512](M\|1111, d) \tag{4-19}$$

式中，M 为输入任意字符数组或字节数组的长度；d 为所需的输出字节数。

根据 Keccak 官方的描述，算法对应的操作以字节为单位，且存储的格式为小端格式，即低字节数据存储在低地址位置。以消息"OK"为例，"O"对应的二进制 ASCII 码为"01001111"，"K"对应的二进制 ASCII 码为"01001011"，因此在小端存储格式中，"OK"对应的比特串为"1111001011010010"。若要对"OK"进行加密散列运算，以 SHA3-256 为例，填充的规则是 SHA3-256("OK") = KECCAK[512]("OK"\|01, 256)，分组长度 $r=1088$，于是填充的序列如图 4-10 所示。若要对"OK"进行可扩展输出运算，以 SHAKE128 为例，填充的规则是

SHAKE128("OK") = KECCAK[256]("OK"‖1111)，分组长度 r=1344，于是填充的序列如图 4-11 所示。

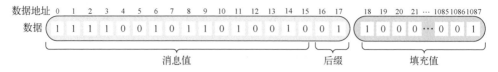

图 4-10　消息"OK"对应 SHA3-256 填充情况

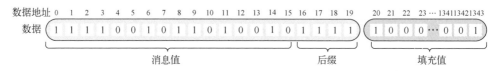

图 4-11　消息"OK"对应 SHAKE128 填充情况

根据 SHA-3 函数家族的填充规则和数据存储规则，SHA-3 函数家族六种函数都分别对应一种填充模式，一共有六种填充模式（Padding1 到 Padding6），如图 4-12 所示。

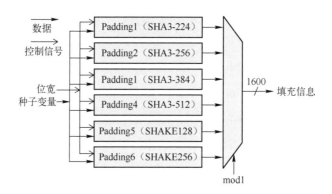

图 4-12　填充模块对应六种填充模式

由于消息的一个可显示字符对应 8 位二进制 ASCII 码，所以每种填充模式都有三种填充情况。对于加密散列函数，以 SHA3-256（r=1088）为例，Padding2 对应的三种填充情况分别如下。

（1）若输入种子有效长度 l 小于或等于 1072（即 r-16），则在数据末尾填充 06（十六进制），06 之后填充 0，直至在第[1087:1080]位填充 80（十六进制），如图 4-13 所示。

（2）若输入种子有效长度 l 等于 1080（即 r-8），则在第[1087:1080]位填充 86（十六进制），如图 4-14 所示。

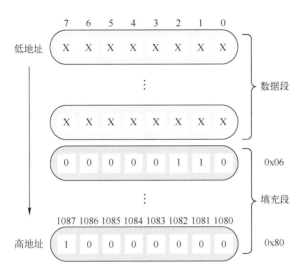

图 4-13　Padding2 输入种子有效长度小于或等于 1072 的填充情况

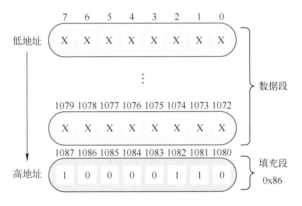

图 4-14　Padding2 输入种子有效长度等于 1080 的填充情况

（3）若输入种子有效长度 l 大于或等于 1088（即 r），则本次无填充，如图 4-15 所示。

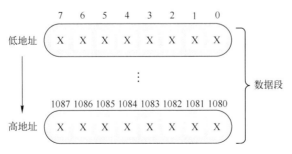

图 4-15　Padding2 输入种子有效长度大于或等于 1088 的填充情况

对于可扩展输出函数，以 SHAKE128（r=1344）为例，Padding5 对应的三种填充情况分别为：

（1）若输入种子有效长度 l 小于或等于 1328（即 $r-16$），则在数据末尾填充 1F（十六进制），1F 之后填充 0，直至在第[1343:1336]位填充 80（十六进制），如图 4-16 所示。

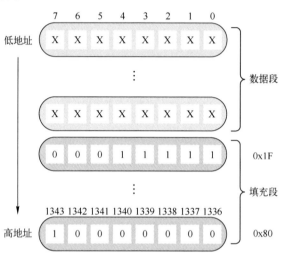

图 4-16　Padding5 输入种子有效长度小于或等于 1328 的填充情况

（2）若输入种子有效长度 l 等于 1336（即 $r-8$），则在第[1343:1336]位填充 9F（十六进制），如图 4-17 所示。

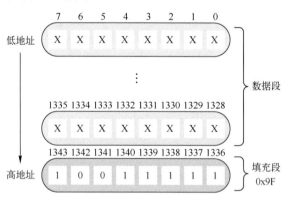

图 4-17　Padding5 输入种子有效长度等于 1336 的填充情况

（3）若输入种子有效长度 l 大于或等于 1344（即 r），则本次无填充，下一次挤压时在数据末尾按（1）或（2）填充，如图 4-18 所示。

图 4-18　Padding5 输入种子有效长度大于或等于 1344 的填充情况

SHA-3 函数家族对应的六种填充模式和所有的填充情况归纳为表 4-4。

表 4-4　SHA-3 函数家族对应的六种填充模式和所有的填充情况

填充模式（SHA-3 函数家族）	输入种子有效长度 l	填充内容
Padding1（SHA3-224）	$l \leq 1136$	数据末尾填充 0x06，之后填充 0，直至在第[1151:1144]位填充 0x80
	$l = 1144$	在第[1151:1144]位填充 0x86
	$l \geq 1152$	无填充
Padding2（SHA3-256）	$l \leq 1072$	数据末尾填充 0x06，之后填充 0，直至在第[1087:1080]位填充 0x80
	$l = 1080$	在第[1087:1080]位填充 0x86
	$l \geq 1088$	无填充
Padding3（SHA3-384）	$l \leq 816$	数据末尾填充 0x06，之后填充 0，直至在第[831:824]位填充 0x80
	$l = 824$	在第[831:824]位填充 0x86
	$l \geq 832$	无填充
Padding4（SHA3-512）	$l \leq 560$	数据末尾填充 0x06，之后填充 0，直至在第[575:568]位填充 0x80
	$l = 568$	在第[575:568]位填充 0x86
	$l \geq 576$	无填充
Padding5（SHAKE128）	$l \leq 1328$	数据末尾填充 0x1F，之后填充 0，直至在第[1343:1336]位填充 0x80
	$l = 1336$	在第[1343:1336]位填充 0x9F
	$l \geq 1344$	无填充
Padding6（SHAKE256）	$l \leq 1072$	数据末尾填充 0x1F，之后填充 0，直至在第[1087:1080]位填充 0x80
	$l = 1080$	在第[1087:1080]位填充 0x9F
	$l \geq 1088$	无填充

4.3.2 迭代运算模块

作为 SHA-3 的核心运算单元，迭代运算模块是 SHA-3 内部数据量最大，同时也是运算最为复杂的一部分。迭代运算一共包括 θ 变换、ρ 变换、π 变换、χ 变换、ι 变换五个步骤。五个步骤依次执行，需要循环执行 24 轮。除了最后一个运算步骤是对 64 位数据的操作，其他四个步骤都是对 1600 位数据的操作。由于五个函数对应的函数涉及的运算都是 1 位之间的与、非、异或和循环移位操作，所以迭代运算模块最直接的实现方式是全组合逻辑设计。

如图 4-19 所示，为了方便数据处理，在设计这个模块时，将输入的 1600 位数据均分为 25 路：S_{00}、S_{10}、S_{20}、$\cdots$、S_{44}。每一路对应三维数据模型的"道"（Lane），数据线宽为 64 位。θ 变换涉及移位和异或运算。1 位数据进行 θ 变换需通过 5 个异或门。ρ 变换和 π 变换全部只涉及移位和旋转变换，不消耗门电路。χ 变换涉及非、与、异或运算。1 位数据进行 χ 变换需通过 1 个非门、1 个与门和 1 个异或门。ι 变换只涉及异或运算。1 位数据进行 ι 变换需通过 1 个异或门。

4.3.3 控制模块

控制模块由状态机和计数器设计。根据 SHA-3 模块的运算流程，状态机由五个状态组成：空闲（Idle）、读数据（Rd）、填充（Pad）、迭代计算（Calc）和写回（Wr）。图 4-20 为 SHA-3 状态转移图。

（1）Idle：空闲状态。当 start 为 0 时，模块不工作，为空闲状态。当 start 为 1 时，进入读数据状态。

（2）Rd：读数据状态。将以每周期 64 位的速度读取数据，读取的数据存入数据寄存器，数据读取完成后进入填充状态。

（3）Pad：填充状态。对有效数据进行填充，填充完成后进入迭代运算状态。

（4）Calc：迭代运算状态。对填充好的数据进行迭代运算，迭代运算需重复 24 次，24 次计算完成后进入写回状态。

（5）Wr：写回状态。将迭代运算完成所需特定数据写入 FIFO 中。写入后，若 SHA-3 执行的函数为 SHAKE128 或 SHAKE256，同时 squeeze 的值不为 0，需要返回迭代运算状态再次进行数据运算。每次返回，squeeze 的值减 1，重复此过程，直至 squeeze 为 0，将所有所需数据写入 FIFO 中，此时 done 为 1，回到空闲状态。

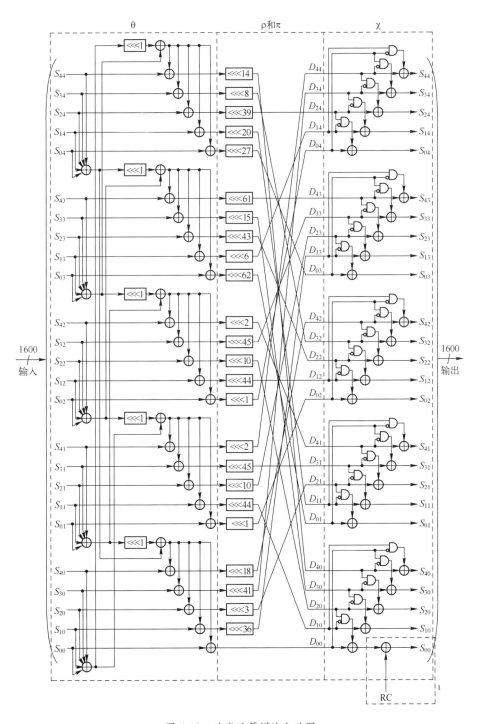

图 4-19　迭代运算模块电路图

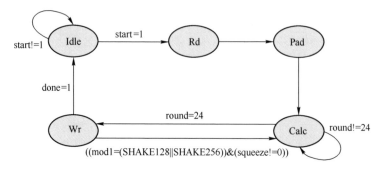

图 4-20 SHA-3 状态转移图

4.3.4 截取模块

截取模块截取特定长度的数据写入 FIFO 中。截取模块对应的六种截取长度如图 4-21 所示。截取的特定长度根据 SHA-3 执行的函数决定：四种加密散列函数 SHA3-224、SHA3-256、SHA3-384 和 SHA3-512 截取的长度分别为 224 位、256 位、384 位和 512 位；两种可扩展输出函数 SHAKE128 和 SHAKE256 单次运算截取的长度分别为 1344 位和 1088 位。

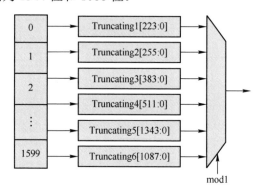

图 4-21 截取模块对应的六种截取长度

4.4 SHA-3 电路架构优化

4.4.1 轮常数的简化

在迭代运算函数的最后一步 ι 变换中，需要将不同的轮常数与三维数据矩

S[0, 0]这一"道"（Lane）的数据进行异或计算。根据迭代运算的迭代轮数，需要有不同的轮常数参与运算。迭代运算一共有 24 轮，所以完整的运算步骤共有 24 个 64 位数据参与运算。因此，需要有单独的硬件结构负责提供正确的轮常数参与 ι 变换。通常而言，轮常数有两种实现方法：一种是使用线性反馈移位寄存器实时生成需要的轮常数；第二种是事先将所有的轮常数计算好，存储在寄存器或其他存储单元中，在需要时将其取出来即可。第一种方法的特点是资源开销较小，但是需要正确的运算电路和相对复杂的控制信号，使得每个迭代轮中生成正确的轮常数。第二种方法实现相对简单，只需要在每个迭代轮中将对应的轮常数从存储电路中取出即可，但是缺点是 24 个 64 位轮常数所需存储电路的资源开销相较于第一种更大。

经过比较和权衡，本节的设计采取了第二种方法，即预先将轮常数计算好并存储在寄存器中，但是存储的 64 位数据被缩减为 7 位，这样既避免了过多的控制信号，减少出错的可能性，又缩小了所需的存储空间。经过对表 4-3 的分析可以发现，这 24 个 64 位轮常数，仅第 0、1、3、7、15、31、63 位发生了变化，其他位固定为 0，因此只需要存储这 7 位数据即可，这样就将 24 个 64 位的存储空间缩小为 24 个 7 位。简化的轮常数（Simplified Round Contant，SRC）见表 4-5。

表 4-5　简化的轮常数（二进制）

SRC[0]	0b0000001	SRC[8]	0b0001110	SRC[16]	0b1010010
SRC[1]	0b0011010	SRC[9]	0b0001100	SRC[17]	0b1001000
SRC[2]	0b1011110	SRC[10]	0b0110101	SRC[18]	0b0010110
SRC[3]	0b1110000	SRC[11]	0b0100110	SRC[19]	0b1100110
SRC[4]	0b0011111	SRC[12]	0b0111111	SRC[20]	0b1111001
SRC[5]	0b0100001	SRC[13]	0b1001111	SRC[21]	0b1011000
SRC[6]	0b1111001	SRC[14]	0b1011101	SRC[22]	0b0100001
SRC[7]	0b1010101	SRC[15]	0b1010011	SRC[23]	0b1110100

简化的轮常数带来两方面的益处：一是缩小了存储这些轮常数所需的硬件空间，二是降低了 ι 变换的运算复杂度。因为 0 和其他二进制数的异或值是其本身，使用简化的轮常数后，不再需要对 S[0, 0]中的全部 64 位数据和轮常数进行异或操作，仅需要对其中的第 0、1、3、7、15、31、63 位与简化的轮常数异或即可，这样就将单次运算所需的异或门数由 64 个减少为 7 个。无论是缩小存储空间还是降低运算复杂度，简化的轮常数都将有效降低电路的资源开销。

4.4.2 流水线结构

迭代运算模块具有处理数据量大，所需逻辑门数量多的特点。在电路实现过程中发现，这个模块的组合逻辑延迟非常大，是影响 SHA-3 模块最高频率的关键部分。提高系统的时钟频率可以采用流水线（Pipeline）技术，即在较长的组合逻辑路径中插入适当数量的寄存器，将其分割为若干小段，以缩短最大延迟，从而提高系统频率。采用流水线技术有两个需要注意的原则：一是在满足频率要求的前提下插入的寄存器数量尽可能少，因为过多的流水线级数会带来系统的延迟和资源开销的增加；二是流水线对关键路径的切割需要尽可能均匀，分割不均匀的流水线对频率的提高作用十分有限。

对于 SHA-3 的迭代运算模块，由于处理数据量较大且迭代轮数较多，任意一级流水都会增加至少 1600 位寄存器的资源开销和 24 个周期的系统延迟，所以使用的流水线级数不宜过多。通常的做法是在 θ 变换和 ρ 变换之间插入一级流水线[29-30]，如图 4-22 所示；或者在 π 变换和 χ 变换之间插入一级流水线[31-33]，如图 4-23 所示。从本质上来说，如果不考虑线延迟的影响，这两种方法对于关键路径的分割效果几乎是一样的，因为 ρ 变换和 π 变换是移位和旋转变换，并不消耗门电路。通过这两种方法，关键路径几乎被分为两半，系统的最高频率得到了有效提升。

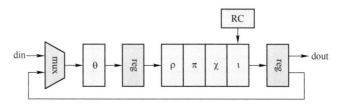

图 4-22　θ 变换和 ρ 变换之间插入一级流水线

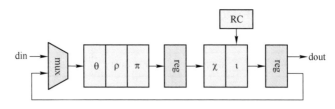

图 4-23　π 变换和 χ 变换之间插入一级流水线

本节设计一种新型的流水线结构，如图 4-24 所示。这种流水线结构将关键路径分割得更加精确合理。该新型流水线同样是在迭代运算模块内部插入一级流水线，不同的是 θ 变换被分解为三步 θ1、θ2 和 θ3，流水线插入在 θ2 和 θ3 之间。分解的三步 θ1、θ2 和 θ3 分别对应式（4-5）、式（4-6）和式（4-7），消耗的门电路数量分别为 4 个异或门、1 个异或门和 1 个异或门。根据对迭代函数各个部分表达式和映射成的电路的分析，如果将流水线插入在 θ 变换和 ρ 变换之间，或者插入在 π 变换和 χ 变换之间，则在寄存器之前路径包含 6 个异或门，在寄存器之后包含 2 个异或门、1 个与门和 1 个非门。也就是说，关键路径被分割为两个部分，第一个部分包含 6 个门电路，第二个部分包含 4 个门电路。对于新型流水线结构，流水线插入在 θ2 和 θ3 之间，在寄存器之前包含 5 个异或门，寄存器之后包含 3 个异或门、1 个与门和 1 个非门。也就是说，关键路径分割为两个部分，均包含 5 个门电路。相比于图 4-22 和图 4-23 所示的前两种结构，最长的关键路径包含的门电路从 6 个减为 5 个。

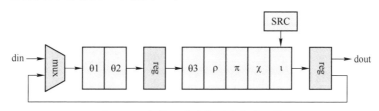

图 4-24　本节设计的新型流水线结构

本节设计的新型流水线结构内部详细电路如图 4-25 所示，除特别标注部分，所有的数据线宽均为 64 位。进入迭代运算模块的 1600 位数据被均分为 25 路，每路的数据线宽为 64 位，之后数据会依次经过 θ1 变换、θ2 变换、θ3 变换、ρ变换、π变换、χ 变换和ι变换。除了ι变换之后本身已有的寄存器，新型流水线寄存器被插入在θ2 变换和θ3 变换之间。需要注意的是，相比于 θ 变换和 ρ 变换之间或是 π 变换和 χ 变换之间的流水线，为了数据流的正确传输和同步，新型的流水线结构需要额外的 5 个 64 位寄存器。但是从实现结果来看，相比于最高频率的大幅提升，这些额外的硬件资源开销是值得的。

4.4.3　循环展开结构

对于提高 SHA-3 实现的吞吐量，除了流水线技术，还可以用循环展开（Loop Unrolling）的优化方法。循环展开指的是在一个时钟周期内计算多轮迭代函数。例如，对于基本的迭代运算模块而言，通常是一个周期计算一轮迭代函数，24 轮迭代运算则需要 24 个周期。但是如果能一个周期计算两轮迭代函数，则需要的总时钟周期数则缩短为 12 个周期。一个时钟周期计算的迭代函数的次数称为展开因数（Unrolling Factor），展开因数越高，所需要的总时钟周期越少，但所需要的资源开销也越大，同时关键路径的延迟会增加，系统的最高频率会显著下降。所以使用循环展开的优化方法，难点在于选择合适的展开因数，平衡吞吐量和资源开销之间的关系，使得增益效果最大化。

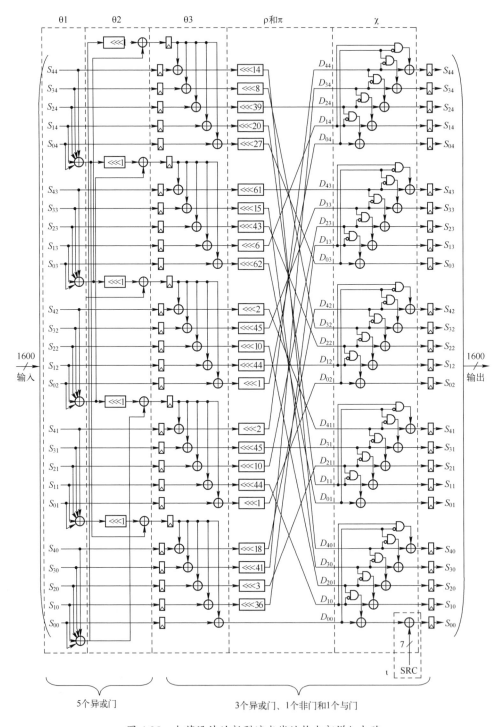

图 4-25　本节设计的新型流水线结构内部详细电路

在使用循环展开的优化方法后，再搭配流水线可以解决最高频率下降的问题。一般来说，如果在展开结构中，插入流水线寄存器的位置与展开之前是相同的，系统的最高频率几乎不会受到影响。在展开结构的基础上，流水线除了插入在迭代运算模块内部，还可以在两轮迭代模块之间。这样，不同的展开因数和不同的流水线级数相互组合，可以得到不同的设计结构，在最高频率、吞吐量和电路面积方面都有不同的表现。迭代运算模块不同展开因数和流水线级数的组合电路如图 4-26 所示。

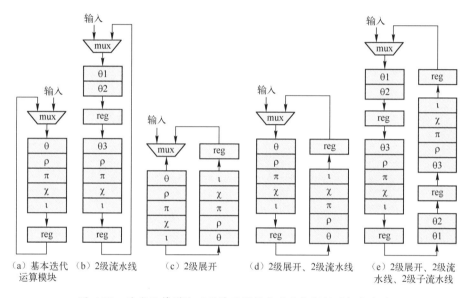

图 4-26　迭代运算模块不同展开因数和流水线级数的组合电路

本节设计的 SHA-3 模块实现的目标是在获得更高吞吐量的同时，尽可能缩小电路的面积，即实现硬件效率（吞吐量/面积）的最大化，所以没有选择更高的流水线级数和展开级数。在综合比较图 4-26（a）～（e）的实现效果后，迭代运算模块采用了图 4-26（e）所示的 2 级展开、2 级流水线、2 级子流水线的优化方式。

图 4-27 是在采用简化的轮常数、新型的流水线，以及 2 级展开、2 级流水线、2 级子流水线的优化方式后 SHA-3 模块的结构图。优化后的 SHA-3 模块同样由填充模块（Padding）、迭代运算模块（Transformation Round）、控制模块（Control Unit）和截取模块（Truncating）四个部分组成，迭代运算模块具有迭代运算模块 1（Transformation Round 1）和迭代运算模块 2（Transformation Round 2）两个部分。

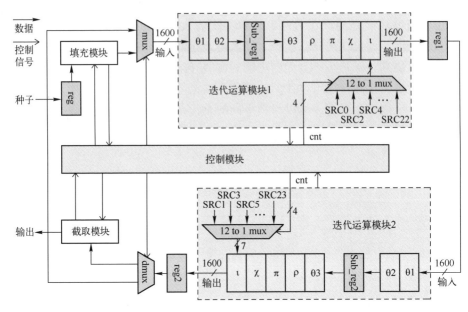

图 4-27　采用简化的轮常数、新型的流水线，以及 2 级展开、2 级流水线、
2 级子流水线的优化方式后 SHA-3 模块的结构图（优化后）

　　模块启动后，输入种子会经过寄存器（reg）到填充模块（Padding），数据填充完成后通过数据选择器（mux）进入迭代运算模块 1（Transformation Round 1），迭代运算模块 1 执行迭代运算操作，模块的内部有一级子流水线寄存器（sub_reg1），位于 θ2 变换和 θ3 变换之间。在最后一步 ι 变换中，十二选一数据选择器（12 to 1 mux）会选择简化的偶数轮轮常数（SRC0、SRC2、…、SRC22）参与运算。运算完成后，数据会经过一级流水线寄存器（reg1）再次进入迭代运算模块 2（Transformation Round 2）执行迭代运算操作。迭代运算模块 2 的结构和迭代运算模块 1 相似，唯一的不同是十二选一数据选择器会选择简化的奇数轮轮常数（SRC1、SRC3、…、SRC23）参与运算。运算完成的数据经过第二级流水线寄存器（reg2），之后通过数据分配器（dmux）和数据选择器（mux）再次进入迭代运算模块 1，如此循环，直至 24 轮迭代运算完成，通过数据分配器（dmux）从截取模块（Truncating）得到相应输出值。

4.5　硬件实验结果

　　本章的设计采用 Verilog-HDL 编写，环境是 Xilinx ISE 14.7 Design Suite，在 Xilinx Virtex-6 的 XC6VLX75T-2ff784 FPGA 上完成了验证。

表 4-6 为优化后的 SHA-3 模块与目前国内外公开文献中一些优秀的相关研究在最高频率（Fmax）、资源开销（Area）、吞吐量（Throughput）和效率（Efficiency）上的对比。为了方便比较，所有对比文献的 SHA-3 工作模式均为 SHA3-512。吞吐量和效率的计算方式为

$$\text{Throughput} = \frac{r \times f \times N}{\text{Cycles}} \tag{4-20}$$

$$\text{Efficiency} = \frac{\text{Throughput}}{\text{Area}} \tag{4-21}$$

式中，r 为比特率（bitrate），在 SHA3-512 中 r 等于 576 位/轮；f 为最高频率；N 为同时处理的数量块数量，由于采用了两级展开、两级流水线和两级子流水线的结构，所以 $N=4$；Cycles 为运算周期数，此结构中为 48；Area 为硬件资源开销。

从表 4-6 可以看出，本章设计的 SHA-3 模块在理论上可跑出最高 459MHz 的工作频率和 22.03Gbps 的吞吐量。在实现高性能的同时，资源开销仅为 1498 个 Slice，由此实现了 14.71Mbps/Slice 的效率。

表 4-6　SHA-3 模块设计性能与资源开销对比

各种 SHA-3 模块	FPGA	最高频率（MHz）	资源开销（Slice）	吞吐量（Gbps）	效率（Mbps/Slice）
本章的设计	Virtex-6	459	1498	22.03	14.71
文献[15]中的设计	Virtex-6	397	1649	9.55	5.80
文献[22]中的设计	Virtex-6	310	1249	7.43	5.95
文献[21]中的设计	Virtex-6	414	1432	9.93	6.93
文献[16]中的设计	Virtex-6	391	2296	18.77	8.17
文献[17]中的设计	Virtex-6	392	4117	37.63	9.14
文献[27]中的设计	Virtex-6	344	1406	16.51	11.47

为了提高吞吐量和效率，研究人员在 SHA-3 的硬件实现工作中尝试过诸如新型的控制电路、展开和流水线等不同的优化策略。本章设计的 SHA-3 模块与部分文献中 SHA-3 模块优化策略的比较如图 4-28 所示，设计参数对应的坐标点越靠近左上角代表硬件效率越高。当采用四级展开和四级流水线结构时，文献[17]中的优化策略具有最高的吞吐量。当采用两级展开、两级流水线和两级子流水线的结构时，文献[27]中的优化策略曾实现了最高的效率。更高的展开级数和流水线级数可以实现更高的吞吐量，但是代价是资源开销的增加，文献[17]中的优化策略的高吞吐量是建立在巨额资源开销的基础上的，所以效率并不高。本章设计的 SHA-3 模块的目标是尽可能提高效率，所以并没有采用和文献[17]相同的策

略。本章设计的 SHA-3 模块具有和文献[27]相似的结构，不同的是，由于采用了更加简化的轮常数和新型的流水线结构，相比于文献[27]，本章设计的 SHA-3 模块在吞吐量和效率上分别有 33.4% 和 28.2% 的提升。

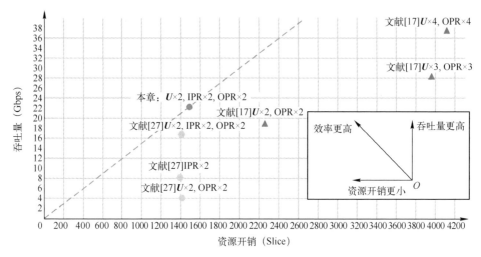

图 4-28　本章设计的 SHA-3 模块与部分文献中 SHA-3 模块优化策略比较（U 为展开系数，IPR 为子流水线寄存器数量，OPR 为流水线寄存器数量）

综上所述，在与相关文献中的主要几个指标进行比较后可知，本章设计的 SHA-3 模块在频率和效率方面均具有明显优势。

参 考 文 献

[1] ROY S S, BASSO A. High-speed instruction-set co-processor for lattice-based key encapsulation mechanism: saber in hardware[J]. IACR Transactions on Cryptographic Hardware and Embedded Systems, 2020, 2020(4): 443-466.

[2] BISHEH-NIASAR M, AZARDERAKHSH R, MOZAFFARI-KERMANI M. High-speed NTT-based polynomial multiplication accelerator for crystals-kyber post-quantum cryptography [C]// 2021 IEEE 28th Symposium on Computer Arithmetic (ARITH), 14-16 June 2021, Lyngby, Denmark: IEEE, 2021: 94-101.

[3] NATIONAL INSTITUTE OF STANDARDS AND TECHNOLOGY, Federal information processing standards publication 180-1 (FIPS-1)[EB/OL]. [2020-06-29]. https://nvlpubs.nist.gov /nistpubs/ Legacy/FIPS/fipspub180-1.pdf.

[4] NATIONAL INSTITUTE OF STANDARDS AND TECHNOLOGY, Federal information processing standards publication 180-2 (FIPS-2) [EB/OL]. [2020-06-29]. https://csrc.nist.gov/CSRC/media/ Publications/fips/180/2/archive/2002-08-01/documents/fips180-2.pdf.

[5]　WANG X Y, YU H B. How to break MD5 and other hash functions[C]// Advances in Cryptology, Lecture Notes in Computer Science, 22-26 May 2005, Berlin, Heidelberg: Springer-Verlag, 2005: vol.3494, 19-35.

[6]　WANG X Y , YIN Y L, YU H B. Finding collisions in the full SHA-1[C]// Advances in Cryptology - CRYPTO 2005: 25th Annual International Cryptology Conference, 4-18 August 2005, Santa Barbara, California, USA: Springer Verlag, 2005: vol.3621, 17-36.

[7]　WANG X Y, FENG D G , YU X Y. An attack on hash function HAVAL-128[J]. Science in China, 2005, ser. F 48(5): 545-556.

[8]　WANG X Y, LAI X, FENG D G, et al. Cryptanalysis of the hash functions MD4 and RIPEMD[C]// Advances in Cryptology-EUROCRYPT 2005, 24th Annual International Conference on the Theory and Applications of Cryptographic Techniques, 22-26 May 2005, Aarhus, Denmark: Springer Verlag, 2005 : vol. 3494, 1-18.

[9]　KAYSER R F. Announcing request for candidate algorithm nominations for a new cryptographic hash algorithm (SHA-3) family[J]. Federal Register, 2007, 72(212): 62.

[10]　REGENSCHEID A, PERLNER R, CHANG S J, et al. Status report on the first round of the SHA-3 cryptographic hash algorithm competition[EB/OL]. [2020-09-24]. https://doi.org/10.6028/ NIST.IR.7620.

[11]　TURAN M S, PERLNER R, BASSHAM L E, et al. Status report on the second round of the SHA-3 cryptographic hash algorithm competition[J]. NIST Interagency Report, 2011: 7764.

[12]　HOMSIRIKAMOL E, ROGAWSKI M, GAJ K. Comparing hardware performance of round 3 SHA-3 candidates using multiple hardware architectures in Xilinx and Altera FPGAs[J]. ECRYPT Ⅱ Hash, 2011.

[13]　梁晗. SHA-3 杂凑算法硬件实现研究[D]. 北京: 清华大学, 2011.

[14]　丁冬平. 基于 FPGA 的 SHA-3 五种候选算法设计实现[D]. 西安: 西安电子科技大学, 2012.

[15]　ATHANASIOU G S, MAKKAS G P, THEODORIDIS G. High throughput pipelined FPGA implementation of the new SHA-3 cryptographic hash algorithm[C]// International Symposium on Communications. 21-23 May 2014, Athens, Greece: IEEE, 2014: 538-541.

[16]　IOANNOU L, MICHAIL H E , VOYIATZIS A G. High performance pipelined FPGA implementation of the SHA-3 hash algorithm[C]// 2015 4th Mediterranean Conference on Embedded Computing (MECO). 14-18 June 2015 , Budva, Montenegro : IEEE, 2015: 68-71.

[17]　MICHAIL H E, IOANNOU L, VOYIATZIS A G. Pipelined SHA-3 implementations on FPGA: architecture and performance analysis[C]// In Proceedings of the Second Workshop on Cryptography and Security in Computing Systems (2015). 19-21 January 2015, Amsterdam, Netherlands: Association for Computing Machinery, 2015: 13-18.

[18] KAHRI F, MESTIRI H, BOUALLEGUE B, et al. High speed FPGA implementation of cryptographic KECCAK hash function crypto-processor[J]. Journal of circuits, systems and computers, 2016, 25(4): 1650026.1.

[19] MESTIRI H, KAHRI F, BEDOUI M, et al. High throughput pipelined hardware implemen-ntation of the KECCAK hash function[C]// 2016 International Symposium on Signal, Image, Video and Communications (ISIVC). 21-23 November 2016 , Tunis, Tunisia: IEEE, 2017: 282-286.

[20] WU X, LI S. High throughput design and implementation of SHA-3 hash algorithm[C]// 2017 International Conference on Electron Devices and Solid-State Circuits, 18-20 October 2017, Hsinchu, Taiwan: IEEE, 2017: 1-2.

[21] MOUMNI S E, FETTACH M, TRAGHA A. High throughput implementation of SHA3 hash algorithm on field programmable gate array (FPGA)[J]. Microelectronics Journal, 2019, 93(Nov.): 104615.1-104615.8.

[22] GANGWAR P, PANDEY N, PANDEY R. Novel control unit design for a high-speed SHA-3 architecture[C]// 2019 IEEE 62nd International Midwest Symposium on Circuits and Systems (MWSCAS). 04-07 August 2019 , Dallas, TX, USA : IEEE, 2019: 904-907.

[23] ARSHAD A, KUNDI D, AZIZ A. Compact implementation of SHA3-512 on FPGA[C]// 2014 Conference on Information Assurance and Cyber Security (CIACS), 12-13 June 2014, Rawalpindi, Pakistan: IEEE, 2014: 29-33.

[24] SUNDAL M, CHAVES R. Efficient FPGA implementation of the SHA-3 hash function[C]// 2017 IEEE Computer Society Annual Symposium on VLSI (ISVLSI), 03-05 July 2017 , Bochum, Germany , 2017: 86-91.

[25] JUNGK B, STOETTINGER M. Serialized lightweight SHA-3 FPGA implementations[J]. Microprocessors and microsystems, 2019, 71(Nov.): 102857.1-102857.9.

[26] ARRIBAS V. Beyond the limits: SHA-3 in just 49 slices[C]// 2019 29th International Conference on Field Programmable Logic and Applications (FPL), 08-12 September 2019, Barcelona, Spain : IEEE, 2019: 239-245.

[27] WONG M M, HAJ-YAHYA J, SAU S, et al. A new high throughput and area efficient SHA-3 implementation[C]// 2018 IEEE International Symposium on Circuits and Systems (ISCAS). 27-30 May 2018, Florence, Italy: IEEE, 2018: 1-5.

[28] 帕尔, 佩尔兹. 深入浅出密码学: 常用加密技术原理与应用[M]. 马小婷, 译. 北京: 清华大学出版社, 2012.

[29] WONG M M, HAJ-YAHYA J, SAU S, et al. A new high throughput and area efficient SHA-3 implementation[C]// 2018 IEEE International Symposium on Circuits and Systems (ISCAS). 27-30 May 2018, Florence, Italy: IEEE, 2018: 1-5.

[30] SIDERIS A, SANIDA T, DASYGENIS M. High throughput pipelined implementation of the SHA-3 cryptoprocessor[C]// 2020 32nd International Conference on Microelectronics (ICM). 14-17 December 2020 , Aqaba, Jordan : IEEE, 2020: 1-4.

[31] KAHRI F, MESTIRI H, BOUALLEGUE B, et al.High speed FPGA implementation of cryptographic KECCAK hash function crypto-processor[J]. Journal of circuits, systems and computers, 2016, 25(4): 1650026.1.

[32] MESTIRI H, KAHRI F, BEDOUI M, et al. High throughput pipelined hardware impleme-ntation of the KECCAK hash function[C]// 2016 International Symposium on Signal, Image, Video and Communications (ISIVC). 21-23 November 2016 , Tunis, Tunisia: IEEE, 2017: 282-286.

第 5 章

高斯采样器与侧信道攻击防御机制

　　格密码被证明可以抵御量子计算攻击，但是考虑到这类后量子密码算法仍然需要在现有的用于实现传统密码算法的物理平台上来实现，如嵌入式微处理器、FPGA、ASIC 等，因此格密码的相关硬件实现同样容易遭受已知的一些物理攻击，更确切地说是侧信道攻击（Side-Channel Attack，SCA）。并且，由于侧信道攻击者主要关注的是待测设备在工作时所泄露的物理信息，包括时间、功耗、电磁辐射等，而与密码算法的类别无关，所以这些能对部署了传统密码算法的设备进行有效侧信道攻击的方法大部分同样适用于格密码的硬件实现。

　　对于大多数格密码方案，都需要生成系数满足离散高斯分布的向量/多项式，以作为整个密码系统的私钥 s 或者随机噪声（误差）项 e 使用，这对整个密码系统的安全性起着决定性作用。在基于 LWE 问题构建的格密码方案中，所依赖的数学问题在于：对于私钥 s，给定一组近似随机的线性方程组 $As+e=b$，其中 A 和 b 为已知的矩阵和向量，e 为未知的随机噪声，攻击者很难求解该方程组而得到私钥 s。相对应地，如果攻击者能够获取这些系数满足离散高斯分布的向量/多项式，格密码系统将很容易被破解。因此，在格密码系统中，用于生成满足离散高斯分布系数的高斯采样器将是最容易遭受侧信道攻击的模块，NIST 也在相关的 PQC 报告[1]中强调了高斯采样器的设计中需要考虑应对时间攻击的防御能力。另外，就格密码方案的数学原理而言，实际使用的高斯采样器所生成的高斯分布与理想的离散高斯分布越接近，整个格密码系统也越具有更高的安全性，所以高斯采样器的采样精度和采样范围也是需要着重考虑的安全性设计指标。

　　作为新兴的后量子密码算法，格密码还未达到大规模部署的阶段，因此目前与格密码硬件实现相关的侧信道攻击防御机制的研究工作还很匮乏。本章针对格密码系统中最容易遭受侧信道攻击的高斯采样器，在对侧信道攻击与防御机制、高斯采样算法进行深入分析的基础上，开展了具有侧信道攻击防御机制的高斯采样器电路设计与测试验证工作。

5.1　侧信道攻击与防御机制分析

任何密码算法都要经过精心设计后才能保证足够的安全性，以应对理论上的密码分析，这通常表现在构建这些密码算法所依赖的数学问题在拥有强大算力的计算平台中也是足够难解的，属于数学安全性。然而，一旦将任意的密码算法在现实生活所使用的设备中以某种方式实现，例如，在低成本的物联网终端设备中设计了一个安全引擎用于对所传输的数据进行加解密，外界的攻击者便可以访问、控制和监测该设备。攻击者不仅可以控制将任意数据输入该设备中，而且更重要的是可以监测并获取相关设备在执行相应密码算法时泄露的侧信道信息。这些侧信道信息包括执行某些特定运算的时间，或者执行密码算法时某一部分的瞬时功耗。外界攻击者可以使用示波器等设备直观地记录和分析这些重要的侧信道信息。Dang 等人在 PQCrypto 2020 报告中给出的一种侧信道攻击分析平台与侧信道信息[2]如图 5-1 所示。

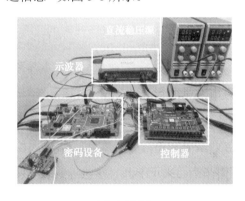

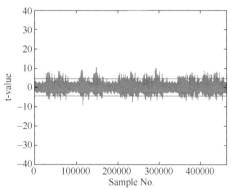

（a）分析平台　　　　　　　　（b）通过示波器采样的密码设备侧信道信息

图 5-1　Dang 等人在 PQCrypto 2020 报告中给出的一种侧信道攻击分析平台与侧信道信息

不可避免的是，侧信道信息的泄露主要取决于三个方面的因素：

（1）实现密码算法所使用的设备或物理平台。

（2）当前所执行的具体运算。

（3）当前被处理的数据。在密码设备工作时，外界攻击者最关注就是那些数据与密钥有直接或间接关系的运算。攻击者通过使用统计学方法，将这些数据信息与预期的数据/密钥值的假设模型进行比较，从而推断出当前设备工作时所使用的实际密钥，最终破解该设备的密码系统。

因此，侧信道攻击与理论上的密码分析不同，主要面向密码算法实现的物理安全性，相比传统密码分析方法更为直接有效。由于侧信道攻击通过利用密码算法实现后在工作时泄露的时间、功耗等信息可直接推断出相关的密钥信息，因此对密码算法实现的实际安全性构成了巨大的威胁。

5.1.1 时间攻击

时间攻击（Timing Attacks）主要利用的是待测设备执行特定运算所需要的时间差异特征。对于非恒定时间的运算而言，在不同的数据或者不同的指令下，待测设备执行该运算所需要的时间也是不同的。例如：在微处理器执行乘法运算时，由于访问数据存储器进行数据存/取而出现的命中和未命中，或者是由于程序中的分支或条件语句导致跳过了一些不必要操作，最终单次乘法运算所需要的时间长度不固定。

对于执行密码算法的设备，其所泄露的时间差异特征总是与密钥或输入的数据（明文、密文）有某种联系。尽管可以假定密码设备泄露的时间差异特征只能极小程度地反映密码设备的有限信息，但是参考 Kocher 的研究工作[3]可以看到：在执行 RSA 加密算法的过程中，模幂运算的模乘运算部分和中国剩余定理（Chinese Remainder Theorem，CRT）优化运算的模约减运算部分所泄露的时间差异特征也可以导致完整的密钥被破解还原。不仅如此，Dhem 等人随后针对智能卡提出了一种更为通用的时间攻击方法[4]，该攻击方法主要以智能卡执行的 ECC、RSA 加密算法中蒙哥马利模乘运算的平方运算为目标，可以在不关注密码系统的前提下逐步完成对部分密钥的还原。

时间攻击不仅能攻击本地设备，也会威胁云端服务器。Bernstein 展示了通过网络在 UNIX x86 服务器上对 OpenSSL AES 的攻击[5]，首先使用已知的密钥让服务器完成响应，确定并存储服务器在给定明文值下的最大时间特征，然后在攻击阶段通过向服务器发送明文并将当前的时间特征与存储的最大时间特征信息进行比较，从而计算得到当前服务器使用的密钥。Brumley 和 Boneh 提出了对 OpenSSL 的时间攻击[6]，通过在 RSA 加密算法的因数分解运算中逐步改善对因子 q 的猜测，最终利用时间差异特征按位逐步还原出其密钥值。

5.1.2 功耗分析攻击

功耗分析攻击（Power Analysis Attacks）主要利用了以下事实：工作中的电子设备在执行特定的运算时会消耗一定能量。由于 CMOS 集成电路具有优异的鲁棒性、低功耗特性，目前主流的电子设备均由 CMOS 集成电路实现。在 CMOS 集成电路中，组合逻辑单元通常是由 PMOS 晶体管和 NMOS 晶体管组成的互补结构，其中 PMOS 晶体管作为上拉网络，NMOS 晶体管作为下拉网络。

这种互补网络结构的设计方式避免了它们的同时导通，因此在稳定的输入条件下，CMOS 逻辑单元的静态功耗极小且相对恒定不变。但是当 CMOS 逻辑单元的输出状态发生转变时，会产生一个短暂的短路过程，即电流同时流过 PMOS 晶体管和 NMOS 晶体管，因此出现功率的峰值。然而，CMOS 设备中的主要功耗是在逻辑单元的输出从逻辑“0”变为逻辑“1”或者从逻辑“1”变为“0”时产生的。在如图 5-2 所示的 CMOS 反相器输出逻辑电平与电流变化中，在从逻辑“1”到逻辑“0”的变化过程中，功耗由存储电荷的电容负载放电产生了在从逻辑“0”到逻辑“1”的变化过程中，功耗主要由电路内部和外部元件之间的电容负载充电引起。可以看到，CMOS 反相器中电流是从逻辑“0”转变为逻辑“1”时稍大一些。

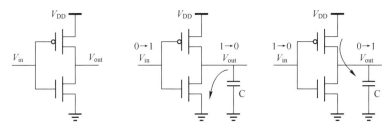

图 5-2　CMOS 反相器输出逻辑电平与电流变化

正是由于电子设备中大量 CMOS 逻辑单元存在一起进行充/放电的过程，使得功耗分析攻击有了一个可测量的、动态变化的功率特征。由于密码设备中所执行的不同运算过程本质上是由逻辑单元的翻转实现的，所以密码设备的瞬时功率消耗与当前执行的运算类型和运算数据有极强的关联性。功耗分析攻击主要分为简单功耗分析（Simple Power Analysis，SPA）攻击和差分功耗分析（Differential Power Analysis，DPA）攻击两类攻击方式。

1. 简单功耗分析攻击

Kocher 等人首次介绍了简单功耗分析（SPA）攻击[39]：在 SPA 攻击中，外界攻击者通常只需要使用一小组功耗曲线（甚至可能少至一条）中直接明显的功耗特征进行分析就可以得到当前密码设备相关的密钥信息。运算步骤取决于当前密钥的密码设备是否极易成为 SPA 的攻击目标。例如，在嵌入式微处理器工作时，当密钥或者内部寄存器有某个特定的值时，当前的程序会跳转到不同的条件分支继续执行。密码算法中这些依赖于当前密钥而出现分支的运算也是十分常见的，如密钥调度、置换、比较、乘法和求幂运算等。

作为实施 SPA 攻击的先决条件，外界攻击者首先必须能通过示波器等设备捕获密码设备的功耗波形，并且所捕获的功耗波形信号需要满足较高的精度要求。通常需要设置好相关的信号触发源，需要使用滤波技术如小波变换等对功耗波形信号进行一定的预处理，以去除其中的高频噪声成分和影响功耗曲线图形可识别性的负面成分。同时，为了保证 SPA 攻击的成功实施，攻击者也需要对密码设备所执行的运算指令和运算步骤、由每一条指令产生的特定功耗曲线图形特征等都有详细的了解，并对这些特性进行完备的记录。这样，一旦密码设备中某条（或某组）特定指令的执行依赖于一些特定的密钥值，攻击者便可以通过简单地观察分析相关的功耗曲线图形特征来对比推测出当前使用的密钥值，以最终还原出密码设备的整个密钥。

从分析方法上，SPA 攻击根据分析方式的不同还可以进一步细分为两类：一类是通过直接观察和分析单条功耗曲线的功耗特征来推断密钥信息，称为单曲线分析（Single Trace Analysis，STA）；另一类是通过比较多条功耗曲线，观察和分析每一对功耗曲线中相同和相异的功耗特征来推断密钥信息，称为曲线对分析（Trace Pair Analysis，TPA）。针对不同的密码算法，攻击者会结合该密码算法的运算特点，采用不同的分析方式进行 SPA 攻击，因此 SPA 攻击是一种简单高效的攻击手段。

2. 差分功耗分析攻击

相比 SPA 攻击，差分功耗分析（DPA）攻击是一种更为强力的功耗分析攻击手段：从外界攻击者角度而言，通过使用 DPA 攻击，攻击者只需了解相关的密码算法原理，却无须知道与密码设备任何相关的细节信息就可以还原出密码设备内部的密钥。SPA 攻击主要是利用不同时刻的功耗特征来分析密码设备，而 DPA 则更关注固定时刻下密码设备的功耗特征与运算数据的关系。另外，由于 DPA 攻击固有的求平均值的特点，使其即使在收集到的功耗曲线中包含大量噪声的情况下，通常也是成功可行的。

DPA 攻击主要采用了分而治之的攻击策略，一般的攻击方法是选择密钥的一小部分，对其值进行假设，然后将该假设值对应的功耗值与实际测量的功耗曲线进行对比。对于密钥的每一个部分，攻击者通过重复这个"假设—测量—比较"的过程进行推断并确定，最终即可还原出整个密钥。根据 CMOS 逻辑单元的翻转特性，密码设备通常使用内部寄存器中逻辑"1"的数量，即汉明权重或汉明距离功耗模型来衡量整体的功耗大小和功耗变化。在 DPA 攻击中，通常会使用均值差（Difference of Means）、均值距离（Distance of Means）和 Pearson 相关系数[7]等统计学方法来比较建模后的功耗信息和实测功耗。

总的来说，DPA 攻击由以下 5 个步骤构成：

（1）选择所执行密码算法的一个中间结果进行分析；

（2）测量对应的功耗曲线；

（3）计算假设的中间值；

（4）将中间值映射到假设的功耗值；

（5）将假设的功耗与实测的功耗进行统计学比较。

DPA 攻击的一个潜在缺点在于实施攻击时需要采集大量的功耗曲线样本，因此需要很长的时间才能完成。相比 SPA 攻击而言，DPA 攻击主要是利用统计学方法进行分析攻击，对密码设备的威胁更大，但在实施的过程中，需要更长的测试时间和无限制的密码设备访问能力。

5.1.3　侧信道攻击防御机制

以硬件电路的方式实现密码算法不可避免地会导致侧信道信息的泄露，从而使得外界攻击者有了获取相关密钥信息的途径，导致了整个密码系统安全性在一定程度上降低。侧信道攻击防御机制是指能够保护密码设备，尽可能地减少相关侧信道信息泄露的方法和实现策略。

1. 时间攻击防御机制

通常来说，对于密码算法硬件电路实现的设计研究而言，对电路性能的优化设计极易导致电路结构遭受时间攻击。例如，在电路设计中为了提升计算性能而使用预先计算好的快速查找表，或者是为了节省运算时间而过早地退出循环运算，都会导致时间差异特征的泄露。同时，由于时间信息的泄露通常与密码算法具体实现平台的物理特征紧密相关，因此在不同的物理平台上实现密码算法时，也需要分析不同的时间信息泄露的可能性。

Kocher 针对时间攻击的特点，提出了一种可行的防御机制——使密码设备中的所有运算保持恒定的执行时间（Execute In a Constant Time）[3]。恒定的执行时间在理论上很好理解，但是在实际电路设计中却不易实现，例如，访问 RAM 出现的命中/未命中、指令执行时间的差异等问题都不在电路设计者的控制范围内。因此，Kocher 进一步提出了一种在执行运算的过程中插入随机延时的防御机制。插入随机延时主要是通过在时间信息中引入随机噪声来进行有效的防御，但攻击者仍然可以通过收集更多的时间信息样本再取平均后来消除相关的随机噪声。类似地，Chaum 提出了一种能保护 RSA 加密算法遭受时间攻击的防御策略，其核心思想是在 RSA 加密算法的模幂运算之前使用一个随机的值对幂指数进行额外的掩盖运算，这样攻击者所需要额外收集的时间信息样本的数量与该过程引入随机时间噪声数量的平方成正比关系，大大增加了攻击者对密码设备进行时间攻击的难度[8]。

Dhem 等人针对 RSA 加密算法中 Montgomery 乘法器的平方运算，提出了一种简单有效的时间攻击防御机制，即在结果即使会被丢弃的情况下仍然增加一次额外的减法运算使乘法器的运算保持恒定的执行时间[4]。然而该防御机制在智能卡芯片中进行测试后很快就被指出存在缺陷，主要问题在于完成平方运算后，丢弃或复制当前的结果仍然不可避免地会导致一小段时间差异特征信息。可以清楚地看到，在设计防御机制时，还必须认真考虑在加入防御机制后，是否还会给密码设备带来新的易遭受时间攻击的缺陷。另外，同样也是针对应用于 RSA 加密算法的 Montgomery 乘法器，Schindler 提出了一种在该乘法器执行的运算中插入一些假运算（Dummy Operation）的方法，以有效掩盖相关的时间信息泄露[9]。

总的来说，时间攻击防御机制可以从两个方面进行设计：

（1）通过设计构造或者是加入冗余运算、假运算，使得密码设备中容易泄露时间信息的运算保持恒定的执行时间，因此不再具有时间差异特征信息。

（2）插入一些随机的延时运算，使得密码设备泄露的时间信息中加入了大量时间噪声信息，增大攻击者分析相关有效时间信息的难度。

2．功耗分析攻击防御机制

与时间攻击防御机制相似，功耗分析攻击防御机制的主要目标是使得密码设备泄露的功耗信息与当前处理的密钥数据无关。值得注意的是，没有必要让密码设备在处理所有数据时都能满足与功耗信息的无关性，更应该着重关注那些会让攻击者从中发现中间密钥值的相关数据，如 AES 加密算法中 S 盒的输入/输出数据、RSA 加密算法模幂运算的值等。

SPA 攻击防御机制的设计相对来说较为直接，实施 SPA 攻击的攻击者需要通过直观地观察和比较功耗曲线的图形特征来分析、推断出相关的密钥信息，因此 SPA 攻击防御机制只要能保护好与密钥直接相关的、影响运算执行步骤的数据值就足够了。例如，密码设备中如果能保证所有的运算不存在依赖于密钥数据而出现条件执行的运算步骤，那么攻击者从捕获的功耗曲线中获取的有效信息就会极为有限。另外一种 SPA 攻击防御机制则是在与数据相关的运算过程中增加功耗噪声信息来隐藏相关功耗曲线图形特征。DPA 攻击防御机制的设计相对来说则非常复杂。由于 DPA 攻击主要使用了高级的数学统计技术来从大量的功耗曲线中提出与密钥有关的有效信息，因此很难使密码设备具有完全抵御 DPA 攻击的能力。

总的来说，功耗分析攻击防御机制在设计方法上可以分为两类：隐藏（Hiding）相关数据和掩盖（Masking）相关数据[10]。这两类策略可以在密码算法的软硬件实现中均有效，并且虽然这两类策略是独立的，但也是互补的，因此可以结合使用这两类策略来为密码设备提供多个层面上的有效防护。

从本质上来说，Hiding 不会更改加密算法当前运算产生的中间值，而是尝试在其他运算过程中隐藏这些值。通常 Hiding 是通过两种方法来实现的。

（1）随机化密码设备的功耗。

（2）使密码设备的功耗在所有的运算过程中保持不变。

随机化密码设备的功耗可以通过改变加密算法每次迭代过程中执行特定密码运算的时刻来实现。这是因为如果攻击者关注的目标中间值在不同的时钟周期被处理，攻击者则需要额外进行更为复杂的功耗曲线时间轴对齐步骤，功耗分析攻击就会变得更为困难。具体而言，随机化功耗可以通过随机地插入一些假运算和对运算步骤进行乱序洗牌（Shuffling）这两种方法来实现，也可以将这两种方法结合起来使用。密码设备在使用这些随机化功耗的防御机制后，攻击者持续捕获的功耗信息之间会存在时刻上的不一致，因此可以降低攻击者对功耗信息进行统计分析的有效性。然而，使用随机插入假运算的方法会导致系统性能降低，这是因为假运算实质上就是在进行一些冗余的处理操作。考虑到攻击者从理论上来说可以通过增加测量功耗曲线的数量来最终平均随机化的影响，因此随机化功耗的防御机制只能给密码设备提供有限的保护。

实现 Hiding 的另一种方法是均衡密码设备各项运算的功耗。正如 Agrawal 等人通过测试观察到的那样，微处理器等设备所执行的指令有不同的功耗，且其中存在着一些功耗明显高于其他指令的"坏"指令[11]。在软件平台实现中，用于最大限度地降低这种功耗差异的方法主要包括选择配置具有相似功耗的处理器指令等技术。在硬件平台实现中，则可侧重利用设备外围的一些功能特性，例如在密码设备外集成板级的功耗滤波器以直接减少可能的功耗信息泄露，或是在密码设备外增加噪声产生单元来提高底噪（Nosie Floor）。从电路实现的角度上看，还可以通过底层逻辑单元的设计来实现功耗的均衡。如图 5-3 所示，常见逻辑单元的输入/输出都是单线结构（Single-Rail，SR），也称为单线逻辑单元（SR Cell），但在双轨道（Dual-Rail，DR）逻辑单元（DR Cell）中，对于输入/输出的信号均使用了互补的双线结构，无论输入的逻辑值如何改变，总是有两种逻辑值输出，从而确保了 DR 逻辑单元功耗不变。同时，多个 DR 逻辑单元连线之间的电容负载也需要进行平衡，这样由 DR 逻辑单元组成的电路将整体具有高效的功耗均衡性。

与 Hiding 不同，Masking 是一种基于密钥共享（Secret-Sharing）的技术：将原始信息拆分为多个子部分，对于每一个子部分进行独立的掩盖运算，只有在拥有足够数量的子部分后，才可能还原出原始数据。Chari 等人首次通过应用密钥共享技术设计了功耗分析攻击防御机制[12]，随后 Messerges 对这类方法进行了改进[13]。通过使用 Masking，尽管整个密码设备的功耗特性没有发生变化，但密码设备对中间值进行运算所产生的功耗信息将会变得与密钥无关。

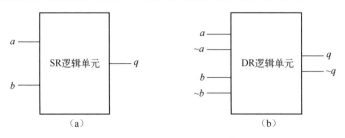

图 5-3　SR 逻辑单元与 DR 逻辑单元结构

例如，在 AES 加密算法加入 Masking 技术时，其中的线性运算如 ShiftRows、MixColumns 和 AddRoundKey 等非常容易进行 Masking 处理，这是因为线性运算都满足 $f(x \oplus m) = f(x) \oplus f(m)$ 的性质。然而对于其中的非线性运算，如 SubBytes 运算等，由于 $S(x \oplus m) \neq S(x) \oplus S(m)$，因此很难进行 Masking 处理。因此，在对密码算法进行 Masking 方案设计前，需要充分考虑该算法的运算特点，否则 Masking 的设计方案将变得极其复杂。通常 Masking 方案根据计算掩码值（Masked Value）所使用的运算不同可以分为两类：布尔型 Masking 和算术型 Masking。布尔型 Masking 主要是通过使用逐位或（Bit-wise Exclusive-OR）运算来对中间值进行掩盖，特别适用于对密码算法中的线性函数运算进行 Masking。算术型 Masking 则主要通过使用模加和模乘运算来对中间值进行掩盖，仅适用于对非线性函数运算进行 Masking，其中主要的问题在于，在对各类运算进行算术型 Masking 时，并不是所有的中间值都能被掩盖。当中间值等于 0 时，乘法型 Masking 无法对其进行掩盖，Oswald 等人提出了一种加法型 Masking 和乘法型 Masking 结合的方案，有效解决了这一主要缺点[14]。可能导致 Masking 方案的设计变得极其复杂的一个潜在因素是需要在布尔型 Masking 和算术型 Masking 之间切换，Akkar 和 Giraud 提出了一种有效的方案来解决 Masking 类型切换的问题[15]。

从电路实现的角度上看，还可以从底层掩码逻辑单元的设计来进行 Masking。考虑到布尔型 Masking 是线性运算，中间值可以在掩码逻辑单元中直接被处理，并且由于在逻辑单元层面自动进行了掩盖运算，所以整个加密算法可以以非掩盖的方式直接实现。如图 5-4 所示，掩码逻辑单元（Masked Cell）与普通的非掩码逻辑单元（Unmasked Cell）的区别在于，输入端和输出端附加了额外的掩盖值输入/输出信号线。在对掩码逻辑单元进行设计时，最重要的一项考虑因素是避免毛刺的产生。正如文献[16]中证实的那样，毛刺会导致数据与功耗信息之间很强的关联性，因此文献[16]也结合数字处理逻辑（Digital Process Logic，DPL）结构提出了一种能解决毛刺问题的双轨道预充电掩码逻辑单元

（Masked DPL，MDPL）。另一种类型的掩码逻辑单元是 Suzuki 等人提出的随机切换单元（Random Switching Logic，RSL）。RSL 主要是由逻辑电平切换概率的功耗泄露模型设计的[17]，可以通过平衡逻辑电平切换概率来实现 Masking。然而，随后 Shaumont 和 Tiri 证实了：对于 RSL 和 MDPL 结构，通过先测定平均功耗，再判断单次测量值是否高于或低于这个平均功耗，存在可推断出当前掩盖的数据所对应的真实密钥的可能性[18]。

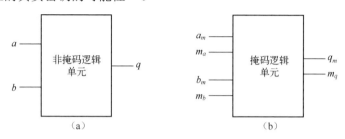

图 5-4　非掩码逻辑单元与掩码逻辑单元结构

3. 侧信道攻击防御机制小结

Kocher 首次提出侧信道攻击的概念[3]，从揭露了密码设备的侧信道易损性开始，侧信道攻击防御机制也在巨大的需求下不断发展，以应对不同场景、不同实现平台下的侧信道攻击威胁。站在研究密码算法硬件实现设计者的角度，需要考虑侧信道攻击带来的大量潜在威胁，同时也对应可以直接应用大量的侧信道防御机制。然而，结合各类防御机制的特点可知，对于已知的侧信道攻击类型，没有哪一种侧信道防御机制能提供 100%可靠的安全防护；若是对于目前还未知的攻击类型，就更加难以保证防御机制的可靠性了。因此，在对密码算法进行硬件实现前，需要结合密码算法的特点尽可能地分析出可能遭受的侧信道攻击类型，并针对这些不同类型的攻击方式选用或设计对应高效的防御机制，来为密码设备提供足够可靠且能长久使用的侧信道安全防护。图 5-5 列出了目前可以应对已知各类侧信道攻击，且可靠、有效的防御机制。

另外，侧信道攻击防御机制的设计并不是完全理想化的。在相关密码算法的硬件实现中具体设计侧信道攻击防御机制时，密码设备整体的面积、性能、功耗，甚至制造工艺都是需要进行考虑的因素。例如，基于 FPGA 平台实现密码算法时，需要着重考虑加入侧信道攻击防御机制而引入额外的资源开销是否满足 FPGA 平台能提供的最大资源数量；对密码算法进行 ASIC 设计时，除额外的资源开销外，侧信道攻击防御机制带来的额外功耗、性能下降或者是需要一些定制的逻辑单元，都会增加芯片的整体设计难度。因此，对于密码算法的硬件实现而言，进行侧信道攻击防御机制设计需要综合考虑的因素带来了安全性、资源开销和性能的折中权衡。同时，最终密码算法硬件实现最主要的目标应是从时间和经济成本上使得侧信道攻击变得无效或是无法实际实施。

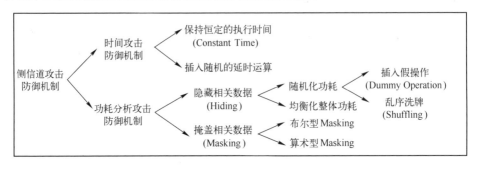

图 5-5　侧信道攻击防御机制

5.2　高斯采样算法的性能评估

大多数基于 LWE 和 SIS 问题构建的格密码方案都需要从离散高斯分布中进行采样。除传统的拒绝采样（Rejection Sampling）方法[19]外，目前在格密码方案中主要使用的高斯采样算法包括 Bernoulli 采样[20]、累积分布表（Cumulative Distribution Table，CDT）采样[21]、Knuth-Yao 采样[22]和离散 Ziggurat 采样[23]等。基于这些高斯采样算法为格密码系统设计高斯采样器时，针对格密码系统不同的应用场景，有不同的指标需求：在高性能运算平台中，高斯采样器应当确保快速响应时间和高采样速率；在资源受限的设备中，高斯采样器应尽量减少硬件资源开销。不仅如此，高斯采样器还需满足格密码方案中要求的采样精度和采样范围，并且具备抵御时间攻击和其他潜在侧信道攻击的能力，以保证格密码系统足够可靠的安全性。总的来说，在格密码系统中，高斯采样器的硬件实现应综合考虑硬件资源开销、采样性能、侧信道安全性三项指标，在保证安全性的前提下高效地生成满足离散高斯分布的采样值。

5.2.1　高斯采样算法分析

针对格密码系统中不同的采样参数和不同的应用场景、实现平台，每一种高斯采样算法都有不同的优缺点，因此很难直接判断哪一种高斯采样算法是最优的选择。本节将对几类高斯采样算法的主要采样步骤进行参数化的介绍和分析，并给出相应的对比总结。

1. 拒绝采样

拒绝采样首先需在区间 $(-\tau\sigma, \tau\sigma)$ 内均匀随机地采样得到一个采样值 x，其中 τ 和 σ 分别是对应离散高斯分布的尾切因子和标准差。接着，在区间 $[0, 1)$ 内均匀随机地采样得到一个采样值 u，通过判断 u 是否小于 $\rho_\sigma(x) = \exp\left(\dfrac{-x^2}{2\sigma^2}\right)$ 来判断是否接受采样值 x，即 u 在对应离散高斯分布的曲线之下时接受当前的采样值 x。通过使用均匀采样得到的 x 作为离散高斯采样值，其被拒绝的概率为 $1 - \rho_\sigma(x)$。

虽然拒绝采样是一种简单直接的采样方法，但拒绝采样的主要缺点是采样值 x 的拒绝率过高，通常来说平均需要至少 8 次试验才能接受一次采样值 x，这也会导致采样速率较低。另外，从高斯采样器设计的角度上看，指数运算 exp() 是拒绝采样中最为复杂的运算，会带来较大的硬件资源开销，不利于高效的硬件实现。Göttert 等人首次在格密码系统中设计并使用了拒绝采样器[24]。随后，Ducas 等人通过直接使用浮点运算单元直接执行拒绝采样中的相关运算，全面提升了拒绝采样器的性能，但代价是整个拒绝采样器的电路面积也大幅增加了[25]。

2. Bernoulli 采样

Bernoulli 采样实质上是拒绝采样的一种优化方案，可以将成功接受一个采样值需要的采样试验次数从平均 10 次减少到平均 1.47 次，并且可以通过使用存有一些预计算数据的查找表替代复杂的指数运算。Ducas 等人首次介绍了应用于格密码系统的 Bernoulli 采样[20]，此后 Bernoulli 采样被广泛应用于文献[26-28]等相关设计中。

Bernoulli 采样主要的原理是将在离散高斯分布 $D_{\mathbb{Z},k\sigma_2}$ 中进行采样这一过程通过在分布 $k \cdot D_{\mathbb{Z}^+,\sigma_2} + \mathbb{U}(\{0,\cdots,k-1\})$ 中进行近似采样来实现，其中 $\mathbb{U}$ 为均匀分布。Bernoulli 采样主要由 5 个步骤组成：

（1）在二项高斯分布 $D_{\mathbb{Z}^+,\sigma_2}$ 中根据概率密度 $\rho_{\sigma_2}(x) = \exp\left(\dfrac{-x^2}{2\sigma_2^2}\right)$ 采样得到一个采样值 $x \in \mathbb{Z}$。

（2）在区间 $\{0,\cdots,k-1\}$ 中均匀采样得到一个采样值 $y \in \mathbb{Z}$，并计算 $z \leftarrow y + kx$ 和 $j \leftarrow y(y + 2kx)$。

（3）在 Bernoulli 分布 $\mathcal{B}_{\exp(-j/2\sigma^2)}$ 中采样得到采样值 b，其中 $\sigma = k\sigma_2$。对于从 Bernoulli 分布 $\mathcal{B}_c$ 中进行采样，实质上是在区间 $[0, 1)$ 中均匀采样得到一个具有 λ 位精度的采样值 u，将 u 与 c 进行比较，如果 $u < c$ 则采样得到 1，否则采样得到 0。

（4）如果 $b=0$，就重复步骤（1）。

（5）如果 $z=0$，就重复步骤（1）；否则就从 $\mathcal{B}_{1/2}$ 采样得到 b，并且输出 $(-1)^b z$ 作为近似采样值。

Bernoulli 采样器对应的标准差为 $k\sigma_2$，其中 $\sigma_2 = \sqrt{1/(2\ln2)} \approx 0.849$，$k$ 为正整数$(k \in \mathbb{Z}^+)$。对于基于格的公钥加密这类标准差很小的方案，文献[27]中证明了可以省去 Bernoulli 采样中的步骤（1），但对于基于格的数字签名这类标准差很大的方案，步骤（1）是必须的。

Bernoulli 采样中大部分运算为 1 位的运算，避免了大整数运算和复杂的指数运算，因此很适合进行硬件实现。但是 Pöppelmann 等人为基于格的数字签名方案 BLISS 设计并使用了 Bernoulli 采样器，并且发现了由于 Bernoulli 采样有时间关联性[27]，因此很容易遭受时间攻击。另外，通常 Bernoulli 采样器中存有预计算数据的查找表占用存储资源较小，并且从二项高斯分布中进行采样简单直接，与 σ 无关，因此对硬件资源开销的影响极小。

3．CDT 采样

CDT 采样也称为反演采样（Inversion Sampling）。与拒绝采样等需要复杂的浮点数运算、指数运算的采样算法相比，CDT 采样有更高的采样性能，这是因为累计分布中所有的值都小于 1，直接使用小数的二进制表达进行运算即可。

CDT 采样首先需要准备一个大的查找表 CDT，用于存储对应离散高斯分布 $D_{\mathbb{Z},\sigma}$ 全部的累积分布函数（Cumulative Distribution Function，CDF）值，其中采样区间 $(-\tau\sigma, \tau\sigma)$ 内 k 处对应的 CDF 值 $\Phi(k)$ 计算如下：

$$\Phi(k) = \sum_{x=-\infty}^{k} \rho_\sigma(x), \ \rho_\sigma(k) = \Phi(k) - \Phi(k-1) \tag{5-1}$$

该查找表的深度与尾切因子 τ 和标准差 σ 有关；查找表中存储的数据为 λ 位的二进制数，其中 λ 对应着采样精度。接着在区间$[0, 1)$中均匀采样得到一个具有 λ 位精度的采样值 r，通过将 r 与 CDT 中的 CDF 值进行比较，直到找到一个满足条件的 k 使得 $\Phi(k-1) < r \leqslant \Phi(k)$，输出 $x=k$ 即为满足离散高斯分布 $D_{\mathbb{Z},\sigma}$ 的采样值。

CDT 采样器中最大的硬件资源开销在于存储 CDF 值的 CDT。通常来说，CDT 采样器中查找表的大小至少为 $\lambda\tau\sigma$ bit。对于 τ 和 σ 均较小的公钥加密方案而言，查找表的存储资源开销依然较小；但对于 τ 和 σ 均很大的数字签名方案而言，查找表需要进行优化设计。例如，在基于格的数字签名方案 BLISS-Ⅳ（$\sigma=13.4, \tau=215, \lambda=128$）和 BLISS-Ⅰ（$\sigma=13.4, \tau=19.54, \lambda=128$）中，至少需要 630Kbit 和 370Kbit 的预计算查找表来分别提供 192 位和 128 位的后量子安全性

（Post-Quantum Security），因此不太适合直接在硬件资源受限的物联网设备上实现。然而，通过使用 Peikert 提出的卷积引理[21]，从 $D_{\mathbb{Z},\sigma,\tau'}$ 中采样两次来替代从 $D_{\mathbb{Z},\sigma,\tau}$ 中采样，CDT 采样器中所需要的预计算查找表可以减小为原来的 1/11，其中 $\tau = 215$，$\tau' = \tau / \sqrt{1+k^2} = 19.47$。随后，Pöppelmann 针对预计算查找表的大小提出了进一步的优化设计，通过使用一种自适应尾数位宽的方法，整个预计算查找表可以减小一半[29]。

另外，Pöppelmann 等人提出了一种 CDT 采样器的硬件实现结构[40]，并在后续的研究工作[27, 30]中做了不同的优化设计。Du 等人基于软件实现提出了一种高效的 CDT 采样器[31]，但是该 CDT 采样器被证明容易遭受时间攻击。接着，Khalid 等人解决了 CDT 采样器容易遭受时间攻击的问题，并提出了一种与时间无关的 CDT 采样器[32]。Pöppelmann 通过将 CDF 和拒绝采样进行结合，提出了一种精简且快速的高斯采样器结构[26]。

4．Knuth-Yao 采样

Knuth-Yao 采样是 Knuth 和 Yao 首次提出的一种基于二叉树遍历的非均匀分布采样算法[22]。由于 Knuth-Yao 采样所需要的随机数位数与目标概率分布的熵值接近，Knuth-Yao 采样能提供近似最优的采样性能，尤其适合高精度采样。

在进行 Knuth-Yao 采样前，首先需要根据目标概率分布完成二叉树的构建。假定 N 为目标概率分布中所有可能值的数量，r 为目标概率分布中的随机变量且有对应的概率值 p_r，概率值均为 λ 位。将每一个随机变量对应的 λ 位的概率值作为一行，可以构建一个 $N \times \lambda$ 的二进制矩阵，称为概率矩阵 $\boldsymbol{P}$。根据概率矩阵 $\boldsymbol{P}$，可以进一步构建离散分布生成（Discrete Distribution Generating，DDG）树，即 DDG 二叉树。DDG 二叉树有 λ 层，每一层有两种类型的节点：一种是中间节点（Inernal Nodes），记作 I 节点，其有两个子节点；另一种是末端节点（Terminal Nodes），记作 T 节点，其没有子节点。DDG 二叉树的主要构成方式是：第 i 层的 T 节点的数量等于概率矩阵 $\boldsymbol{P}$ 第 i 列中非 0 的数量，并且每一个 T 节点都用概率矩阵 $\boldsymbol{P}$ 中对应的行号进行标记。根据一个简单的概率分布构建 DDG 二叉树的过程如图 5-6 所示。

Knuth-Yao 采样的采样步骤实际上就是从构建好的 DDG 二叉树的树根（即第 0 层）开始，向下层进行随机的遍历，且每一次遍历的方向取决于 1 位的均匀分布随机数：当输入的随机数为 0 时，到达下一层的左边节点，否则到达下一层的右边节点。整个遍历的过程会在到达某一层的 T 节点后终止，即成功完成了一次采样操作，输出当前所在 T 节点对应的整数标记值（概率矩阵 $\boldsymbol{P}$ 中对应的行号）即为正确的采样值 x。

Knuth-Yao 采样器适用于标准差 σ 很小的格密码方案，而不太适用于基于格的数字签名方案。这是因为基于格的数字签名方案中，τ 和 σ 往往均很大，过大的采样范围需要消耗大量的随机比特用于二叉树的遍历，会导致采样速率降低。再者，为了尽可能减小实际生成的高斯分布与理想的离散高斯分布之间的数学统计距离，Knuth-Yao 采样器往往需要较大的存储资源开销来保证高精度的样本点概率值，这将增加 Knuth-Yao 采样器在资源受限平台上实现的难度。

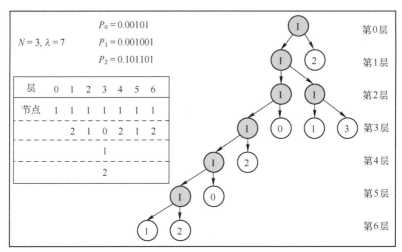

图 5-6 根据一个简单的概率分布构建 DDG 二叉树的过程

Roy 等人针对标准差 σ 较小的 Ring-LWE 格密码系统提出了第一个 Knuth-Yao 采样器的硬件实现结构，具有很高的采样速率[33]，其中主要的优化技术包括概率矩阵的零值压缩存储方案和基于汉明距离的遍历判断方案等。随后，针对随机遍历这一没有恒定执行时间的步骤，Roy 等人证实了 Knuth-Yao 采样易遭受时间攻击的可能，并通过对成功采样的数据加入乱序洗牌（Shuffling）的操作来抵御时间攻击[34]。

表 5-1 使用运算复杂度（Calculate）、查找表大小（Table Size）、查表复杂度（Table Lookup）、所需均匀随机比特数量（Entropy）和与格密码方案的适配性（Features）这五个指标对拒绝采样、Bernoulli 采样、CDT 采样、Knuth-Yao 采样这四种性能更为优异的高斯采样算法进行了量化比较分析，以便根据不同的格密码方案选出最合适的高斯采样算法。

表 5-1 高斯采样算法比较

采样算法	运算复杂度	查找表大小（bit）	查表复杂度	所需均匀随机比特数量	与格密码方案的适配性
拒绝采样	高	0	0	$45+10\log_2\sigma$	资源受限
Bernoulli 采样	一般	$\lambda\log_2(2.4\tau\sigma^2)$	$\approx\log_2\sigma$	$\approx 6+3\log_2\sigma$	所有方案

采样算法	运算复杂度	查找表大小（bit）	查表复杂度	所需均匀随机比特数量	与格密码方案的适配性
CDT 采样	低	$\sigma\tau\lambda$	$\log_2(\tau\sigma)$	$2.1 + \log_2\sigma$	高精度
Knuth-Yao 采样	低	$\sigma\tau\lambda/2$	$\log_2(\sqrt{2\pi e}\sigma)$	$2.1 + \log_2\sigma$	仅加密方案

对于采样算法的采样性能，可以从运算复杂度和查表复杂度上来进行分析。Knuth-Yao 采样是最快的，这是因为二叉树遍历是简单的随机过程，通过查表复杂度 $\log_2(\sqrt{2\pi e}\sigma)$ 可知，Knuth-Yao 采样通常仅需要几次遍历（有时甚至是单次）就会访问到 T 节点，从而成功完成采样。拒绝采样则是相对最慢的，这是因为虽然拒绝采样的运算步骤固定，但其运算复杂度高并且接受采样值的概率很低。CDT 采样相比 Bernoulli 采样的运算更为简单，但从查表复杂度上来说，Bernoulli 采样略优于 CDT 采样，因此很难判断 CDT 采样和 Bernoulli 采样的采样性能，这还取决于实际的设计实现。

对于采样算法的资源开销，可以从查找表大小和所需均匀随机比特数量上来进行分析。在预计算查找表方面，除拒绝采样外，Bernoulli 采样所需要的查找表大小是最优的，Knuth-Yao 采样次之，CDT 采样需要的查找表相对最大，但 CDT 采样所需要的查找表大小还存在被优化的可能。在所需均匀随机比特数量方面，CDT 采样和 Knuth-Yao 采样是最优的，Bernoulli 采样需要至少 3 倍以上的随机比特数量，而拒绝采样需要更为庞大的随机比特数量。

另外，在与格密码方案的适配性这一指标中，可以看到 CDT 采样、Bernoulli 采样和拒绝采样均适合在基于格的公钥加密和数字签名方案中使用，CDT 采样还可以支持高精度的离散高斯采样，拒绝采样相对来说适合在资源受限的设备中实现；Knuth-Yao 采样不太适合基于格的数字签名方案，仅适合基于格的公钥加密方案。

5.2.2　高斯采样器性能评估

在 5.2.1 节中，对拒绝采样、Bernoulli 采样、CDT 采样、Knuth-Yao 采样这四种适用于格密码方案的高斯采样算法进行了全面的对比分析。由于每一种高斯采样算法都有对应的优缺点，单从算法层面进行的对比而言，在采样性能、资源开销和与格密码方案的适配性这三个方面也只能对这四种采样算法给出初步的优劣排序。

从高斯采样算法硬件实现的角度上看，针对不同的格密码方案（公钥加密或数字签名），同一算法在不同的约束条件下（硬件资源开销、性能、侧信道安全）的硬件实现结果也完全不同。为了更直观地对比不同高斯采样器的实际硬件资源开销和采样性能，图 5-7 以散点图的形式给出了当前国际上最先进的高斯采样器设计的硬件实现结果。图 5-7 中横坐标为 FPGA 中资源开销，反映了整体硬件资源开销，纵坐标为每秒采样数，反映了整体的采样性能，坐标点越靠近左上角，说明硬件实现效率越高。为了保证比较的公平性，不同的高斯采样算法均在同样的 Xilinx Spartan-6 FPGA 平台上实现，并且以同时追求更高的采样性能和更小的硬件资源开销为实现目标；在使用 ISE 14.7 开发套件进行综合后布局布线（post-PAR）时，选择了平衡优化的（Balanced）选项。由于基于 FPGA 实现后的拒绝采样器与其他三种高斯采样器在硬件资源开销和采样性能上的差距均较大，因此没有在图 5-7 中描绘出。对于图 5-7 中的 Bernoulli 采样器、CDT 采样器和 Knuth-Yao 采样器，根据适用于基于格的公钥加密方案（$\sigma = 3.33$）或数字签名方案（$\sigma = 215$），可分为 Enc 和 Sign 两类；根据是否使用了 FPGA 中的 Block RAM（也可以使用由 LUT 组成的分布式 RAM 来获得更高的最高工作频率，但会导致资源开销增加），可分为带 RAM 和不带 RAM 两类；根据采样过程是否有时间依赖性，可分为 Time-Dep. 和无 Time-Dep. 两类。值得注意的是，对于所有参与比较的 CDT 采样器，都是通过使用二分查找法来保证采样过程具有恒定的执行时间，因此参与比较的 CDT 采样器的设计均不具有时间依赖性，属于无 Time-Dep. 类。相关高斯采样器硬件实现的具体数据主要来源于文献[34-36]。

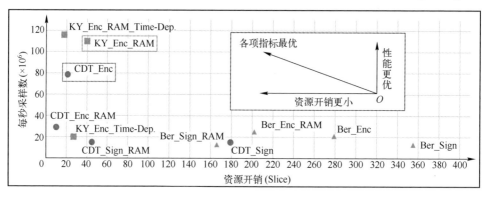

图 5-7   高斯采样器设计的硬件实现结果对比

由图 5-7 可知，针对基于格的公钥加密方案（Enc 类），如果不使用 Block RAM，CDT 采样器（CDT_Enc）与其他采样器相比，在硬件资源开销、采样性能（每秒采样数）和抵御时间攻击（无时间依赖性）的综合结果上有全面的优势；如果考虑使用 Block RAM，Knuth-Yao 采样器（KY_Enc_RAM 和 KY_Enc_RAM_Time-Dep）有最高的采样性能，但 CDT 采样器（CDT_Enc_RAM）在硬件资源开销上更有优势。针对基于格的数字签名方案（Sign 类），如果不使用 Block RAM，CDT 采样器（CDT_Sign）同样是在综合指标上全面占优，与 Bernoulli 采样器（Ber_Sign）相比可以节省大于一半的资源开销；如果考虑使用 Block RAM，比较结果与前者相似。

由图 5-7 可知，在同样的 FPGA 平台上以相同的设计约束对拒绝采样、Bernoulli 采样、CDT 采样和 Knuth-Yao 采样这四种高斯采样算法进行硬件实现后，CDT 采样器和 Knuth-Yao 采样器在硬件资源开销和采样性能上同时有相对更优的实现结果。考虑到 CDT 采样器更易通过设计去保证采样过程具有恒定的执行时间，因此相比 Knuth-Yao 采样器，CDT 采样器能更有效地抵御时间攻击；另外，CDT 采样器同时适合用于基于格的公钥加密和数字签名方案，而 Knuth-Yao 采样器只能应用于 σ 较小的公钥加密方案，因此 CDT 采样器的可应用范围更广。

综上所述，CDT 采样算法与其他适用于格密码方案的高斯采样算法相比，有更高的硬件实现效率和更广的应用范围，也更易通过设计来加入有效的时间攻击防御机制。因此，后续的节将主要对 CDT 采样算法进行深入的研究，在保证侧信道安全的前提下，设计更为高效的 CDT 高斯采样器结构，以应用于格密码系统中。

5.3 具有时间攻击防御机制的 CDT 高斯采样器设计

考虑到在实际格密码系统中的应用，高斯采样器的采样精度、采样范围和侧信道攻击防御机制等安全性需求都会导致硬件资源开销的增大和采样性能的降低。因此，在资源、性能与安全性需求的冲突下，高效的高斯采样器设计是一项充满挑战性的工作。本节主要关注 CDT 采样算法的硬件实现，通过高效优化门电路资源、存储器资源的消耗，在保证一定采样性能的同时构建了恒定时间的采样步骤，最终设计并实现了一种同时具有高采样精度、采样范围和时间攻击防御机制的 CDT 高斯采样器，可为格密码系统生成满足安全参数的离散高斯分布采样值，并且适合应用于资源受限设备。

5.3.1 存储资源优化方案设计

本节提出的 CDT 高斯采样器主要使用了 N. Göttert 等人所建议使用的一组"硬件友好型"安全参数（$\tau = 12, \sigma = 11.31/\sqrt{2\pi}, \lambda = 112$）[24]，适合 Ring-LWE 格密码方案在资源受限设备中实现。为了更直观地说明采样范围，定义采样边界值 $Z_t = \lceil \tau\sigma \rceil$，此时 $Z_t = 55$，即表明该 CDT 高斯采样器能够生成[-55, 55]内的采样值。

根据 5.2.1 节中对 CDT 采样算法的分析可知，CDT 高斯采样器中最大的硬件资源开销在于存储 CDF 值的 CDT，因此对 CDT 的数据量进行优化至关重要。通常来说，CDT 采样器中 CDT 的数据量略小于 $2\lambda\tau\sigma$ bit，这是因为需要存储区间 $(-\tau\sigma, \tau\sigma)$ 内每一个采样点对应具有 λ 位精度的 CDF 值（二进制表示小数）。具体而言，对于所使用的安全参数，CDT 高斯采样器需要存储 $(2Z_t+1)\lambda$ bit 的预计算数据，CDT 的数据量为 111×112 bit，约 1.52KB。

首先，通过利用离散高斯分布 $D_{\mathbb{Z},\sigma}$ 概率密度函数关于 y 轴的对称性，可将 CDT 需要存储的数据范围减少接近一半，即从 $(-\tau\sigma, \tau\sigma)$ 减少为 $(0, \tau\sigma)$，整个 CDT 实际上只需要存储 Z_t+1 个 λ 位的 CDF 值，存储空间缩减至 56×112 bit，约 0.76KB。主要的设计思路是，基于采样得到 k 与 $-k$ 有相同的概率密度，从而将 CDF 值的直接存储方式，即 $CDT[k]=\Phi(k)$，转变为满足 $CDT[k]=CDT[k-1]+2\rho_\sigma(k)$ 的存储方式（其中 $CDT[0]=\rho_\sigma(0)$），并将 CDT 查表比较的过程由在完整的采样区间 $[-Z_t, Z_t]$ 内进行转变为仅在正采样区间 $[0, Z_t]$ 内进行。CDT 存储方式对比如图 5-8 所示，图（a）为采用 CDF 值直接存储方式的 CDT，（b）为使用对称性存储方式的 CDT，地址 0 处的数据 $CDT[0]$ 为 $\rho_\sigma(0)$，地址 1 处的数据 $CDT[1]$ 为 $\rho_\sigma(0)+2\rho_\sigma(1)$，地址 2 处的数据 $CDT[2]$ 为 $\rho_\sigma(0)+2\rho_\sigma(1)+2\rho_\sigma(2)$，后续地址中存储的数据按照同样的方式，最终采样边界地址处的数据 $CDT[55]$ 约等于 1。

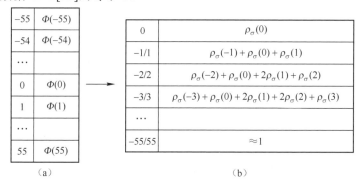

图 5-8　CDT 存储方式对比

值得注意的是，采用这种利用概率密度对称性的方法，CDT 查表找到满足条件的采样值后，还需要判断当前采样值的正负，因此每次获得一个采样值还需要额外 1 位的随机数 s 来用于符号位的判断。这一过程仅仅只需要增加一个多路选择器和一个减法器来输出正确的采样值即可，相比对 CDT 优化后近 50% 的存储资源节省，是可以忽略不计的。算法 5-1 给出了使用对称性存储方式后 CDT 采样算法的具体采样步骤。

算法 5-1：CDT 采样

参数：精度 λ，分布范围 Z_t

　　　　CDT 系数 CDT[k]，$k \in \{0,1\cdots,Z_t\}$

输入：均匀分布随机数 $r \in \{0,\cdots,(2^\lambda-1)\}$ 和 $s \in \{0, 1\}$

输出：离散高斯分布采样 $x \in [-Z_t, Z_t]$

---

1. k=0
2. **while**(r>CDT[k] and $k<Z_t$) **do**
3. 　　　$k = k+1$
4. **endwhile**
5. **return** $x = -1^s \times k$

更进一步地，通过利用离散高斯分布 $D_{\mathbb{Z},\sigma}$ 累积分布函数（CDF）的递增性，将 CDT 中 56×112 bit 的预计算数据使用 14 个 8 位数据位宽的子存储单元来进行存储而不是直接使用 1 个 112 位数据位宽的 RAM，并且同时省去存储 CDT 每个地址处数据高位中连续 8 位为 "1" 的部分，可以进一步节省 32.3% 的存储资源。具体的设计思路来源于对表 5-2 的观察。根据 MATLAB 计算得到的使用对称性存储方式的 CDT 中部分数据见表 5-2。数据均以数据段的十进制表示。

表 5-2　根据 MATLAB 计算得到的使用对称性存储方式的 CDT 中部分数据

	(13)	(12)	(11)	(10)	(9)	(8)	(7)	(6)	(5)	(4)	(3)	(2)	(1)	(0)
[0]	22	162	132	163	224	79	171	141	165	239	57	38	138	204
[1]	66	206	101	147	247	183	114	223	18	149	233	56	3	50
...						...								
[11]	253	70	2	208	183	109	67	82	49	243	107	89	101	55
[12]	254	151	99	170	46	203	179	130	176	19	210	112	218	139
[13]	**255**	77	249	40	196	174	48	244	80	133	246	40	43	136
[14]	**255**	172	12	113	60	168	68	48	126	173	249	118	144	205
[15]	**255**	218	50	109	116	250	64	53	187	91	242	104	98	163
[16]	**255**	239	191	245	110	109	117	247	206	37	53	121	94	101
[17]	**255**	249	85	80	229	203	53	16	229	64	66	107	185	187
[18]	**255**	253	99	232	32	50	243	212	213	149	25	13	218	255
[19]	**255**	**255**	6	128	220	187	250	19	86	38	4	89	198	18
[20]	**255**	**255**	167	33	1	28	77	167	18	116	94	195	84	39

	(13)	(12)	(11)	(10)	(9)	(8)	(7)	(6)	(5)	(4)	(3)	(2)	(1)	(0)
[21]	**255**	**255**	225	207	119	203	78	51	136	145	122	19	154	248
[22]	**255**	**255**	246	56	147	176	17	115	76	14	204	36	128	154
[23]	**255**	**255**	252	250	220	44	158	216	52	84	99	127	34	129
[24]	**255**	**255**	**255**	28	95	255	54	100	86	46	63	195	79	31
[25]	**255**	**255**	**255**	192	30	77	48	95	77	128	61	65	196	66
[26]	**255**	**255**	**255**	238	233	132	216	78	126	119	75	246	213	89
[27]	**255**	**255**	**255**	251	164	202	228	41	120	175	248	235	16	245
[28]	**255**	**255**	**255**	254	241	15	192	3	99	69	69	190	106	117
[29]	**255**	**255**	**255**	**255**	193	70	91	66	58	57	4	98	103	154
[30]	**255**	**255**	**255**	**255**	242	41	186	65	17	9	170	135	110	55
[31]	**255**	**255**	**255**	**255**	253	23	118	138	76	249	203	121	29	7
[32]	**255**	**255**	**255**	**255**	**255**	106	230	230	176	84	102	69	204	66
[33]	**255**	**255**	**255**	**255**	227	141	224	49	14	227	146	130	67	
…						…								
[55]	**255**	**255**	**255**	**255**	**255**	**255**	**255**	**255**	**255**	**255**	**255**	**255**	**255**	229

表 5-2 的每一行为每个地址对应的数据，每一列为数据被划分的每一个 8 位的数据段（112 位共 14 段），并且以对应的十进制数表示。表格的第一列和第一行分别注明了数据对应的行号和段号，数据最高位对应最大的段号 13。可以看到，随着地址的增加，所存储的数据在累加递增，数据高位中出现连续 8 位为"1"的数据段（10'd255）也越来越多：对于第 0 行～第 12 行，数据高位中没有出现"255"的数据段；对于第 13 行～第 18 行，数据高位中有 1 个出现"255"的数据段；对于第 19 行～第 23 行，数据高位中有 2 个出现"255"的数据段；对于第 24 行～第 28 行，数据高位中有 3 个出现"255"的数据段；在第 55 行，数据高位中有 13 个出现"255"的数据段。根据 CDT 中每行数据高位中出现"255"的数据段数量的不同，可以将整个 CDT 分为 14 个不同的数据区，每个数据区均为连续的几行，且每一行数据高位中出现"255"的数据段数量相同，例如：第 0 行～第 12 行为第 1 区，第 13 行～第 18 行为第 2 区，第 53 行～第 55 行为第 14 区。根据表 5-2 中 CDT 数据存储的特点，可以将不同数据区的数据存储到不同的子表中，并且省去存储每一行数据高位中"255"的数据段。具体来说，在利用概率分布对称性优化后，CDT 需要存储的预计算数据量为 56×112bit，通常是使用一个 56×112bit 的 RAM 或者查找表来实现。按照分区存储的思想，根据每个数据区数据量的不同，使用容量不等的小 RAM 或者查找表来进

行存储，例如，第 1 区的数据使用一个 104×8bit 的 RAM 来存储；第 14 区的数据只需要使用一个存储 3 个 8 位数据的查找表即可。总的来说，利用 CDF 的递增性，使用分区存储后，可以进一步节省 32.3%的存储资源，实际只需要存储的数据值仅为 0.52KB。

总的来说，通过利用离散高斯分布 $D_{\mathbb{Z},\sigma}$ 概率密度函数的对称性和 CDF 的递增性，对于所选定的采样边界 $Z_t = 55$ 和采样精度 $\lambda = 112$，将 CDT 高斯采样器中所需要存储 CDT 的预计算数据量从 1.52KB 降低到 0.52KB，共计可节省 65%的存储资源。并且，进一步利用分区存储的思想，避免了大数据位宽 RAM 的使用，可以有效降低读 RAM 的功耗，以及减少数据翻转出现的错误，更适合在资源受限设备中实现 CDT 高斯采样器。

5.3.2 具有恒定采样时间的采样步骤设计

5.3.1 节提出使用 14 个子存储单元分区存储优化后的 CDT，并且省去了每个数据区数据高位中相同的冗余数据段。基于这种优化后的存储方式，5.3.1 节设计的 CDT 高斯采样器的采样思路为：先找到满足条件的采样区，再定位到具体的采样行，最后根据判断结果输出正确的采样值。具体的采样步骤如下：

（1）使用真随机数生成器（True Random Number Generator，TRNG）生成一个 8 位的均匀分布随机数 r_i，判断 r_i 是否等于 255，如果等于 255，则区号计数器加 1，并重复步骤（1）；否则，进入步骤（2）。

（2）根据区号计数器中的计数值确定满足条件的采样区，即 5.3.1 节中定义的数据区，找到存储对应数据区中数据的子存储单元。判断 r_i 与对应数据区去除冗余数据段后每一行最高位数据段的大小关系，可以确定满足采样条件的采样行 k，并计算得到该采样行在子存储单元中具体的地址范围，进入步骤（3）。

具体来说，在实际存储每个数据区的数据时，采用的存储策略是在子存储单元的每个地址中只存储一个 8 位的数据段，并且从地址 0 起按照去除冗余数据段后的次高位数据段到最低位数据段的方式连续存储每一行的数据。CDT 第 5 区数据的存储方式如图 5-9 所示。以第 5 区为例，参考表 5-2 中第 29 行～第 31 行，在去除冗余数据段后，第 29 行～第 31 行最高位数据段分别是 193、242 和 253，这三个数据段不放入存储器中进行存储，而是分别放在 3 个 8 位比较器（CMP）的输入端用于和新生成的均匀分布随机数 r_i 进行比较，可以根据比较的结果快速定位到所在的采样行；第 29 行～第 31 行的次高位数据段 70、41 和 23 则分别存储在第 5 区子存储单元的地址 0、地址 9 和地址 18 处，其中地址 0～地址 8 存储第 29 行的数据，地址 9～地址 17 存储第 30 行的数据，地址 18～地址 26 存储第 31 行的数据。

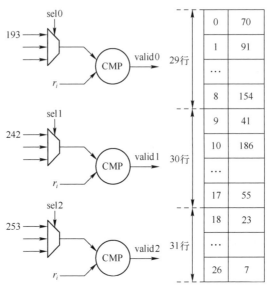

图 5-9 CDT 第 5 区数据的存储方式

（3）确定采样行并计算得到子存储单元具体的初始地址后，在每个时钟周期均使用 TRNG 生成 1 个 8 位的均匀分布随机数，并且与当前地址对应存储的数据段进行比较，每次比较完成后地址加 1，直到生成第 14 个随机数 r_{14}，完成最后一次比较判断后，计算得到最终的行号 k^*（k 或 $k+1$），并进入步骤（4）。

值得注意的是，采用 5.3.1 节提出的这种分段比较的方法，其实往往不需要完整进行 14 次 8 位的比较就可以找到 CDT 中满足采样条件的对应行。随机数与第 5 区数据的比较过程如图 5-10 所示。首先，由于 TRNG 生成的随机数 $r_1=r_2=r_3=r_4=255$，而 $r_5=242$，因此判断满足条件的采样区为第 5 区。接着，将 r_5 与第 29 行~第 31 行的最高位数据段 193、242 和 253 进行比较，可判断得到满足条件的采样行为第 30 行，即 $k=30$。然后，生成新的随机数 r_6 与第 30 行次高位数据段 41 进行比较，如果 $r_6<41$，则最终满足条件的行号 $k^*=k=30$；如果 $r_6>41$，则最终满足条件的行号 $k^*=k+1=31$；如果 $r_6=41$，则需要继续生成新的随机数来判断与 186 的大小关系。然而，在步骤（3）连续比较数据段的过程中，如果一旦能确定最终的行号就直接进入步骤（4），那么采样不同采样值所需的采样时间也会不同，攻击者就可以通过采样时间对具体的采样值进行推断。例如，TRNG 生成的第一个随机数 $r_1=20$，按照 5.3.1 节设计的采样步骤，经过单次比较后即可确定满足条件的行号 $k^*=0$，那么 2 个时钟周期就可以输出正确的采样值，攻击者很容易推断得知当前的采样值在分布在第 1 区的行号中。所以，在完成 14 次 8 位的比较之前，无论中途是否可以直接确定满足条件的行号 k^*，仍然要进行每一个数据段的比较，并且记录每次比较的结果，直到完成所有比较后，根据每次比较的结果输出正确的行号。这样，整个采样的步骤不会因采样值的不同而出现不同的采样时间，确保了恒定的采样时间，避免了时间信息的泄露。

第5区	29	255	255	255	255	193	70	91	66	⋯	154
	30	255	255	255	255	242	41	186	65	⋯	55
	31	255	255	255	255	253	23	118	138	⋯	7

无须存储的部分　　　　　输入：$r_1=r_2=r_3=r_4=255$，$r_5=242$，$r_6=$ ⋯
输出：$k^*=30$ 或 31

图 5-10　随机数与第 5 区数据的比较过程

（4）使用 TRNG 生成一个 1 位的均匀分布随机数 s，作为符号位的判断。如果 $s=0$，输出采样值 $x=k^*$；否则，输出采样值 $x=-k^*$（即 $q-k^*$，q 为加密算法中定义的模数）。

总的来说，基于分区存储 CDT 的存储方案，5.3.1 节提出了一种具有恒定采样时间的采样步骤来完成 CDT 采样，理论上只需要 14 次 8 位的数据比较过程和 1 次数据符号判断的过程，因此生成单个 CDT 采样值的时间恒定为 15 个时钟周期，不会由于采样值的不同而出现不同的采样时间，有效避免了采样步骤的时间依赖性。

5.3.3　CDT 高斯采样器电路结构

通过结合使用 5.3.1 节和 5.3.2 节提出的 CDT 存储资源优化方案和具有恒定采样时间的采样步骤，最终设计的 CDT 高斯采样器如图 5-11 所示。该具有恒定采样时间的 CDT 高斯采样器由真随机数生成器（TRNG）、控制单元（Control）、采样单元（Sample）和采样值输出单元（Output）四部分组成。

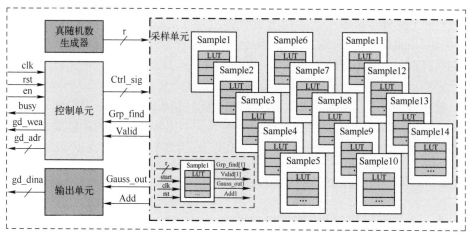

图 5-11　具有恒定采样时间的 CDT 高斯采样器

TRNG 单元主要用于生成满足均匀分布的随机数供 CDT 高斯采样器使用，每周期最多可生成 8bit 的随机序列，与每周期参与比较的 CDT 中数据的数据段位宽一致。在实际的测试过程中，直接使用的是通过了 NIST SP800-22 和 Diehard 测试标准的 TRNG 芯片[37]，其生成的随机序列有优异的随机性和安全性。由于 TRNG 的设计不在本章的讨论范围内，因此不作详细介绍。

控制单元由一个小型的有限状态机（FSM）构成，主要负责完成 CDT 高斯采样器采样步骤的控制和结果的输出。在接收到 CDT 高斯采样器输入端的使能信号（en=1）后，控制单元会拉高忙信号（busy=1），进入采样状态，同时为采样单元 Sample 提供采样步骤需要的相关控制信号（Ctrl_sig）。一旦控制单元接收到采样单元提供的找到采样值信号（Grp_find）和当前采样值有效的信号（Valid）后，采样状态完成并跳转到采样值输出状态，输出单元会同控制单元一起输出正确的高斯采样值，以及存放当前高斯采样值所对应外部存储器的地址信号和写使能信号。

采样单元由 14 个子采样单元组成，主要负责 CDT 的存储以及采样步骤中的数据比较和数据计算。每个子采样单元 Sample i 包括存储 CDT 第 i 区数据的子存储单元、地址计数器和行号寄存器等部分，并且 14 个子采样单元共用由 7 个 8 位的比较器和多个多路选择器组成的行号选择单元（图 5-9 中画出了部分结构），以用于完成采样步骤（2）中确定采样行的计算。其中，由于第 1 区数据包括共计 13 行数据，因此至少需要 7 个 8 位的比较器来并行判断出当前正确的行号，对于其他数据区，例如第 2 区包括 6 行数据，只需要使用 3 个 8 位的比较器即可，所以设计的行号选择单元中可以仅使用 7 个 8 位的比较器。采样单元在获得由控制单元提供的相关采样控制信号后，首先会判断 TRNG 生成的随机数 r 与 255 的关系以确定使能对应的子采样单元（start[i]=1），获得使能的子控制单元会独立完成后续的采样步骤，直到完成第 14 次数据比较后，产生找到采样值的信号（Grp_find[i]=1）和当前采样值有效的信号（Valid[i]=1），并输出采样行号（k=Gauss_out[i]）和行号附加信号（Add[i]，用于指示输出 k 或 k+1）。由于生成不同采样值时，是不同的子采样单元在进行相关运算，因此采样单元会最后将对应子采样单元所反馈的信号对外进行输出。

输出单元主要用于最终高斯采样值的输出，具体来说是根据采样单元提供的 Gauss_out 信号和 Add 信号来计算最终行号 k^*，以及根据 1 位的随机数 s 来判断数据的符号位，并在控制单元的控制下输出正确的高斯采样值 x（gd_dina）。

5.3.4 时间攻击测试与硬件实现结果

为了测试 5.3.1 节提出的具有恒定采样时间的 CDT 高斯采样器是否具有抵御时间攻击的能力，使用 Xilinx Spartan-3A FPGA 芯片（型号 XC3S200A）搭建了一个时间攻击测试板,并将 5.3.1 节设计的 CDT 高斯采样器在该 FPGA 上进行了实现,测试板如图 5-12 所示。

图 5-12 基于 FPGA 的时间攻击测试板

在实际的测试过程中,为了减少串扰噪声,需要使用高质量的稳压源来给时间攻击测试板进行供电。并且,在 FPGA 芯片的核心电压端(VCC_CORE=1.2V)和接地端之间串联了一个 1kΩ 的电阻 R,通过观测电阻 R 两端的电压来得到 FPGA 芯片或者说 CDT 高斯采样器的实际功耗。具体来说,在 CDT 高斯采样器工作时,使用泰克 MDO3054 示波器和配套的差分探头直接捕获电阻 R 两端瞬时电压 V_R,这样 FPGA 芯片的瞬时功率 P 可以通过式(5-2)计算得到。

$$P = (V_{core} - V_R) \cdot \frac{V_R}{R} = \frac{1}{R} \cdot (1.2V_R - V_R^2) \tag{5-2}$$

由于 V_R^2 很小,可以直接忽略,这样 FPGA 芯片的瞬时功率 P 近似为

$$P \approx \frac{1.2}{R} \cdot V_R \tag{5-3}$$

即 P 与 V_R 成正比。因此,可以通过直接使用示波器捕获的 V_R 变化曲线来表征 FPGA 芯片的功耗曲线,这样就同时获得了 CDT 高斯采样器在生成采样值的过程中泄露的时间信息。

CDT 高斯采样器的时钟频率为 3.125MHz,即时钟周期为 320ns,在这种低频率的工作时钟下,通过示波器能捕获到更详细的时间信息。CDT 高斯采样器工作时的实际功耗曲线和对应时间信息如图 5-13 所示,其中横轴为时间,纵轴为瞬时功耗。图 5-13(a)为 CDT 高斯采样器在进行采样运算时,单个周期内的功耗曲线,该周期内峰值功耗对应着 V_R=106mV。另外,5.3.1 节提出的 CDT 高斯采样器有与外部存储器通信的接口(见图 5-11),在获得使能后,可连续地生成高斯采样值,并将相关数据按顺序地写入外部 SRAM 中。因此,可以使用 CDT

高斯采样器提供给外部 SRAM 的数据地址信号 gd_addr 的变化来判断单次采样运算是否完成。图 5-13（b）和图 5-13（c）分别为 CDT 高斯采样器进行 1 次采样运算和 4 次采样运算的功耗曲线，虽然在图中并没有给出 gd_addr 的变化情况，但是从功耗曲线中峰值功耗（此时 V_R=150mV）出现的时刻也可以很直观地判断单次采样运算是否完成，这与 gd_addr 的变化是完全符合的。可以看到，5.3.1 节提出的 CDT 高斯采样器每生成一个采样值需要 9.6μs，即 30 个时钟周期，这与设计思路是符合的。值得注意的是，虽然 5.3.1 节提出的采样步骤只需要进行 14 次数据比较和 1 次符合选择，但是考虑到每次根据比较的结果读出子存储单元（使用了 FPGA 上的 BRAM IP）中新的一个 CDT 数据段需要等待 1 个时钟周期，因此单次数据比较实质上需要 2 个时钟周期完成。总的来说，通过实际测试的功耗曲线可以看出，5.3.1 节提出的 CDT 高斯采样器在生成不同采样值时具有恒定的采样时间和相似的功耗特征，因此可以有效抵御时间攻击。

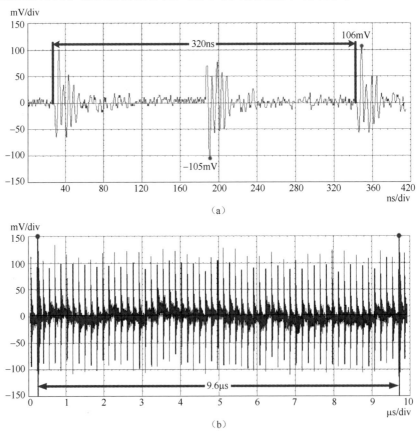

图 5-13　进行高斯采样运算时的时间信息和功耗信息

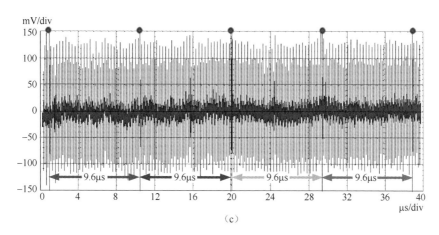

图 5-13　进行高斯采样运算时的时间信息和功耗信息（续）

为了与国际上相关的高斯采样器设计进行公平的比较，将 5.3.1 节提出的具有时间攻击防御机制的 CDT 高斯采样器使用 Xilinx Spartan-6 LX16 FPGA 进行了实现，且相关的硬件实现结果都是通过 Xilinx ISE 14.7 开发套件进行综合、布局布线后获得。具体来说，5.3.1 节提出的 CDT 高斯采样器共计消耗了 463 个 LUT、45 个 FF 和 150 个 Slice，并且使用 FPGA 上的 BRAM 对优化后的 CDT 进行了存储，采样精度为 112 位，恒定需要 30 个时钟周期生成[-55, 55]范围内的单个采样值。

高斯采样器硬件实现结果与性能对比见表 5-3。Pöppelmann 等人为轻量级的格密码系统实现设计了一种 Bernoulli 高斯采样器结构[26]，S. S. Roy 等人设计了一种高精度的 Knuth-Yao 高斯采样器结构[33]，他们都在设计采样步骤前对采样所需要的预计算数据进行了一定程度的优化，有效减少了存储资源的开销，这与 5.3.1 节提出的 CDT 高斯采样器的思路是相似的。然而，文献[26]和文献[33]提出的高斯采样器分别需要 144 个和 48 个时钟周期才能生成一个采样值，5.3.1 节提出的 CDT 高斯采样器在采样速度上分别有 4.8 倍和 1.6 倍的提升。并且，无论是 Bernoulli 采样还是 Knuth-Yao 采样，采样步骤均具有时间依赖性，因此很容易遭受时间攻击。综合考虑在采样精度上的优势，5.3.1 节提出的 CDT 高斯采样器在采样性能和安全性上全面优于文献[26]和文献[33]提出的。Güneysu 等人首次为格密码系统基于 CDT 采样算法提出了一种具有恒定采样时间的高斯采样器单元[30]，但 5.3.1 节提出的 CDT 高斯采样器在拥有更高的采样精度和采样范围的前提下，相比仍可节省 81 个 Slice，在硬件资源开销、采样性能和安全性上均有优势。Khalid 等人给出了目前硬件实现结果最好的 CDT 高斯采样器结构，该 CDT 高斯采样器通过使用二分查找的采样步骤保证了恒定的采样时间，仅需要 5 个时钟周期就可以生成单个采样值，并且仅消耗 112 个 LUT、19 个 FF 和 43 个 Slice[32]。

但是，Khalid 等人是通过使用能单周期生成 64 位伪随机数的流密钥单元 Trivium[38] 来获得高采样性能的，与本章所提出的 TRNG 相比，其生成的随机数序列的随机性和安全性是无法达标的。另外，5.3.1 节提出的 CDT 高斯采样器有接近 2 倍的采样精度和采样范围，有更高的安全性，并且通过使用分区存储的方案有效省了 65% 的存储资源，使得最终需要的 BRAM 容量与文献[32] 的接近。总的来说，虽然使用 8 位的 TRNG 导致 CDT 高斯采样器需要更多的时钟周期来完成采样计算，但是以降低性能为代价来获得更高的安全性是完全可以接受的。

表 5-3   高斯采样器硬件实现结果与性能对比

方案	器件	方案	λ	Z_t	LUT/FF/Slice	时钟周期	固定周期数
5.3.1 节提出的	S6LX-16	CDT	112	55	463/45/150	30	是
文献[30]提出的，2013 年	V6LX-75T	CDT	84	48	863/6/231	—	是
文献[26]提出的，2014 年	S6LX-9	Bernoulli	80	40	132/40/37	144	否
文献[33]提出的，2013 年	V5LX-30	Knuth-Yao	106	84	149/69/53	≈48	否
文献[32]提出的，2016 年	V6LX-75T	CDT	64	32	112/19/43	5	是

5.4　具有 SPA 攻击防御机制的可配置 BS-CDT 高斯采样器设计

5.3 节提出了一种具有恒定采样时间的 CDT 高斯采样器，并进行了相关的时间攻击测试验证。然而，在与 CDT 高斯采样器设计相关的文献中[36]，设计 CDT 高斯采样器时均使用了基于二分查找的 CDT（CDT via binary search，BS-CDT）采样算法。具体而言，BS-CDT 采样算法可以看作 CDT 采样算法（参考算法 5-1）的改进版本，这是因为 BS-CDT 采样算法的运算复杂度为 $O(\log_2 N)$，其中 N 为查找表的深度，并且具有恒定的采样时间。

算法 5-2 给出了 BS-CDT 采样算法的具体采样步骤。其中，采样指针 min 和 max 分别指向当前查表范围的首地址和末地址，采样指针 mid=(min+max)/2。在算法 5-2 for 循环的每一次重复过程中，使用 λ 位均匀分布随机数 r 与采样指针 mid 对应地址存储的数据 CDT[mid] 进行比较，然后采样指针 min 和 max 根据比较的结果进行相应的计算更新，此时整个查表范围将缩小一半。对于需要存储 Z_t+1 个 λ 位 CDF 值的 CDT 而言，通过使用二分查找法，CDT 采样中找到满足条件的行号最多需要进行 $\lceil \log_2(Z_t+1) \rceil$ 次比较即可，即 BS-CDT 采样算法生成单个采样值的时间可恒定为 $\lceil \log_2(Z_t+1) \rceil$ 个时钟周期。可见，BS-CDT 采样算法相较普通的 CDT 采样算法拥有更好的采样性能，但缺点是需要存储完整的 CDT 并且需要每周期完成 λ 位的数据比较。

算法 5-2：基于二分查找 CDT 采样

参数：精度 λ，分布范围 Z_t，
　　　　CDT 系数 $CDT[k]$，　$k \in \{0,1,\cdots,Z_t\}$

输入：均匀分布随机数 $r \in \{0,\cdots,(2-1)\}$ 和 $s \in \{0,1\}$

输出：离散高斯分布采样 $x \in \{-Z_t, Z_t\}$

---

1. min=0;max=Z_t ;mid=(min+max)/2;

2. **for**(i=0;$i<\lceil \log_2 Z_t \rceil$;i=i+1) **do**

3. 　　**if**($r<$CDT$\lceil$mid$\rceil$) **then**

4. 　　　　max=mid;

5. 　　　　mid=(min+max)/2;

6. 　　**else**

7. 　　　　min=mid;

8. 　　　　mid=(min+max)/2;

9. **endfor**

10. **return**　$x = -1^s \times$ mid

同样地，基于 BS-CDT 采样算法，以低硬件资源开销和高采样性能为实现目标，设计了一种参数可配置的 BS-CDT 高斯采样器，如图 5-14 所示。该 BS-CDT 高斯采样器主要由控制单元（Controller）、λ 位数据比较器（Comparator）、1 个单口 SRAM（CDT RAM）、2 个特殊功能寄存器（λ 和 $\tau\sigma$）、1 个加法器和 5 个多路选择器组成。在进行采样运算之前，BS-CDT 高斯采样器首先需要存储由外部 32 位 TRNG 生成的均匀分布随机数，当通过左移操作在通用寄存器中存储完 λ 位随机数后，BS-CDT 高斯采样器开始执行 BS-CDT 采样算法。BS-CDT 采样算法的每次数据比较过程在一个时钟周期内完成，通用寄存器 min 和 max 的值会根据数据比较器的比较结果进行计算更新，成倍缩小二分查找的地址范围[min, max]。同时，mid 信号更新的值会作为 CDT RAM 的地址信号来读出新的数据 CDT[mid]以用于下一周期的数据比较。在 $\lceil \log_2(Z_t + 1) \rceil$ 个时钟周期后，输出当前的 mid 信号值，并额外使用 1 位的随机数作为符号位判断，因此，正确的高斯采样值 x 会在下一个周期计算得到。

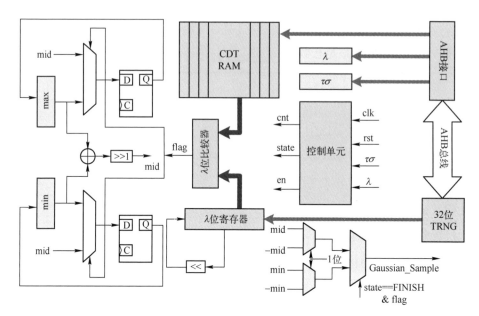

图 5-14　参数可配置的 BS-CDT 高斯采样器

可以看到，所设计的 BS-CDT 高斯采样器理论上需要 $\lceil \log_2(Z_t+1) \rceil +1$ 个时钟周期才能完成一次采样运算，而生成 λ 位的随机数是需要 $\lceil \lambda/32 \rceil$ 个时钟周期的，因此随机数的装载过程和采样过程是可以并行处理的。5.3.1 节采用了一种并行流水线的工作模式来设计 BS-CDT 高斯采样器：在生成当前采样值的采样运算过程中，同时进行下次采样所需要随机数的装载过程。具体而言，如果 $\lceil \log_2(Z_t+1) \rceil +1 > \lceil \lambda/32 \rceil$，即单次采样过程中可完成下一次采样的随机数的装载，5.3.1 节提出的 BS-CDT 高斯采样器则需要 $\lceil \log_2(Z_t+1) \rceil +1$ 个时钟周期生成单个采样值，否则，则需要 $\lceil \lambda/32 \rceil$ 个时钟周期。无论 λ 和 Z_t 的值如何，BS-CDT 高斯采样器总能保证恒定的采样时间。

另外，BS-CDT 高斯采样器中 CDT RAM 和 SFR 都可以通过 AHB（Advanced High performance Bus）接口进行参数配置，理论上可以配置任意安全参数 (Z_t, λ) 和对应的 CDT 值（如果硬件实现平台的 RAM 资源和寄存器资源足够多）。通过使用 AHB 接口和可配置单元，BS-CDT 高斯采样器相比其他高斯采样器而言有更高的灵活性，可以应用于大多数格密码系统。具体而言，在使用安全参数 $(Z_t=55, \lambda=112)$ 时，BS-CDT 高斯采样器需要 7 个时钟周期来完成一次采样运算。

5.4.1　BS-CDT 高斯采样器的 SPA 攻击易损性分析

虽然 BS-CDT 采样算法有运算复杂度 $O(\log_2 N)$，具有很高的采样效率和灵活性，但其采样步骤却相对直观且简单，这也导致不同设计者设计的 BS-CDT 高斯采样器在电路结构上十分相似，并且相关设计均存在遭受潜在的侧信道攻击的可能。

观察算法 5-2，可以发现以下两点事实：

（1）由算法 5-2 第 2 行可知，一旦确定了 Z_t，BS-CDT 高斯采样器生成单个采样值所需要的时钟周期数是固定的，这一特点说明了 BS-CDT 采样算法固有的抵御时间攻击的能力。

（2）由算法 5-2 第 3 行～第 8 行可知，对于每次数据比较，寄存器 min 和 max 的值中有且只有一个会根据当前的比较结果发生变化，这也就是说，在生成不同的高斯采样值时，寄存器 min 和 max 的值会对应不同情况变化。通过利用这点差异，存在推测出对应高斯采样值的可能。

为了更直观、具体地描述 BS-CDT 采样算法的采样步骤，定义一个叫作变化趋势（Trend）的函数 $\Gamma(x)$ 来量化和记录每次数据比较的结果。$\Gamma(x)$ 对应着生成采样值 x 时，采样区间 [min, max] 的变化情况。具体而言，$\Gamma(x)$ 的值是一个二进制数，其数据位宽与 BS-CDT 采样算法中数据比较的次数相同，且从左往右第 i 位表示第 i 次比较的结果：如果比较的结果为 $r<$CDT[mid]，则 $\Gamma(x)[i]=0$，否则 $\Gamma(x)[i]=1$。例如，当 $Z_t=55$ 时，如果 TRNG 生成了一个特殊的随机数 r' 满足 $r'=$CDT[4]，采样区间 [min, max] 的变化情况和对应的变化趋势 $\Gamma(x)$ 如图 5-15 所示。首先初始的采样区间为 [0, 56]（扩展成偶数），第 1 次数据比较结果为 $r'<$CDT[27]，因此 $\Gamma(x)[1]=0$，并且采样区间变化为 [0, 28]。依此类推，在进行第 6 次数据比较时，由于 $r'=$CDT[4]、$\Gamma(x)[6]=1$，所以最终生成的随机数 $x=$mid$=4$（先暂时不考虑符号位）且采用区间对应的变化趋势 $\Gamma(4)=000101$。同样地，可以计算得到 $\Gamma(3)=000100$、$\Gamma(5)=000110$ 等。可见，高斯采样值 x 与采样区间的变化趋势 $\Gamma(x)$ 是一一对应的，不同的变化趋势值对应着不同的采样值。

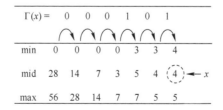

图 5-15　采样值 $x=4$ 时，采样区间的变化趋势 $\Gamma(4)$ 与变化情况

更进一步地，可以看到 $\Gamma(3)$ 和 $\Gamma(4)$ 第 1 位～第 5 位是完全相同的，第 6 位的数值决定了最终的采样值是 3 还是 4，这是生成两个不同采样值在数学函数模型上的差异。而从实际的硬件实现角度上看，在 BS-CDT 高斯采样器执行完第 6 次

数据判断以后，会根据判断的结果更新寄存器 min 或 max 的值来决定最后生成的采样值是 3 还是 4，并且，这种寄存器值变化的不同也最终会以 BS-CDT 高斯采样器在输出采样值这一周期内的功耗差异而展示出来。因此，可以做出以下推断：BS-CDT 高斯采样器在生成不同的采样值时，进行采样运算的实际功耗差异与采样区间变化趋势$\Gamma(x)$有直接对应的关系。这也就是说，潜在的攻击者可以通过分析 BS-CDT 高斯采样器在进行采样运算时的功耗信息而推测出对应的采样区间变化趋势$\Gamma(x)$，从而最终推断出采样值 x。

5.4.2　针对 BS-CDT 高斯采样器的选择输入 SPA 攻击方案设计

根据 5.4.1 节的分析，在生成高斯采样值 x 时，采样区间[min, max]有固定的变化趋势$\Gamma(x)$，并且 BS-CDT 高斯采样器在进行采样运算时的瞬时功耗也有与$\Gamma(x)$对应的变化趋势。针对 BS-CDT 高斯采样器的这种特点，本节设计了一种选择输入（Chosen Input）SPA 攻击方案。

1. 攻击条件

5.4.1 节提出的选择输入 SPA 攻击方案主要利用了在 5.1.2 节中介绍的曲线对分析（TPA）。首先，假设攻击者具备捕获 BS-CDT 高斯采样器在进行采样运算时功耗曲线的能力。其次，假设攻击者具备选择输入随机数大小的能力。通过控制提供给 BS-CDT 高斯采样器的随机数的大小，攻击者便可以测试和记录生成特定采样值的功耗曲线，称这些功耗曲线为样本曲线。最后，攻击者对正常工作的 BS-CDT 高斯采样器进行测试，将实际工作时的功耗曲线与样本曲线进行对比，根据其中的差异即可推断出当前 BS-CDT 高斯采样器生成的采样值。

2. 攻击步骤

对 BS-CDT 高斯采样器进行上述选择输入 SPA 攻击方案的主要思路是：根据当前 BS-CDT 高斯采样器的实际功耗曲线与样本曲线的差异逐步还原出采样区间的变化趋势$\Gamma(x)$，从而最终推测出当前采样值 x。算法 5-3 给出了设计的选择输入 SPA 攻击方案，具体步骤如下：

（1）给 BS-CDT 高斯采样器输入特定的随机数 r_m，测试并记录初始的样本功耗曲线 pt_m^*，且该样本曲线对应采样区间的变化趋势$\Gamma(m)=000001$。

（2）让 BS-CDT 高斯采样器在 TRNG 提供的随机数下正常工作，测试并记录当前的功耗曲线 pt_x，且该功耗曲线对应采样区间的变化趋势$\Gamma(x)=xxxxxx$（x 表示数据未知）。

算法 5-3：选择输入 SPA 攻击

输入：参考功耗曲线 pt_m^*，实际功耗曲线 pt_x，分布范围 Z_t

输出：采样系数 x

---

1. $\Gamma(m)\left[\left\lceil \log_2(Z_t+1) \right\rceil\right] \leftarrow 1$;

2. **for**$(i=1; i<\left\lceil \log_2(Z_t+1) \right\rceil; i=i+1)$ **do**

3. 　　$\Gamma(m)[i] \leftarrow 0$;

4. **end for**

5. 　**for**$(i=1; i<\left\lceil \log_2(Z_t+1) \right\rceil; i=i+1)$ **do**

6. 　　**get** pt_m^* with trend $\Gamma(m)$;

7. 　　比较 pt_x^* 和 pt_m^*;

8. 　　**if** (在第 i 次比较中，二者最低位不等) **then**

9. 　　　**if** $i<\left\lceil \log_2(Z_t+1) \right\rceil$ **then**

10. 　　　　$\Gamma(m)[i] \leftarrow 1$;

11. 　　　**else**

12. 　　　　$\Gamma(m)[i] \leftarrow 0$;

13. 　　　**end if**

14. 　　**end if**

15. **end for**

16. 根据 $\Gamma(m)$ 恢复采样系数 x;

10. **return** x;

（3）将功耗曲线 pt_x 与样本曲线 pt_m^* 进行对比，找到第一次出现明显功耗差异的时刻。假如该时刻发生在第 i 次数据比较之后，这就可以说明它们对应的变化趋势从第 1 位到第 i-1 位都是一样的，而第 i 位是相反的。特别地，如果找不到出现明显功耗差异的时刻，那就可以说明恰好 $\Gamma(x)=\Gamma(m)$，并且此时 BS-CDT 高斯采样器生成的高斯采样值 $x=m$。

（4）如果 $i=\left\lceil \log_2(Z_t+1) \right\rceil$，说明 $\Gamma(x)$ 每一位的值都通过与样本曲线的对比而得到了还原，此时也可以最终推断出当前的高斯采样值 x。否则，给 BS-CDT 高斯采样器输入新的随机数 r_m，测试并记录新的样本功耗曲线 pt_m^*，且该新的样本曲线对应采样区间的变化趋势为 $\Gamma(m)$，$\Gamma(m)$ 满足第 1 位到第 i 位和 $\Gamma(x)$ 相同，其他位全为 0。重复步骤（3）。

总的来说，通过使用 5.4.1 节设计的选择输入 SPA 攻击方案，最多只需要使用 $\lceil \log_2(Z_t +1) \rceil +1$ 条样本曲线就可以推断出 BS-CDT 高斯采样器生成的采样值，这也是因为变化趋势 $\Gamma(x)$ 只有 $\lceil \log_2(Z_t +1) \rceil$ 位且还需要一次额外的比较来判断采样值的符号位。

5.4.3 SPA 攻击防御机制设计

本节将从硬件实现的角度出发，深入分析 BS-CDT 高斯采样器易遭受 SPA 攻击的具体原因，并且针对性地为 BS-CDT 高斯采样器提出有效的防御机制。

对于每周期进行的数据比较过程，从时钟上升沿的到来开始，BS-CDT 高斯采样器总是会按时间顺序执行以下 3 个主要的操作：

（1）寄存器 min 或 max 的值会根据上一周期的比较结果完成更新。

（2）更新后的信号值 mid 会被用作访问 CDT RAM 的地址信号，并读出 CDT RAM 对应地址中的数据。

（3）步骤（2）中读出的数据会同收集完毕的均匀分布随机数一起被送到 λ 位比较器的输入端，并计算得到比较结果，用于指示下周期寄存器 min 或 max 进行更新。

以上所有操作都会对 BS-CDT 高斯采样器进行采样运算时的瞬时功耗产生较大的影响，因此有必要从中确定哪些操作与 SPA 攻击的易损性有关。从本质上而言，min 和 max 是两个 $\lceil \log_2(Z_t +1) \rceil$ 位的寄存器，CDT RAM 也是由 FPGA 中的 LUT、多路选择器和大量寄存器组成的，有 $\lceil \log_2(Z_t +1) \rceil$ 位的地址输入和 λ 位的数据输出。如 5.1.2 节所述，对于寄存器的每位数据，其值从"1"变为"0"或是从"0"变为"1"，都会引起功耗变化，因此可以使用汉明距离功耗模型来描述整体的瞬时功耗变化。具体来说，当同一采样区间[min, max]因为数据比较结果的不同而发生变化时，就会产生不同的汉明距离，而汉明距离出现差异的主要原因就在于寄存器 min 或 max 的值发生了不同的变化，同时 CDT RAM 的地址输入和数据输出也有不同的值。总的来说，正是因为这些操作导致寄存器值发生变化而直接影响了瞬时功耗，在生成不同的采样值时，寄存器值有对应不同的变化，最终使得 BS-CDT 高斯采样器的功耗信息与采样区间变化、采样值有明显且对应的关系，因此易遭受 SPA 攻击。

针对 BS-CDT 高斯采样器的这种特点，为了避免功耗信息与采样值直接关联，通过使用隐藏（Hiding）相关数据的防御机制，并加入一些能随机化功耗的电路结构，最终设计了一种具有 SPA 攻击防御机制的可配置 BS-CDT 高斯采样器，如图 5-16 所示。首先，加入一个额外的 RAM（Fake CDT RAM），该 RAM 和 CDT

RAM 有完全一样的数据位宽和存储深度，但 Fake CDT RAM 中存满了 λ 位的均匀分布随机数；接着，使用 $\lceil \log_2(Z_t + 1) \rceil$ 位的均匀分布随机数（称为 Fake_mid）作为 Fake CDT RAM 的地址信号；最后，加入了一个额外的 λ 位比较器，并将 Fake CDT RAM 的数据输出和当前收集的 λ 位随机数提供给该比较器。因此，在 BS-CDT 高斯采样器进行采样运算时，这些额外加入的电路结构每周期也会同样进行上述 3 个主要的操作。此时，由于随机查表、随机数之间的比较过程，BS-CDT 高斯采样器整体的汉明距离将变得无法预测且没有规律性可言。换而言之，这些额外加入的电路结构会导致 BS-CDT 高斯采样器整体的功耗呈现出随机性，可以避免实施 SPA 攻击的攻击者通过比较、分析不同的功耗曲线而推断出正确的采样值。

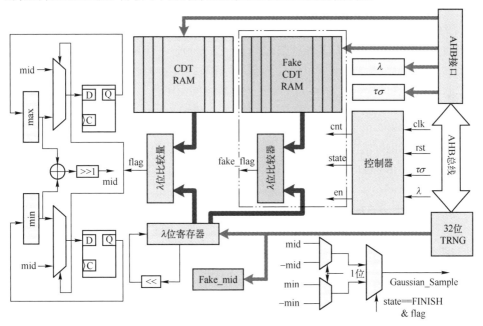

图 5-16　具有 SPA 攻击防御机制的可配置 BS-CDT 高斯采样器

5.4.4　SPA 攻击测试和硬件实现结果

为了验证 5.4.1 节提出的选择输入 SPA 攻击方案的有效性，将 5.3.1 节提出的参数可配置的 BS-CDT 高斯采样器在 5.3.4 节介绍的基于 Xilinx Spartan-3A FPGA 芯片（XC3S200A）搭建的测试板上进行了实现。另外，使用了另一块 Xilinx Spartan-6 FPGA 作为控制板，给 BS-CDT 高斯采样器提供时钟、复位和其他控制信号的激励。同样地，让 BS-CDT 高斯采样器工作在 3.125MHz 的时钟频率下，并将泰克 MDO4034C 示波器的采样率设置为 1.25GSa/s。所搭建的 SPA 攻击测试平台如图 5-17 所示，还包括上述未提及的直流稳压源。

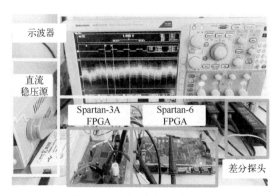

图 5-17 SPA 攻击测试平台

　　为了证实 5.4.1 节提出的选择输入 SPA 攻击方案具有可行性，下面将详细介绍一个通过实际测试来有效还原出采样值的例子。首先，使用 TRNG 为 BS-CDT 高斯采样器提供均匀分布随机数，使其正常工作在进行采样运算的状态。然后可以使用示波器捕获当前的功耗曲线，记为 pt_x，其对应的采样区间变化趋势为 $\Gamma(x)$。图 5-18（a）中黑色波形描绘了功耗曲线 pt_x，图中横轴为时间，纵轴为功耗（由 1kΩ 电阻两端的电压体现），其中灰色的方波为时间的时钟信号。可以看到，生成单个采样值一共需要 8 个时钟周期（初始化、6 次数据比较、1 次符号位比较）。接着，通过 FPGA 控制板代替 TRNG 给 BS-CDT 高斯采样器提供恒定的输入值 r_0，满足 $r_0<CDT[0]$，此时 BS-CDT 高斯采样器会恒定生成高斯采样值 0，并且有对应的变化趋势 $\Gamma(0)=000001$。同时，使用示波器多次捕获对应的功耗曲线，并对这些功耗曲线的参数值求平均，以消除随机噪声的影响，并记为样本曲线 pt_0^*。将实际功耗曲线 pt_x 和样本曲线 pt_0^* 同时绘制在图 5-18（b）中，其中灰色和黑色的曲线分别对应 pt_x 和 pt_0^*。虽然两条曲线的形状看起来似乎大体相似，但是在多处可以发现有明显的差别。

　　为了进行更直观、更详细的比较，将这两条曲线在对应时刻的值进行相减，得到图 5-18（c）所示结果对比曲线 pt_0^-。此时，结果对比曲线 pt_0^- 的具体功耗（电压）幅值不再有意义，但是功耗幅值的变化趋势却十分重要。由于在第 1 个时钟周期中，BS-CDT 高斯采样器主要是进行初始化操作，而第 2 个时钟周期才开始第 1 次数据比较，因此不用分析 pt_0^- 在前两个周期的变化趋势。观察 pt_0^- 可以看到，在第 6 个时钟周期的开始阶段，也就是完成了第 4 次数据比较之后，功耗的幅值与之前的周期相比，出现了明显的变化。这主要是因为在 pt_x 和 pt_0^* 对应的两次不同的采样运算中，前三次数据比较的结果是相同的，而第 4 次数据比较的结果不同，导致了采样区间变化的不同，随之而来的是寄存器值的不同改变和不同的功耗特征。因此，在第 4 次数据比较结束后的下一个时钟周期，即第 6 个时钟周期，两者的功耗出现了明显的差别，表现为 pt_0^- 中第一次出现最大的幅值变化。现在根据 pt_0^-，可以推断出 $\Gamma(x)=0001xx$（x 未知）。

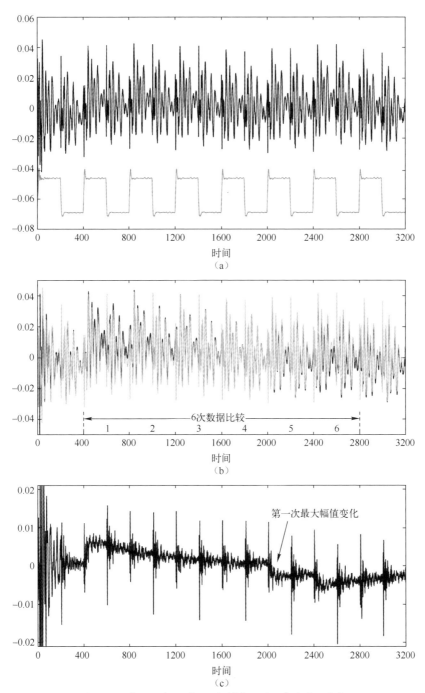

图 5-18　实际功耗曲线 pt_x 与样本曲线 pt_0^* 的对比分析

使用同样的方法，通过 FPGA 控制板代替 TRNG 给 BS-CDT 高斯采样器提

供恒定的输入值 r_1，满足 CDT[3]< r_1< CDT[4]，此时 BS-CDT 高斯采样器会恒定生成高斯采样值 4，并且有对应的变化趋势 $\Gamma(4)=000101$，并计算和记录样本曲线 pt_4^*。实际功耗曲线 pt_x 与样本曲线 pt_4^* 相减后得到的结果对比曲线 pt_4^- 如图 5-19 所示。可以很明显地看到，pt_4^- 中第一次出现最大幅值变化的时刻发生在第 7 个时钟周期，即在 BS-CDT 高斯采样器完成第 5 次数据比较之后。现在根据 pt_4^-，可以推断出 $\Gamma(x)=00011x$（x 未知）。

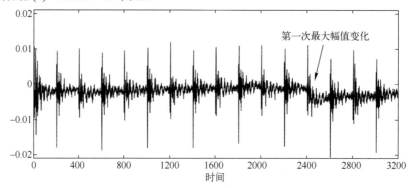

图 5-19　实际功耗曲线 pt_x 与样本曲线 pt_4^* 相减后得到的结果对比曲线 pt_4^-

同样地，可以测试和计算得到样本曲线 pt_6^*，对应着高斯采样值 6 和变化趋势 $\Gamma(6)=000111$。实际功耗曲线 pt_x 与样本曲线 pt_6^* 相减后得到的结果对比曲线 pt_6^- 如图 5-20（a）所示。在 pt_6^- 中，功耗幅值的变化不如 pt_0^- 和 pt_4^- 那么明显，这主要是因为在完成第 6 次数据比较之后，寄存器 min 和 max 的值就不会再进行计算更新了。为了进行更清晰的观察和对比分析，将 pt_6^- 第 7 个时钟周期和第 8 个时钟周期的部分用黑色曲线和灰色曲线分别描绘在图 5-20（b）中，并用虚线圈标出了出现最大幅值变化的时刻。可以看到，pt_6^- 中第一次出现最大幅值变化的时刻发生在第 8 个时钟周期，即完成第 6 次数据比较之后。现在根据 pt_6^-，可以推断出 $\Gamma(6)=000110$。

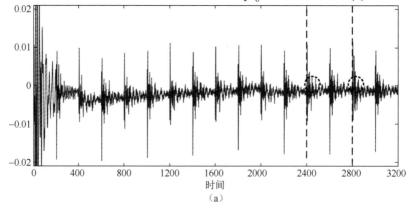

（a）

图 5-20　实际功耗曲线 pt_x 与样本曲线 pt_6^* 的对比分析

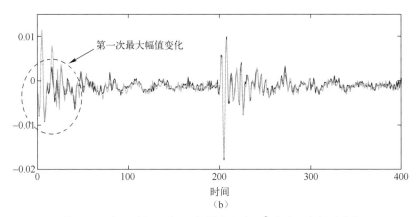

图 5-20　实际功耗曲线 pt_x 与样本曲线 pt_6^* 的对比分析（续）

根据以上 3 次功耗曲线的比较结果，可以推断出 BS-CDT 高斯采样器实际工作生成的采样值是 5 或者-5，因为 $\Gamma(5)=000110$。为了进一步判断高斯采样值的符号位，通过测试和计算得到样本曲线 pt_{-5}^*。实际功耗曲线 pt_x 与样本曲线 pt_{-5}^* 相减后得到的结果对比曲线 pt_{-5}^- 如图 5-21 所示。可以很明显地看到，pt_{-5}^- 中第一次出现最大幅值变化的时刻发生在第 8 个时钟周期，这也表明了两条功耗曲线对应采样值在符号位上的差别。

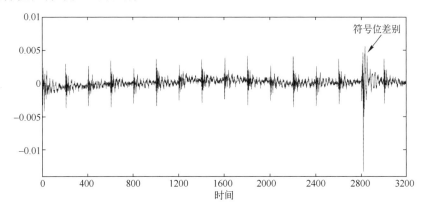

图 5-21　实际功耗曲线 pt_x 与样本曲线 pt_{-5}^* 相减后得到的结果对比曲线 pt_{-5}^-

总的来说，通过使用 5.4.1 节提出的选择输入 SPA 攻击方案，仅通过使用 4 条样本曲线就推断出了 BS-CDT 高斯采样器实际工作生成的采样值为 5。只要通过使用这种逐步还原采样区间变化趋势的思想，无论输入给 BS-CDT 高斯采样器的随机数如何改变，该选择输入 SPA 攻击方案总能有效实施。

为了验证 SPA 攻击防御机制的有效性，将 5.4.2 节提出的具有 SPA 攻击防御机制的可配置 BS-CDT 高斯采样器在 SPA 攻击测试平台也进行了实现和相关测试。通过使用 FPGA 控制板代替 TRNG 提供固定的输入数据，使具有 SPA 攻击防御机制的采样器保持恒定采样得到采样值 5（可以是任意采样值）的工作状态，并通过示波器捕获和记录工作时的功耗曲线。随机地选取所记录的 3 条功耗曲线，分别记为 pt_{5a}、pt_{5b} 和 pt_{5c}，再使用采样值为 0 的样本曲线 pt_0^* 与它们相减，分别得到结果参考曲线 pt_{0a}^-、pt_{0b}^- 和 pt_{0c}^-，如图 5-22 所示。通过观察可以看到，虽然 3 条功耗曲线对应的采样值是相同的，但是结果参考曲线 pt_{0a}^-、pt_{0b}^- 和 pt_{0c}^- 中第一次出现最大幅值变化的时刻发生在不同的时钟周期。考虑到 $\Gamma(5)=000110$ 和 $\Gamma(0)=000001$，第一次出现最大幅值变化的时刻本应发生在第 6 个时钟周期（即第 4 次数据比较），此时选择输入 SPA 攻击方案不再起作用，这也说明了 5.4.2 节提出的 SPA 攻击防御机制的有效性。

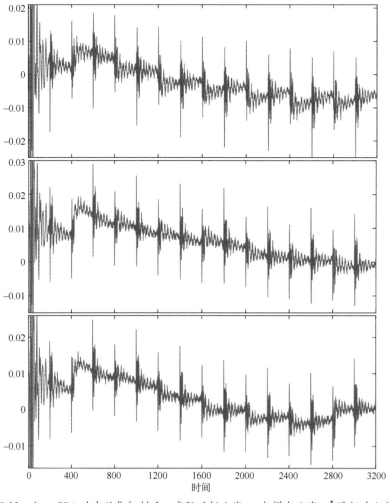

图 5-22 加入 SPA 攻击防御机制后，实际功耗曲线 pt_x 与样本曲线 pt_0^* 进行对比分析

为了与国际上先进的高斯采样器设计进行公平的比较，将 5.4.2 节提出的 BS-CDT 高斯采样器（包括带 SPA 攻击防御机制的结构）同样使用低成本的 Xilinx Spartan-6 系列 FPGA 进行了实现，且相关的硬件实现结果都是通过 Xilinx ISE 14.7 开发套件进行综合、布局布线后获得的，设计约束设置为面积优先。通过使用 FPGA 上逻辑单元（LUT/FF/Slice）的使用量来对比分析硬件资源开销；通过使用生成单个采样值的时钟周期数、最高工作频率、生成 256 个采样值的采样时间和运算复杂度来综合评价采样性能。高斯采样器 FPGA 实现结果对比见表 5-4。

Pöppelmann 等人提出了第一个应用于基于格的公钥加密的 BS-CDT 高斯采样器结构[30]。他们通过使用 24 个并行的 25 位比较器，使得所提出的采样步骤拥有计算复杂度 $O(1)$，因此可在 1 个时钟周期内生成单个高斯采样值。然而，尽管他们的设计拥有最小的采样时间 1.6μs，但硬件资源开销过于庞大，几乎是 5.4.b 的 Slice 使用量的 2 倍。虽然选择了更高的采样精度和采样范围，在 Z_t=55 时，5.4.a 和 5.4.b 的计算复杂度为 $O(6)$，实际可在 8 个时钟周期（包括初始化和结果输出）生成单个采样值，但是由于 5.4.b 仅需要 1 个 112 位的比较器和简单的控制逻辑，因此 5.4.b 相对而言更为精简，更适合在资源受限的 IoT 设备中应用。

表 5-4　高斯采样器 FPGA 实现结果对比

方案	器件	方法	λ	Z_t	LUT/FF/Slice	时钟周期	频率（MHz）	时长（μs）	固定时长	SPA 安全
5.4.a[1]	S6LX-16	BS-CDT	112	55	227/108/77	8	102	20	是	否
5.4.b[2]	S6LX-16	BS-CDT	112	55	406/123/122	8	102	20	是	是
文献[30]提出的，2013 年	V6LX-75T	BS-CDT	84	48	863/6/231	1	160	1.6	是	否
文献[36]提出的，2018 年	V6LX-75T	BS-CDT	64	32	112/19/43	5	297	4.3	是	否
5.3[3]	S6LX-16	CDT	112	55	463/45/150	30	80	96	是	否
文献[26]提出的，2014 年	S6LX-9	Bernoulli	80	40	132/40/37	≈144	128	288	否	否
文献[33]提出的，2013 年	V5LX-30	Knuth-Yao	90	84	149/69/53	≈16	303	13.5	否	否

① 5.4.a 为 5.4 节中的参数可配置的 BS-CDT 高斯采样器结构。
② 5.4.b 为 5.4 节中的具有 SPA 攻击防御机制的配置 BS-CDT 高斯采样器结构。
③ 5.3 为 5.3 节中的具有时间攻击防御机制的 CDT 高斯采样器结构。

Khalid 等人通过使用 65 位的流密钥单元 Trivium 作为 PRNG 来提供随机数，并且由于所使用的安全参数为 Z_t=32、λ=64[36]，因此他们设计的 BS-CDT 高斯采样器仅使用 43 个 Slice 就可以在 5 个时钟周期内生成一个高斯采样值，在硬件资源开销和采样性能上均有优势。虽然文献[36]的设计有 3 倍于 5.4.a 和 5.4.b 的最高工作频率，但是值得注意的是，这不仅是因为使用了拥有更高性能的 Virtex-6 系列 FPGA，而且由于 5.4.a 和 5.4.b 中需要更大的 RAM 来存储高精度的 CDT，导致了电路中逻辑延时的增大。另外，5.4.a 和 5.4.b 中加入了 AHB 总线 接口和特殊功能寄存器来获得参数的可配置能力，这也导致了整体资源开销的增加。更重要的是，5.4.a 和 5.4.b 保持使用 TRNG 来提供随机性、安全性更好的均匀分布随机数，而且加入了一些具有随机化功耗特性的额外电路结构（45 个 Slice），有效抵御了潜在的 SPA 攻击。总的来说，以降低一定的采样性能为代价而获取更高的灵活性和安全性是完全可以接受的。

与 5.3 相比，5.4.a 和 5.4.b 由于使用了 BS-CDT 采样算法而具有恒定的采样时间，并且在采样性能上也优于 5.3，可以缩减接近 79% 的采样时间。在加入 SPA 攻击防御机制后，5.4.b 相比 5.3 仍可节省 28 个 Slice，但是 5.3 仅需要使用一个 8 位的 TRNG 且 CDT 可节省 65% 的存储资源。因此，在 TRNG 和存储资源非常受限的情况下，可以考虑使用 5.3，而在大部分应用场景中，5.4.b 有更高的采样性能、更低的硬件资源开销和更高的安全性。

同样将 5.4.b 与使用其他采样算法设计的高斯采样器结构进行了对比。S. S. Roy 基于 Knuth-Yao 采样算法等设计了一种高精度、高性能的高斯采样器，并且将所需要预计算数据的存储空间优化了接近一半[33]，与 5.4.a 和 5.4.b 相比，在生成 256 个采样值的采样时间上，有 1.5 倍的提升。然而，Knuth-Yao 采样算法的二叉树随机遍历方式甚至不能抵御时间攻击，不具有可靠的安全性。为了进一步减少预计算数据的存储，Güneysu 等人设计了一种基于 Bernoulli 采样算法的高斯采样器，大规模减少了 LUT 和存储器资源的使用，其消耗的 Slice 仅为 5.4.a 的一半，非常适合在资源受限设备中实现[26]。然而，在采样精度较低的前提下，文献[26]中的设计与 5.4.a 和 5.4.b 相比，采样性能仅为后两者的约十八分之一，而且不具有任何侧信道防御机制。

总的来说，BS-CDT 采样算法的硬件实现相比其他高斯采样算法的硬件实现有多方面的优势。对于具有 SPA 攻击防御机制的可配置 BS-CDT 高斯采样器而言，尽管没有在同类 CDT 高斯采样器中拥有最高的采样性能，但在加入可配置电路单元和 SPA 攻击防御机制后，仍在硬件资源开销和采样性能上有较优的结果，并且在灵活性、安全性上有相对最优的结果，也非常适合应用于资源受限设备。

参 考 文 献

[1] MOODY D. Post-quantum cryptography standardization: announcement and outline of NIST's

call for submissions[C]// International Conference on Post-Quantum Cryptography-PQCrypto. 2016.

[2] DANG V B, FARAHMAND F, ANDRZEJCZAK M, et al. Implementation and benchmarking of round 2 candidates in the NIST post-quantum cryptography standardization process using hardware and software/hardware co-design approaches[J]. Cryptology ePrint Archive: Report 2020/795, 2020.

[3] KOCHER P C. Timing attacks on implementations of Diffie-Hellman, RSA, DSS, and other systems[C]// Advances in Cryptology—CRYPTO'96: 16th Annual International Cryptology Conference. August 18-22, 1996. Santa Barbara, California, USA: Proceedings 16. Springer Berlin Heidelberg, 1996: 104-113.

[4] DHEM J F, KOEUNE F, LEROUX P A, et al. A practical implementation of the timing attack[C]// Smart Card Research and Applications: Third International Conference. September 14-16, 1998, Louvain-la-Neuve, Belgium: Springer Berlin Heidelberg, 2000: 167-182.

[5] BERNSTEIN D J. Cache-timing attacks on AES[EB/OL]. [2020-09-23] https://mimoza. marmara.edu.tr/~msakalli/cse466_09/cache%20timing-20050414.pdf.

[6] BRUMLEY D, BONEH D. Remote timing attacks are practical[J]. Computer Networks, 2005, 48(5): 701-716.

[7] BRIER E, CLAVIER C, OLIVIER F. Correlation power analysis with a leakage model[C]// Cryptographic Hardware and Embedded Systems-CHES 2004: 6th International Workshop Cambridge. August 11-13, 2004, MA, USA: Springer Berlin Heidelberg, 2004: 16-29.

[8] CHAUM D. Blind signatures for untraceable payments[C]// Advances in Cryptology: Proceedings of Crypto 82. 1983, Santa Barbara, CA, USA: Springer US, 1983: 199-203.

[9] SCHINDLER W. A timing attack against RSA with the chinese remainder theorem[C]// Cryptographic Hardware and Embedded Systems-CHES 2000: Second International Workshop Worcester. August 17–18, 2000, MA, USA: Springer Berlin Heidelberg, 2000: 109-124.

[10] MANGARD S, OSWALD E, POPP T. Power analysis attacks: revealing the secrets of smart cards[M].San Francisco: Springer Science & Business Media, 2008.

[11] AGRAWAL D, ARCHAMBEAULT B, RAO J R, et al. The EM side—channel (s)[C]// Cryptographic Hardware and Embedded Systems-CHES 2002: 4th International Workshop Redwood Shores. August 13–15, 2002 CA, USA: Springer Berlin Heidelberg, 2003: 9-45.

[12] CHARI S, JUTLA C S, RAO J R, et al. Towards sound approaches to counteract power-analysis attacks[C]// Advances in Cryptology: 19th Annual International Cryptology Conference Santa Barbara. August 15–19, 1999, California, USA: Springer Berlin Heidelberg, 1999: 398-412.

[13] MESSERGES T S. Using second-order power analysis to attack DPA resistant software[C]//Cryptographic Hardware and Embedded Systems: Second International Workshop

Worcester. August 17-18, 2000, MA, USA: Springer Berlin Heidelberg, 2002: 238-251.

[14] OSWALD E, MANGARD S, PRAMSTALLER N. Secure and efficient masking of AES-a mission impossible[J]. Cryptology ePrint Archive, 2004, 134.

[15] AKKAR M L, GIRAUD C. An implementation of DES and AES, secure against some attacks[C]// Cryptographic Hardware and Embedded Systems. May 14-16, 2001, Paris, France: Springer Berlin Heidelberg, 2001: 309-318.

[16] MANGARD S, POPP T, GAMMEL B M. Side-channel leakage of masked CMOS gates[C]// The Cryptographers' Track at the RSA Conference. February 14-18, San Francisco, CA, USA: 2005, 3376: 351-365.

[17] SAEKI M, ICHIKAWA T. Random switching logic: a new countermeasure against DPA and second-order DPA at the logic level[J]. IEICE Transactions on Fundamentals of Electronics, Communications and Computer Sciences, 2007, 90(1): 160-168.

[18] SCHAUMONT P, TIRI K. Masking and dual-rail logic don't add up[C]// Cryptographic Hardware and Embedded Systems-CHES 2007. September 10-13, 2007, Vienna, Austria: Springer Berlin Heidelberg, 2007: 95-106.

[19] VON NEUMANN J. Various techniques used in connection with random digits[J]. Applied Math Series, 1951, 12(36-38): 1.

[20] DUCAS L, DURMUS A, LEPOINT T, et al. Lattice signatures and bimodal gaussians[C]// Advances in Cryptology-CRYPTO 2013: 33rd Annual Cryptology Conference. August 18-22, 2013, Santa Barbara, CA, USA: Springer Berlin Heidelberg, 2013: 40-56.

[21] PEIKERT C. An efficient and parallel gaussian sampler for lattices[C]// Advances in Cryptology-CRYPTO 2010: 30th Annual Cryptology Conference. August 15-19, 2010, Santa Barbara, CA, USA: Springer Berlin Heidelberg, 2010: 80-97.

[22] KNUTH D. The complexity of nonuniform random number generation[J]. Algorithms and Complexity, New Directions and Results, 1976: 357-428.

[23] BUCHMANN J, CABARCAS D, GÖPFERT F, et al. Discrete ziggurat: A time-memory trade-off for sampling from a gaussian distribution over the integers[C]// Selected Areas in Cryptography-SAC 2013: 20th International Conference, August 14-16, 2013, Burnaby, BC, Canada: Springer Berlin Heidelberg, 2014: 402-417.

[24] GÖTTERT N, FELLER T, SCHNEIDER M, et al. On the design of hardware building blocks for modern lattice-based encryption schemes[C]// Cryptographic Hardware and Embedded Systems-CHES 2012: 14th International Workshop. September 9-12, 2012, Leuven, Belgium: Springer Berlin Heidelberg, 2012: 512-529.

[25] DUCAS L, NGUYEN P Q. Faster gaussian lattice sampling using lazy floating-point arithmetic[C]// Advances in Cryptology-ASIACRYPT 2012: 18th International Conference on

the Theory and Application of Cryptology and Information Security. December 2-6, 2012, Beijing, China: Springer Berlin Heidelberg, 2012: 415-432.

[26] PÖPPELMANN T, GÜNEYSU T. Area optimization of lightweight lattice-based encryption on reconfigurable hardware[C]// 2014 IEEE International Symposium on Circuits and Systems (ISCAS). 2014, Melbourne, VIC, Australia: IEEE, 2014: 2796-2799.

[27] PÖPPELMANN T, DUCAS L, GÜNEYSU T. Enhanced lattice-based signatures on reconfigurable hardware[C]//Cryptographic Hardware and Embedded Systems-CHES 2014: 16th International Workshop. September 23-26, 2014, Busan, South Korea: Springer Berlin Heidelberg, 2014: 353-370.

[28] HOWE J, MOORE C, O'NEILL M, et al. Lattice-based encryption over standard lattices in hardware[C]// Proceedings of the 53rd Annual Design Automation Conference. June 2016, Austin, Texas: 2016: 1-6.

[29] PÖPPELMANN T. Efficient implementation of ideal lattice-based cryptography[J]. Information Technology, 2017, 59(6): 305-309.

[30] PÖPPELMANN T, GÜNEYSU T. Towards practical lattice-based public-key encryption on reconfigurable hardware[C]// Selected Areas in Cryptography—SAC 2013: 20th International Conference. August 14-16, 2013, Burnaby, BC, Canada: Springer Berlin Heidelberg, 2014: 68-85.

[31] DU C, BA G. High-performance software implementation of discrete gaussian sampling for lattice-based cryptography[C]// 2016 IEEE Information Technology, Networking, Electronic and Automation Control Conference.2016, Chongqing, China: IEEE, 2016: 220-224.

[32] KHALID A, HOWE J, RAFFERTY C, et al. Time-independent discrete gaussian sampling for post-quantum cryptography[C]// 2016 International Conference on Field-Programmable Technology (FPT). 2016, Xi'an, China: IEEE, 2016: 241-244.

[33] SINHA ROY S, VERCAUTEREN F, VERBAUWHEDE I. High precision discrete gaussian sampling on FPGAs[C]// Selected Areas in Cryptography--SAC 2013: 20th International Conference. August 14-16, 2013, Burnaby, BC, Canada: Springer Berlin Heidelberg, 2014: 383-401.

[34] ROY S S, REPARAZ O, VERCAUTEREN F, et al. Compact and side channel secure discrete gaussian sampling[J]. Cryptology ePrint Archive, 2014, Paper 2014/591.

[35] DU C, BAI G. Towards efficient discrete gaussian sampling for lattice-based cryptography[C]// 2015 25th International Conference on Field Programmable Logic and Applications (FPL). 2015, London, UK: IEEE, 2015: 1-6.

[36] HOWE J, KHALID A, RAFFERTY C, et al. On practical discrete gaussian samplers for lattice-based cryptography[J]. IEEE Transactions on Computers, 2016, 67(3): 322-334.

[37] LIU D, LIU Z, LI L, et al. A low-cost low-power ring oscillator-based truly random number

generator for encryption on smart cards[J]. IEEE Transactions on Circuits and Systems Ⅱ, 2016, 63(6): 608-612.

[38] CANNIERE C D. Trivium specifications[EB/OL]. [2022-1-3] http://www.ecrypt.eu.org/stream/ p3ciphers/trivium/trivium_p3.pdf.

[39] KOCHER P, JAFFE J, JUN B. Differential power analysis[C]// Advances in Cryptology— CRYPTO'99: 19th Annual International Cryptology Conference Santa Barbara. August 15-19, 1999, California, USA: Springer Berlin Heidelberg, 1999: 388-397.

[40] PÖPPELMANN T, GÜNEYSU T. Towards efficient arithmetic for lattice-based cryptography on reconfigurable hardware[C]// Progress in Cryptology—LATINCRYPT 2012. October 7-10, 2012, Santiago, Chile: Springer Berlin Heidelberg, 2012: 139-158.

第6章

数论变换单元

不同的格密码方案有不同的安全参数与加密方法，但共同的是多项式生成与多项式乘法两个核心算子。多项式生成通过 SHA-3、采样器等组合实现，确保其随机性与安全性以实现基本多项式的生成；而多项式乘法则是对生成的多项式进多项式环上的卷积乘法[1-2]。目前多项式乘法算法有数论变换（Number Theory Transform，NTT）、School-book、快速傅里叶变换（Fast Fourier Transform，FFT）和 Karatsuba 算法。NTT 以易于硬件实现、高效等优点而被广泛应用于各种格密码的实现中。高性能低资源开销的 NTT 单元能够提升格密码处理器的整体性能并降低成本，使得下一代通信加密芯片被广泛推广与应用。因此开发适用于多种安全环境下的 NTT 单元具有相当的实用价值与社会意义。在此背景下本章设计一种可重构 NTT 单元，使之能够应用于不同的格密码方案中，满足多种场景下的通信安全需求。

6.1 数论变换研究现状

NTT 的研究大多以格密码作为载体，在多项式乘法的运算中针对 NTT 的 FPGA 实现进行比较分析。2012 年，Pöppelmann 等人采用 NTT 作为 FFT 的替代，运算 Ring-LWE 加密方案中的多项式乘法[3]，避免了 FFT 浮点数精度与复数运算的问题，并采用负包裹卷积优化多项式乘法。这与 Göttert 提出的基于 FFT 的 Ring-LWE 加密方案[4]相比，资源开销降低了一个数量级而速度上略有不如，解决了多项式乘法运算资源开销过大的问题，使得 Ring-LWE 加密方案具备了实用性。2013 年，Aysu 对格密码中的 NTT 单元进行了优化设计，通过存储一些基本的旋转因子，在 NTT 运算的过程中动态生成所需的旋转因子，取代了将预先计算好的所有旋转因子存储在 RAM 的方案，从而节省了大量的存储资源，并就旋转因子生成中使用 2 个 DSP 与 3 个 DSP 两种方案进行了优化设计[5]。2014

年，Rentería-Mejía 采用脉动阵列设计，运用多个串联的蝶形运算单元（Butterfly Arithmetic Unit，BAU）与存储器结合，连续计算多轮多次 NTT，使得运算延时和整体运算时间显著缩短，但各项资源开销却明显增大[6]。2015 年，Chen 通过采用两个蝶形运算单元并行对两个多项式进行 FFT 运算，而以多通道的方式共同完成快速傅里叶逆变换（Inverse Fast Fourier Transform，IFFT），以达成资源的高效利用，且将负包裹卷积的后处理与 IFTT 的逆元串联，将理论运算时间从原本的 $\frac{3}{2}n\log_2 n + 5.5n$ [3]缩短到了 $\frac{3}{4}n\log_2 n + \frac{n}{4}$ [7]，这些方法对 NTT 的实现有重要的参考意义。2016 年，清华大学的 Du 将多项式的点乘与数论逆变换（Inverse Number Theory Transform，INTT）的第一轮运算结合在一起，进一步缩短了多项式乘法所需的时间，并且位反转的旋转因子存储方式使得 NTT 的地址生成变得更加简洁[8]。而后 Du 在 Ring-LWE 中将多项式 *a* 固定为常数，并设计了 2×2 蝶形运算矩阵，更进一步将单通道理论运算时间缩短至 $(n\log_2 n)/4 + n/2$ [9]，与 Chen 的设计[7]相比较在不同长度下的平均性能提升了 2.25 倍。

2016 年，Alkim 在 Ring-LWE 的基础上设计了 NewHope 后量子加密协议，其中选用 NTT 进行多项式乘法运算[10]。清华大学的 Xing 在 2020 年采用 4 个蝶形运算单元，并根据负包裹卷积算法预处理与后处理的需要，对蝶形运算单元进行了拓展设计[11]，与 Oder 所提出的 NewHope-Simple 版本[12]相比，NTT 消耗了约 4 倍的资源，但是 NewHope 整体运算时间缩短为原来的 1/20。2017 年，Pedrouzo-Ulloa 在安全信号处理中，具体化了格密码的同态加密方案中 NTT 的软件实现[13]。清华大学的 Feng 在同态加密的大整数乘法中采用双通道复合结构的蝶形运算单元，同时计算多项式 *a* 与 *b*，相较于原有的 FFT 实现缩短了 70% 的面积时间积（Area-Time Product，ATP）[14]。

2018 年，Liu 等人在 Ring-LWE 的实现中，运用进位传播加法器与进位保留加法器，设计了模加器、模减器和采用流水线结构的移位模加模乘器，为 NTT 提供了新的优化方向[15]。Ye 在全同态加密的大整数乘法 NTT 实现上，通过混合基多通道延迟换向器，以及单口存储器合并多个内存部分，实现面积较小的 NTT 大整数乘法[16]。Banerjee 设计了 Sapphire 格密码处理器，将联合 CT（Cooley-Tukey）和 GS（Gentleman-Sande）结构的蝶形运算单元运用于 NTT 与 INTT 中[17]，并研究了两种不同结构的可配置的 Barrett 模乘器。

2020 年，Rentería-Mejía 提出了一种能抵御选择密文攻击的格密码方案，其沿用之前的脉动阵列的思路，在模的三则运算（模加、模减和模乘）上设计并优化了运算器，取得了更加优良的 NTT 性能[18]。Feng 运用了 16 通道的蝶形运算单元阵列、并行计算 NTT，并提出了对多通道的地址分配管理优化算法，消耗大量资源实现了高速低时延的高性能设计[19]。中国科学院的 Chen 等人在 Kyber 的实现中使用低资源开销的 NTT[20]，使得 Kyber 相较于 NewHope[12]有 3 倍的性能优势。Kim 在同态加密中动态生成旋转因子，将旋转因子的存储资源开销从 $O(n)$降低到 $O(\log_2 n)$，并采用多通道与脉动阵列的技术，同时计算多轮 NTT[21]，以大量 LUT 与 DSP 消耗为代价，与 Chen 所提出的 NTT FPGA 实现相比，速度提升了约 30 倍，资源开销增加了 60 倍[7]。Zhang 在 Du[8]、Feng[14]等人的基础上，将 NTT 数据输入从位反转改为顺序，从而实现了简易的数据地址生成，并在数据存储上设计了高效优化方案，将线性卷积的 NTT 实现的存储资源开销从 $6n$ 降低到 $3n$[22]。

除 FPGA 与 ASIC 的实现外，Du 在 CPU 上实现了 Ring-LWE 方案，采用了轮分治的方案，将 NTT 按轮进行分割，减少 78%的存储器操作[23]。Xin 在 RISC-V 架构上进行了 NewHope 与 Kyber 的实现，并在 Banerje[17]的基础上设计 32 通道的 NTT [24]。Gupta 实现了基于 GPU 的支持 FrodoKEM、NewHope 和 Kyber 三种格密码方案的后量子密码加速器，并就 NTT 的统一计算设备架构（Compute Unified Device Architecture，CUDA）实现进行了优化，相较于原有的设计，格密码整体性能均有数十倍的提升[25]。

综上所述，学界对应用于格密码的 NTT 单元研究主要在三个方面。

（1）多种结构的蝶形运算单元研究：采用 CT 结构、GS 结构、CT-GS 复合结构或特定优化的衍生结构，并围绕不同结构的蝶形运算单元，在旋转因子与地址生成上进行优化设计，以实现优化的 NTT 运算。

（2）多种阵列的蝶形运算单元研究：通过脉动阵列、并行-多通道阵列、矩形阵列等，同时进行一次或多次的 NTT，以增大吞吐量、缩短计算中的时延。

（3）NTT 算法优化研究：多项式乘法的 NTT 实现将运算与 NTT、INTT 的过程合并，从而减少传统多项式乘法、负包裹卷积多项式乘法的时间复杂度，缩短整个运算的时间。

6.2　数论变换理论基础

6.2.1　多项式乘法

多项式的形式为

$$A(x) = \alpha_0 + \alpha_1 x^1 + \alpha_2 x^2 \cdots + \alpha_n x^{n-1} \tag{6-1}$$

式中，n 为多项式次数，$n \in \mathbb{N}^+$，同样代表着格的维度，因而在格密码中，不同的安全参数所设置的 n 都不相同，n 越大安全性越高。

多项式的乘法是在两个多项式中展开系数进行相乘。如果两个多项式 a 与 b 的次数都是 n，c 为多项式 a 与 b 的乘法结果，多项式乘法如式（6-2）所示，运算次数为 n^2。

$$c(x) = \sum_{j=0}^{n-1} \sum_{k=0}^{n-1} a_i b_j x^{j+k} \tag{6-2}$$

式（6-2）也是线性卷积的计算公式。在格密码中，多项式乘法是在多项式环 $\mathbb{Z}_q[x]/\langle x^n+1 \rangle$ 上运算的，因而需要将乘法结果 c 对多项式 x^n+1 进行除法运算才能得到正确结果，即

$$c(x) = \sum_{j=0}^{n-1} \sum_{k=0}^{n-1} a_i b_j x^{j+k} \bmod (x^n+1) \tag{6-3}$$

6.2.2 数论变换

1. 同余式与整数环

如果两个整数 a 与 b 对正整数 q 进行除法运算所得的余数相同，那么整数 a 与 b 则在模 q 下是同余的，记作 $a \equiv b(\bmod q)$。这种对整数求余的运算即求模运算。

由此推广，将全体整数对任意一个整数 q 进行求模运算，根据余数的不同可以分成 q 个集合：$A_0, A_1, \cdots, A_{q-1}$，称为模 q 的剩余类。其中 $A_i \equiv kq + i$（$k, i = 0, \pm1, \pm2, \cdots$）。而从每个集合中取相同位置的数，这 q 个数就是模 q 的完全剩余系。其中最小的 q 个非负数构成了非负最小完全剩余系 $\mathbb{Z}_q = \{0, 1, 2, \cdots, q-1\}$，$\mathbb{Z}_q$ 称为模 q 的整数环[26]。

2. 欧拉公式与原根

$\varphi(q)$ 记作欧拉（Euler）函数，其值等于从 0 到 $q-1$ 中与正整数 q 互素的个数[27]。欧拉定理：若 $a, q \in \mathbf{N}_+$ 且 a 与 q 互质，则

$$a^{\varphi(q)} \equiv 1(\bmod q) \tag{6-4}$$

当 q 为素数时，$\varphi(q) = q-1$。由式（6-4）可推出费马小定理：

$$a^{q-1} \equiv 1(\bmod q) \tag{6-5}$$

再通过式（6-5）费马小定理左右同时相乘 a^{q-2}，可推出

$$a^{q-1} \equiv a^{q-2}(\bmod q) \tag{6-6}$$

在模运算中，式（6-6）可用来进行除法运算与求逆运算。

若 $a,q \in \mathbf{N}_+$，且 a 与 q 互质，符合式（6-6）的正整数 a 称作 q 的原根，记作 g。正整数 q 的最小原根不大于 $\sqrt[4]{q}$，因此在求解原根时，通过枚举 $[1,\sqrt[4]{q}]$ 内的整数，可求得最小原根。常用模与原根见表 6-1。一般而言，最小原根即可符合运算需求。

表 6-1　常用模与原根

模 q	原根 g	位数	模 q	原根 g	位数
7681	17	13	104857601	3	27
12289	11	14	16772161	3	28
40961	3	16	469762049	3	29
65537	3	17	1004535809	3	30
786433	10	20	2013265921	31	31
5767169	3	23	3221225473	5	32
23068673	3	25	75161927681	3	37

对于基于格的后量子密码，在不同的安全参数即模 q 下，运算位数与原根是固定的，且对于模 $q = a * 2^k + r(a,k,r \in \mathbf{N}_+)$，其能处理的数据维度 n 不大于 2^k。

3．数论变换算法

N 维数论变换（NTT）为[28]

$$X_k = \sum_{n=0}^{N-1} x_n \omega_N^{nk} (\mathrm{mod}\, q) \tag{6-7}$$

N 维数论逆变换（INTT）为

$$x_k = N^{-1} \sum_{n=0}^{N-1} X_n \omega_N^{-nk} (\mathrm{mod}\, q) \tag{6-8}$$

$$\omega_N^n = g^{\frac{(q-1)n}{N}} (\mathrm{mod}\, q) \tag{6-9}$$

式中，g 为素数 q 的原根；ω_N^n 为旋转因子，$\omega = g^{(q-1)}$。与离散傅里叶变换相比，NTT 以 $g^{(q-1)/N}$ 取代了 $e^{-j2\pi/N}$，因此所有运算为整数模运算，不需要进行复数或浮点数运算，从而降低了硬件电路的设计难度并减少了所需资源开销。

4．数论变换算法

NTT 公式与离散傅里叶变换有相同的形式，如果旋转因子具备相同的性质，则能够采用与 FFT 相同的算法简化运算，将多项式时间从 $O(N^2)$ 缩短到

$O(N\log_2 N)$，从而进一步缩短运算所需时间，提升 NTT 的运算效率。

性质 1： $\omega_N^0 = \omega_N^N = 1(\mathrm{mod}\,q)$

据式（6-6），由 $g^{\frac{0}{N}} \equiv g^{\frac{(q-1)N}{N}} \equiv 1(\mathrm{mod}\,q)$ 得证。

性质 2： $\forall i \neq j, 0 < i, j < N, \omega_N^i \neq \omega_N^j(\mathrm{mod}\,q)$

因为 q 为素数，由欧拉定理得 $\varphi(q) = q-1$，若 $i \neq j$，则 $\omega_N^i \neq \omega_N^j(\mathrm{mod}\,q)$ 必不相等得证。

性质 3： $\omega_{pN}^{pk} = \omega_N^k(\mathrm{mod}\,q)$

由 $g^{\frac{(q-1)pn}{pN}} = g^{\frac{(q-1)n}{N}}$ 得证。

性质 4： $\omega_N^{k+N/2} \equiv -\omega_N^k(\mathrm{mod}\,q)$

$\omega_N^{k+N/2} = g^{\frac{(q-1)(k+N/2)}{N}} = g^{\frac{(q-1)k}{N}\frac{(q-1)}{2}}$，由性质 2 可知，$g^{\frac{(q-1)}{2}} \neq g^{\frac{(q-1)}{N}} \equiv 1$，因而 $g^{\frac{(q-1)}{2}} \equiv -1$，故 $\omega_N^{k+N/2} = -g^{\frac{(q-1)k}{N}} = -\omega_N^k$ 得证。

证明了以上四个性质，FFT 的方法就能运用在 NTT 中，即证明了数论变换（Number Theory Transform，NTT）算法是能够实现的。CT-NTT（Cooley-Tukey NTT）算法见算法 6-1[29]。

算法 6-1：CT-NTT 算法

输入：$A(x)$，$\omega_N \in R_q, N \in \mathbf{N}$

输出：$A(x)$

1. **for** $m = 1$ to $N/2$ by $m = 2m$ **do**
2.   **for** $i = 0$ to $N-1$ **do**
3.   **for** $j = 0$ to $N-1$ **do**
4. $u = A[k+j]$
5. $t = A[k+j+m] * \omega_N$
6. $A[k+j] = (u+t)\,\mathrm{mod}\,q$
7. $A[k+j+N] = (u-t)\,\mathrm{mod}\,q$
8.   **end for**
9.   **end for**
10.   **end for**
11.   **return** $A(x)$

NTT 的实现如同 FFT 一样有两种基本结构，一种是按时间抽取 CT 结构[14,30]，如图 6-1 所示；一种是按频率抽取 GS 结构[20,30]，如图 6-2 所示。两

种蝶形运算单元都用到模加器、模减器和模乘器各一个。CT 结构中先进行乘法运算后进行加/减运算，GS 结构中先进行加/减运算后进行乘法运算，从而导致了不同的蝶形运算单元结构在 NTT 旋转因子的顺序和数据的输入/输出顺序上有所不同。

　　CT 结构的蝶形运算单元的数据需要以位反转（Bit-Reversed，BR）的顺序输入，以 8 点为例，BR(0,1,2,3,4,5,6,7)=(0,2,4,6,1,5,3,7)；GS 结构则相反，以顺序结构输入。因而 GS 结构相较于 CT 结构，在 NTT 的地址生成运算上更加简单易于实现。

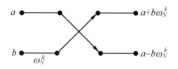
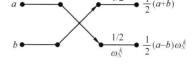

图 6-1　CT 结构蝶形运算单元示意图　　　图 6-2　GS 结构蝶形运算单元示意图

6.2.3　多项式乘法实现

1. 多项式乘法算法

　　传统多项式乘法算法的多项式时间为 $O(n^2)$，n 为多项式维度，因而在实现时常采用 FFT 算法进行运算，即

$$\hat{c} = \text{FFT}_{2n}^{-1}(\text{FFT}_{2n}(\hat{a}) \odot \text{FFT}_{2n}(\hat{b})) \tag{6-10}$$

　　FFT 算法将多项式乘法的时间复杂度降低到 $O(n\log_2 n)$，在 n 较大时，能够节约大量的时间。例如，当 n=1024 时，FFT 算法计算多项式乘法所需的乘法次数只有传统算法的百分之一。但 FFT 算法因涉及浮点数与复数会消耗大量的资源，因此在实现时，通过整数域中 NTT 算法取代 FFT 运算多项式乘法，能够节省更多的硬件资源且易于实现。

$$\hat{c} = \text{NTT}_{2n}^{-1}(\text{NTT}_{2n}(\hat{a}) \odot \text{NTT}_{2n}(\hat{b})) \tag{6-11}$$

2. 多项式乘法的负包裹卷积算法

　　Pöppelmann 在 Ring-LWE 的多项式乘法实现中采用了负包裹卷积算法[3]，此后的 Ring-LWE 方案研究也都与之相同[31]。与式（6-11）相比，负包裹卷积算法添加了预处理与后处理操作，但避免了 NTT 中将多项式维度从 n 拓展到 $2n$ 的操作，从而减少了一半的存储资源开销。令 $\varphi = \omega_{2n}$，负包裹卷积算法如下所示[32]：

①　$\hat{a}(x) = a(x) \odot \varphi^x$；　$\hat{b}(x) = b(x) \odot \varphi^x$

② $A(x) = \mathrm{NTT}(\hat{a}(x))$； $B(x) = \mathrm{NTT}(\hat{b}(x))$

③ $C(x) = (A(x) \odot B(x))$

④ $\hat{c}(x) = \mathrm{INTT}(C(x))$

⑤ $c(x) = \hat{c}(x) \odot \varphi^{-x}$

CT 结构的 NTT 能够将预处理的 φ 与旋转因子 ω 相合并如图 6-3 所示，而后处理的 φ 与 INTT 最后的逆元 n^{-1} 相合并，得 $\mathrm{inv}(i) = n^{-1} * \varphi^{-i}$，从而将原有负包裹卷积的理论运算时间从 $1.5n\log_2 n + 4n$ 缩短至 $1.5n\log_2 n + 2n$。GS 结构的 NTT 则不能对预处理步骤进行优化，因此采用 CT 结构进行设计，优化后的负包裹卷积算法见算法 6-2。

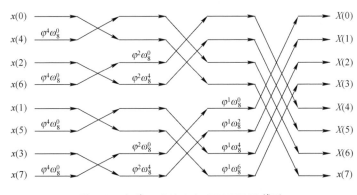

图 6-3 合并 φ 后的 8 点 CT-NTT 运算图

算法 6-2：优化后的负包裹卷积算法

输入：多项式 a,b，且 $a,b<q$，$2^{n+1} \leqslant q < 2^n$，inv

输出：多项式 c

---

1. $A = \mathrm{NTT}(a)$

2. $B = \mathrm{NTT}(b)$

3. $AB = A \odot B$

4. $C = \mathrm{INTT}(AB)$

5. $c = \mathrm{inv} \odot C$

6. **return** c

---

3. 多通道数论变换算法

NTT 算法的多通道实现能够有效缩短运算时间，但会使得数据的读/写与地址的生成更加复杂。因此根据算法 6-1，并结合硬件实现，设计了 4 通道 CT-NTT 算法见算法 6-3，通过将多项式 a 分为四部分，根据 NTT 规则进行对应的蝶形运算，以实现多通道的 NTT 运算。

算法 6-3：4 通道 CT-NTT 算法

输入：多项式 a，$\omega_N \in R_q$，n

输出：多项式 A

---

1.   **for** $i = 0$ to $(n/4)-1$ **do**
2. $A_0(i)=a(i)$; $A_1(i)=a(i+n/4)$
3. $A_2(i)=a(i+2n/4)$; $A_3(i)=a(i+3n/4)$
4.   **end for**
5. **for** $m = 1$ to $n/2$ by $m = 2m$ **do**
6.   **for** $i = 0$ to $(n/8)-1$ **do**
7. $a_0=A_0(i)$; $b_0=A_2(i)*\omega_n$
8. $a_1=A_0(i+n/8)$; $b_1=A_2(i+n/8)*\omega_n$
9. $a_2=A_1(i)$; $b_2=A_3(i)*\omega_N$
10. $a_3=A_1(i+n/8)$ $b_3=A_3(i+n/8)*\omega_N$
11. $A_0(2i)=a_0+b_0$; $A_0(2i+1)=a_0-b_0$
12. $A_1(2i)=a_1+b_1$; $A_1(2i+1)=a_1-b_1$
13. $A_2(2i)=a_2+b_2$; $A_2(2i+1)=a_2-b_2$
14. $A_3(2i)=a_3+b_3$; $A_3(2i+1)=a_3-b_3$
15.   **end for**
16. **end for**
17.   **for** $i = 0$ to $(n/4)-1$ **do**
18. $A(i)=A_0(i)$ $A(i+n/4)=A_1(i)$
19. $A(i+2n/4)=A_2(i)$ $A(i+3n/4)=A_3(i)$
20.   **end for**
21.   **return** A

依据算法 6-3，得到 8 点 NTT 数据变换，见表 6-2，在数据顺序存入 $x_0(0)$、$x_0(1)$、$\cdots$、$x_0(7)$ 的情况下，结果以倒位序输出，$X(0)$、$X(1)$、$\cdots$、$X(7)$ 分别对应 $x_0(0)$、$x_0(2)$、$\cdots$、$x_0(7)$ 的运算结果，即保持 CT 结构的结果不变的情况下，在地址生成上与 GS 结构同样简单，只需以递增的顺序生成，且能够保持合并负包裹卷积预处理运算的优势，因而在硬件实现上具有明显的优势。

表 6-2　8 点 NTT 数据变化表

轮数	0		1		2		3（结果）	
地址	0	1	0	1	0	1	0	1
RAM0	$x_0(0)$	$x_0(1)$	$x_1(0)$	$x_1(4)$	$x_2(0)$	$x_2(2)$	$X(0)$	$X(1)$
RAM1	$x_0(2)$	$x_0(3)$	$x_1(1)$	$x_1(5)$	$x_2(4)$	$x_2(6)$	$X(2)$	$X(3)$
RAM2	$x_0(4)$	$x_0(5)$	$x_1(2)$	$x_1(6)$	$x_2(1)$	$x_2(3)$	$X(4)$	$X(5)$
RAM3	$x_0(6)$	$x_0(7)$	$x_1(3)$	$x_1(7)$	$x_2(5)$	$x_2(7)$	$X(6)$	$X(7)$

6.2.4　应用于数论变换的模乘算法

1. Barrett 模乘算法

两个小于模 q 的正整数 a 与 b，在模 q 下，$2^{n-1} < a, b < q < 2^n$，$n \in \mathbf{N}_+$，对其乘积 ab 进行求模运算，通过求出商 $\left\lfloor \dfrac{ab}{q} \right\rfloor$ 后将乘积 ab 减去 $\left\lfloor \dfrac{ab}{q} \right\rfloor q$，所得的余数即为求模运算结果 c，如式（6-12）所示。

$$c = ab \bmod q = ab - \left\lfloor \frac{ab}{q} \right\rfloor q \tag{6-12}$$

在数字电路的实现中，所有数以二进制数的方式进行存储运算，因而在分解时，将 2 作为底数。令 $k_0, k_1, k_2 \in \mathbf{N}$ 且 $k_0 = k_1 + k_2$，易得

$$\frac{ab}{q} = \frac{ab}{2^{n+k_1}} \frac{2^{n+k_0}}{q} \frac{1}{2^{n+k_2}} \tag{6-13}$$

根据式（6-13），令 $m = \left\lfloor 2^{2n+k_0}/q \right\rfloor$、$T_0 = \left\lfloor ab/2^{n+k_1} \right\rfloor$、$T_1 = T_0 m$、$T_2 = \left\lfloor T_1/2^{n+k_2} \right\rfloor$，

$$\frac{2^{2n+k_0}}{q} - 1 < m \leqslant \frac{2^{2n+k_0}}{q}$$

$$\frac{ab}{2^{n+k_1}} - 1 < T_0 \leqslant \frac{ab}{2^{n+k_1}}$$

$$\frac{ab2^{n+k_0-k_1}}{q} - \frac{2^{2n+k_0}}{q} - \frac{ab}{2^{n+k_1}} + 1 < T_1 \leqslant \frac{ab2^{n+k_0-k_1}}{q}$$

$$\frac{ab2^{k_0-k_1-k_2}}{q} - \frac{2^{n+k_0-k_2}}{q} - \frac{ab}{2^{2n+k_1+k_2}} + 1 < T_2 \leqslant \frac{ab2^{k_0-k_1-k_2}}{q}$$

$$\frac{ab}{q} - \frac{2^{n+k_1}}{q} - \frac{ab}{2^{2n+k_0}} + \frac{1}{2^{n+k_2}} < T_2 \leqslant \frac{ab}{q} \tag{6-14}$$

当 $k_0, k_2 \geqslant 0$、$k_1 \leqslant 0$ 时，

$$-\frac{2^{n+k_1}}{q} - \frac{ab}{2^{2n+k_0}} + \frac{1}{2^{n+k_2}} \geqslant 2 \tag{6-15}$$

将式（6-14）与式（6-15）合并可得

$$\left\lfloor \frac{ab}{q} \right\rfloor - 2 < T_2 \leqslant \left\lfloor \frac{ab}{q} \right\rfloor \tag{6-16}$$

由式（6-16）易知，$c = ab - T_2 q$ 或 $c = ab - T_2 q - q$。令 $k_0 = 3$、$k_1 = -2$、$k_2 = 5$，Barrett 模乘算法见算法 6-4[29]。在硬件实现时，m 作为预先的结果存入寄存器中，步骤 3、5 通过对数据按位选择输出实现，因而需要 3 次乘法运算、2 次减法运算与 1 次比较。

算法 6-4：Barrett 模乘

输入：a,b,q，且 $a,b<q$，$2^{n+1} \leqslant q < 2^n$

输出：$R = ab \bmod q$

---

1. $m = \left\lfloor 2^{2n+3} / q \right\rfloor$
2. $P = ab$
3. $T_0 = \left\lfloor P / 2^{2n-2} \right\rfloor$
4. $T_1 = T_0 \times m$
5. $T_2 = \left\lfloor T_1 / 2^{n+5} \right\rfloor$
6. $T_3 = T_2 \times q$
7. $R = P - T_3$
8. **If** $R \geqslant q$ **then** $R = R - q$
9. **return** R

---

2. Montgomery 模乘算法

1985 年，Peter L. Montgomery 提出了一种计算整数模乘的算法[33]。对两个互质整数 R、N，且 $R>N$，必存在整数 R'、N' 满足：

$$RR' \equiv 1 \bmod N$$

$$-NN' \equiv 1 \bmod R$$

$$RR' - NN' \equiv 1 \bmod N \tag{6-17}$$

证明 Montgomery 模乘算法如下，将式（6-17）两边同时乘正整数 T 可得

$$TRR' - TNN' \equiv T \bmod N$$

$$T + TNN' \equiv TRR' \bmod N$$

$$\frac{T + TN'N}{R} \equiv TR' \bmod N \tag{6-18}$$

在数字电路中数值采用二进制数表示，因此令 $R = 2^n$、$N=q$，将式（6-18）

115

分解，得 Montgomery 模乘算法见算法 6-5[34-36]。N' 通过预先计算存储在寄存器中，因而计算 Montgomery 模乘需要 3 次乘法、1 次加法、1 次减法与 1 次比较。在硬件实现中，步骤 3、5、7 中的求模运算通过数据按位选择输出（右移），因此无须额外花费资源。Montgomery 模乘计算出的结果 $C = ab2^{-n} \bmod q$，而不是 $ab \bmod q$，因此需要再进行一次 Montgomery 模乘，将 $C = ab2^{-n} \bmod q$ 与 $2^n \bmod q$ 作为输出，得到 $c = ab2^{-n} * 2^n \bmod q = ab \bmod q$。

算法 6-5：Montgomery 模乘算法

输入：a, b, q 且 $a, b < q, 2^{n-1} \leqslant q < 2^n$

输出：$C = ab2^{-n} \bmod q$

1. $N' = -q^{-1} \bmod 2^n$

2. $P = ab$

3. $T_0 = P \bmod 2^n$

4. $T_1 = T_0 \times N'$

5. $Q = T_1 \bmod 2^n$

6. $T_2 = Q \times q \bmod 2^n$

7. $C = (P + T_2) / 2^n$

8. **If** $C \geqslant q$ **then** $C = C - q$

9. **return** C

6.3　可重构数论变换单元设计

本节描述 NTT 单元的设计思路，对模加/模减器与模乘器的设计进行研究对比，据此设计了基于 RAM 的可重构蝶形运算模块，对 NTT 单元子模块进行了功能描述与设计。为了满足高性能的要求，采用多通道技术设计了多通道蝶形运算架构，并提出了可重构 NTT 单元的整体架构。

6.3.1　数论变换整体架构

1. 数论变换单元架构

经典 NTT 单元结构图如图 6-4 所示。NTT 单元分为运算模块与功能模块。运算模块为蝶形运算模块（BAU）。在蝶形运算模块中，模加/模减器、模乘器是基本的运算单元。功能模块为旋转因子模块（Wn）、地址生成模块（ADDR）和输入/输出状态机模块（IO Finite State Machine，IO_FSM）。

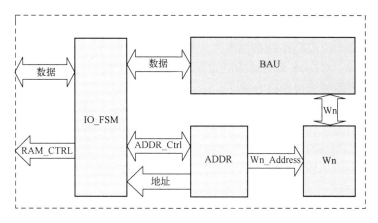

图 6-4　NTT 单元结构示意图

（1）各模块功能描述。

蝶形运算模块（BAU）：将输入/输出模块送入的数据进行蝶形运算，并将结果传输给输入/输出模块，以及通过设置进行模乘运算。

旋转因子模块（Wn）：由状态机模块和地址生成模块控制，输出对应旋转因子，供蝶形运算单元进行运算。

地址生成模块（ADDR）：生成外部 RAM 和内部 ROM 读/写数据所需地址信号。

输入/输出状态机模块（IO_FSM）：生成地址生成器的输入信号，控制输入/输出模块与外部 RAM 连接的方式、多轮的蝶形运算和旋转因子的状态，完成 NTT 状态的控制，并与外部 RAM、蝶形运算模块、状态机控制模块相连接，实现读/写数据传输、地址信号的传递和读/写控制。

（2）各模块的设计方法。

数论单元各模块的设计方法有多种，如图 6-5 所示。

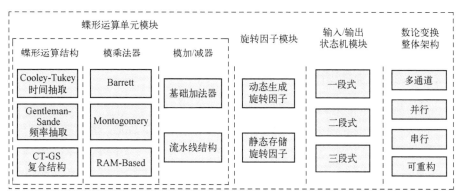

图 6-5　数论单元各模块的设计方法图

蝶形运算单元模块（BAU）：蝶形运算单元模块分为 CT 结构、GS 结构和 CT-GS 复合结构。CT 结构在运算上先模乘后模加/模减。CT 结构在运算上先模加/模减后模乘。CT-GS 复合结构通过设置可作为 CT 或 GS 结构。模乘器与模加/模减器是蝶形运算模块的核心算子。

旋转因子模块（Wn）：旋转因子模块可分为两种，一种是静态 ROM 型旋转因子模块，就是在硬件实现时，将预先计算的旋转因子存储在 ROM 中；另一种是动态运算型旋转因子模块，只预存原始旋转因子，用蝶形运算单元的运算需求计算出对应的旋转因子。在维度 n 与模 q 的位数较大时，动态运算型无须存储大量的旋转因子，会节省大量存储资源但消耗运算资源。静态 ROM 型预存排列好的旋转因子，能够直接输出数据，所需地址信号生成简单，更有利于高性能的设计。

输入/输出状态机模块（IO_FSM）：分为两段式状态机与三段式状态机。两段式状态机中，一段通过同步时序描述状态的转移变化，另一段通过组合逻辑根据当前状态进行状态预变化和输出相应的信号。三段式状态机中，三段分别实现状态转移、状态变换与信号控制，对应信号输出为三个部分。两段式状态机容易出现毛刺，不利于时序约束，但与三段式状态机相比，实现更加简单。

地址生成模块（ADDR）：如采用静态 ROM 型旋转因子模块，则应提供所需的旋转因子地址信号。对于不同的 CT 结构和 GS 结构蝶形运算单元，地址的生成有较大的区别。在单 CT 结构下，NTT 与 INTT 是倒位序生成地址；在 CT 结构下，则是顺序生成地址。

数论变换单元的整体设计：分为多通道、并行、串行三种。多通道设计指在一次 NTT 运算中采用多个蝶形运算单元并行计算。并行设计指 NTT 单元对多组数据同时进行多次 NTT 运算。串行设计指通过 NTT 中的多个蝶形运算单元串联，保证高吞吐量的同时顺序计算多次 NTT 运算。除此之外，在不改变电路结构的情况下，可重构设计，通过在运算前进行配置，以及相应模块中存储数据的更新，实现不同安全参数维度 n 与模 q 下的 NTT 运算，以满足不同的应用场景的安全需求与高速高性能需求。

2. 数论变换参数设计

NTT 的参数有两种，分别是多项式维度 n（点数）和模 q，而位数 $N=\log_2 q$。Pöppelmann 在 Ring-LWE 中采用了 $n=256$、$q=7681$[3] 的安全参数，此后 Liu 等人在 Ring-LWE 方案中也采用了同样的参数[15,17]。Chen 在 Ring-LWE 与 SHE 实现中，分别采用了 $n = 256$、$q = 1049089$ 与 $n = 1024$、$q = 536903681$ 的安全参数[7]。Feng 采用了 $n=256$、$q=1049089$ 和 $n=512$、$q=4206593$[19] 的安全参数两次实现了 Ring-LWE 方案。Chen 在 Kyber 中采用了 $n=256$、$q=7681$ 的安全参

数[17,20]。Alkim 在 NewHope 方案中采用了 $n=1024$、$q=12289$ 的安全参数[10-11,17]。

综上所述，NTT 参数选择见表 6-3，该数论变换单元在多项式维度 n 上选择了 256、512、1024 与 2048 四种，覆盖了大多数的格密码实现，其设置值（n）分别为 0～3。而在模 q 的选择上，除了上述提到的参数，还选择了一些常见的素数作为模，以实现多样性的模 q 选择。表 6-3 中最大的模的位数为 32，因而数论变换单元中基础数据位宽为 32，以保证在最大模下正常工作的同时，能够通过重构满足更低数据位数下的运算需求。

表 6-3　可重构 NTT 参数选择

设置值（q）	模 q	位数 N	设置值（q）	模 q	位数 N	设置值（n）	多项式维度 n
0	7681	13	8	104857601	27	0	256
1	12289	14	9	16772161	28		
2	40961	16	10	469762049	29	1	512
3	65537	17	11	998244353	30		
4	786433	20	12	536903681	30	2	1024
5	5767169	23	13	1998585857	31		
6	7340033	23	14	2013265921	31	3	2048
7	1049089	25	15	2281701377	32		

6.3.2　基本模运算器的设计

1．基础加法器结构的模加/模减器

对于模加器，两正整数进行加法运算只存在两种情况，即结果大于或等于模 q，或小于模 q。Liu 提出了基础加法器结构的模加/模减器[15]，并将其用于 Ring-LWE 中，以实现低资源开销的 Ring-LWE 加密。基础加法器结构的模加器电路图如图 6-6 所示，图中 N 为数据的位宽。对于小于模 q 的情况，直接将结果 sum0 输出即可。对大于或等于模 q 的情况，通过进位保留加法器（Carry Save Adder，CSA）实现 $a+b-q$，再通过进位传播加法器（Carry Pass Adder，CPA）完成进位加法的运算，输出 sum2。CPA 的进位信号 carry 能够用来判断 $a+b$ 是否大于或等于 q。因为该模加器只能减去一次模 q，所以只适用于 $a+b<2q$ 的情况。但在格密码的实现中，所有数据都小于模 q，即 $a<q$、$b<q$，能够满足使用条件。

对于模减器，两正整数进行减法运算只存在两种情况，即结果大于或等于 0 与结果小于 0。当 a 是任意小于模 q 的正整数时，判断 b 是否为 0 或者 b 是否小于 a。

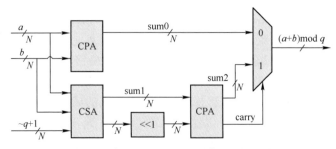

图 6-6　基础加法器结构的模加器电路图

基础加法器结构的模减器电路图如图 6-7 所示。若 $b = 0$，则 $\sim b+1 = 0$，因此需要判断 b 是否为 0。若 $b=0$，则 $a - b = a$，carry 为 0，输出 sum4；若 $b < a$，则 $a - b \geqslant 0$，carry 为 0，输出 sum4；若 $a < b$，则 carry 为 1，输出 sum2。

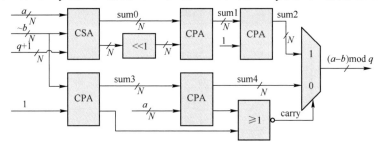

图 6-7　基础加法器结构的模减器电路图

2. 流水线结构的模加/模减器

为了满足高性能模加/模减器的使用需求，充分利用 FPGA 中的资源，本节提出的流水线结构的模加/模减器在不对加/减法器进行更精细设计的条件下，实现了 Vivado 中高效加/减法器 IP 核的使用。

流水线结构的模加器电路图如图 6-8 所示。对 a 与 b 直接相加，相加的结果减去模 q，将进位信号作为多路选择器的控制信号。当 $a+b \geqslant q$ 时，不会发生进位，carry 为 0，输出寄存器中存储的加法结果。当 $a+b < q$ 时，相减会发生溢出，carry 为 1，输出减去模 q 后的结果。

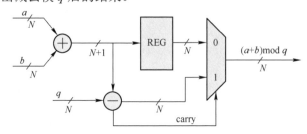

图 6-8　流水线结构的模加器电路图

流水线结构的模减器电路图如图 6-9 所示。a 与 b 相减,将相减的结果加上模 q。若 $a-b<q$,则 carry 为 1,输出加入模 q 的结果。若 $a-b>q$,则 carry 为 0,输出寄存器中存储的减法结果。

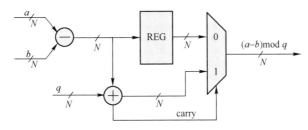

图 6-9　流水线结构的模减器电路图

3．两种模加/模减器的对比分析

基础加法器结构的模加/模减器在信号位宽较小时能够以更小的面积实现更快的速度,在一个时钟周期中得到计算结果。而流水线结构的模加/模减器在信号位数较大时能够满足时序的要求,但计算时需要两个时钟周期。模加/模减器的数据位宽为 32,在此条件下,流水线结构的模加/模减器在电路实现时具备更高的性能,能够充分发挥 FPGA 的优势;而基础加法器结构的模加/模减器更适合用专用集成电路(Application Specific Integrated Circuit,ASIC)来实现。因此,后文中的模加/模减器全是流水线结构的。

4．Barrett 模乘器的设计与验证

Barrett 模乘器的算法见 6.2.4 节的算法 6-4,其电路如图 6-10 所示。首先将 $a,b \in \mathbf{N}_+$,且 $0 \leqslant a,b < q$,输入乘法器中得到乘法结果 T_0。在数字电路的实现中,将数据除以 2^k,$k \in \mathbf{N}_+$,可以通过将数据向右移 k 位来实现,而更直接的方法是直接截取相应位的信号。因此根据算法 6-4,输出 $T_0[2N-1:N-2]$,截掉低 $T_0[N-1:0]$ 共 $N-2$ 位。m 提前在计算机中计算好,运算时作为常量参与和 T_0 的乘法运算。在计算 T_1 和 q 相乘时,截位输出低 $N+1$ 位,省去多余的高 N 位。因为选用的是 $N+1$ 位的减法器而不是 $2N$ 位的,即计算 $T_2[N:0]-T_0[N:0]$,所以 $T_0[N:0]$ 通过寄存器 reg 与 T_2 同步输出。最后,将 R 与 q 相减,如果发生数据溢出即 $R<q$,使得进位信号 borrow 为 1,输出寄存后的数据信号 $R[N-1:0]$。

如图 6-10 所示,3 个寄存器 reg 用于构成流水线设计以实现最大的吞吐量和资源利用。12 位 Barrett 模乘器仿真图如图 6-11 所示,在第 1 个时钟周期输入 a 与 b,结果 c 在第 5 个时钟周期得到。信号 mul_modult 为直接计算的模乘结果,将其与结果 c 进行比较,证实模乘运算能够正常工作。

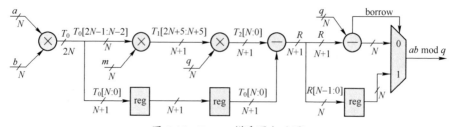

图 6-10　Barrett 模乘器电路图

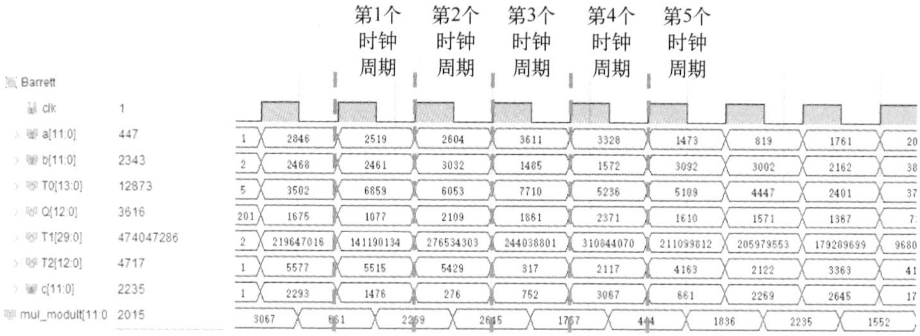

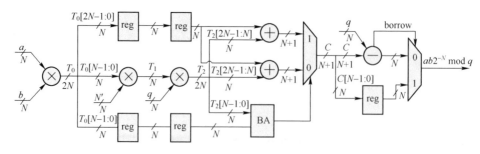

图 6-11　12 位 Barrett 模乘器仿真图

5. Montgomery 模乘器的设计与验证

Montgomery 模乘器的算法见算法 6-5，其电路图如图 6-12 所示。首先将 $a,b \in \mathbf{N}_+$，且 $0 \leqslant a,b < q$ 输入乘法器中得到乘法结果 T_0。然而，在用数字电路实现时，将数据对 2^N 求模与除以 2^N 相反，可以通过直接截取低 N 位信号获得。然后将所需的 $2N$ 位加法器拆分成两个 N 位加法器，以避免大数运算所导致的性能瓶颈。对于 $(T_0 + T_2)/2^n$，$C = T_0[2N-1:N] + T_2[2N-1:N]$ 或 $C^+ = T_0[2N-1:N] + T_2[2N-1:N]+1$。在运算时，通过 BA（Borrow Adder，进位加法器）计算出进位信号，若 BA 输出为 1，则 $T_0[N-1:0] + T_2[N-1:0] \geqslant 2^N$，输出 C^+；反之则输出 C。

图 6-12　Montgomery 模乘器电路图

如图 6-12 所示，寄存器 reg 同样用于构成流水线。12 位 Montgomery 模乘器仿真图如图 6-13 所示，在第 1 个时钟周期输入 a 与 b，结果 c 在第 6 个时钟周期得到。信号 mul_modult 为直接计算的模乘结果，由于 Montgomery 模乘的结果为 $ab2^{-N} \bmod q$，因此需要将结果进行处理再与信号 mul_modult 相比较。

Montogomery		①	②	③	④	⑤	⑥			
clk	1									
a[11:0]	1473	2	2715	1622	1619	2846	2519	2604	3611	3328	1473
b[11:0]	3092	190	247	3440	2215	2468	2461	3032	1485	1572	3092
c[11:0]	629	2	480	1696	2452	1526	1674	2962	608	2718	629
T2_wire[23:0]	5859040	6	2107257	4474176	6311784	11461747	10546272	7546843	9188040	6088741	5859040
T1[23:0]	2232417	7	9155904	505704	9837939	3087456	6936795	11258568	6690597	7771872	2232417
P[23:0]	5231616	1	544920	670605	5579680	3586085	7023928	6199259	7895328	5362335	5231616
out1[23:0]	3000	3	1696	2452	1526	1674	2962	3937	2718	3958	3000
T0[11:0]	1024	2	152	2957	928	2085	3384	2011	2336	671	1024
T2[23:0]	5859040	6	2107257	4474176	6311784	11461747	10546272	7546843	9188040	6088741	5859040
Q[11:0]	97	633	1344	1896	3443	3168	2267	2760	1829	1760	97
mul_modult[11:0]	444	1476	276	752	3057	661	2369	2645	1757	444	183

图 6-13　12 位 Montgomery 模乘器仿真图

计算：$2962 \times 2^{12} / 3329 = 1476$，$608 \times 2^{12} / 3329 = 276$，可知 Montgomery 的计算结果正确，设计无误。

6．基于 RAM 的模乘器的设计与验证

本节设计了基于 RAM 的模乘器，其核心是以 RAM 作为模 q 下的求模器，其电路图如图 6-14 所示。求模器通过将 $2N$ 位数据信号 a、b 分解成 5 个部分来实现并行求模，即 $\{ab[2N-1:7N/4]、ab[7N/4-1:6N/4]、ab[6N/4-1: 5N/4]、ab[5N/4-1:N]、ab[N-1:0]\} = ab[2N-1:0]$。$0 \leqslant ab[N-1:0] < 2^n$、$2^{n-1} < q < 2^n$，因此 mod 的功能为 $ab[N-1:0] \bmod q = ab[N-1:0]$ 或 $ab[N-1:0] - q$。

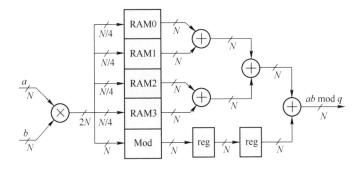

图 6-14　基于 RAM 的模乘器电路图

将 $ab[2N-1:7N/4]$、$ab[7N/4-1:6N/4]$、$ab[6N/4-1:5N/4]$、$ab[5N/4-1:N]$ 四个信号作为地址，分别送入 RAM3、RAM2、RAM1、RAM0 中。RAM 中预存计算机所计算的模运算结果。RAM 与 Mod 输出的数据通过 3 级加法器相加算出最后的结果。寄存器 reg 实现对数据的延时，以构成流水线结构。除此之外所采用的加法器都是 6.3.2 节中的流水线加法器，以满足数据位宽较大时的性能需求。

基于 RAM 的模乘器仿真图如图 6-15 所示，数据 a 与 b 在第 1 个时钟周期输入，在第 12 个时钟周期输出结果 c，与第 1 周期的信号 mul_modult 相同。较长的时钟延迟是由 3 级流水线加法器导致的，每级加法器会产生 3 个周期的时延。

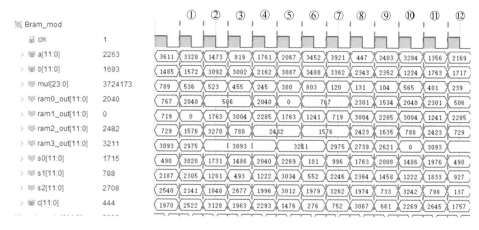

图 6-15　基于 RAM 的模乘器仿真图

7. 三种模乘器的比较分析

Ho 分别在 NTT 的 FPGA 和 ASIC 中实现了 Barrett 模乘器和 Montgomery 模乘器[37]，并对结果进行了比较，得到了 Barrett 模乘器和 Montgomery 模乘器在速度上相似，而 Barrett 模乘器在资源上消耗略少的结论。本章所提出的 Barrett 模乘器、Montgomery 模乘器和基于 RAM 的模乘器采用了流水线结构，与 Ho 的实现有所不同。因此为了比较三种模乘器在所设计结构下的性能优劣，在 Vivado Artix-7 xc7a35tftg256-1 FPGA 平台上进行综合布线，将实现结果的 LUT 消耗、最高速度和 ATP（Area Time Product，面积时间乘积）绘制为图 6-16、图 6-17 和图 6-18。此处，ATP 通过 Slice 消耗量与最大时延相乘再除 10 得到。

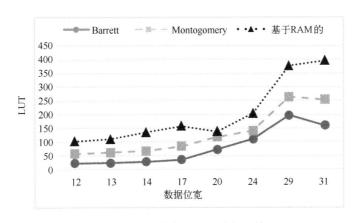

图 6-16　三种模乘器 LUT 消耗趋势图

如图 6-16 所示，在 LUT 消耗上，基于 RAM 的模乘器消耗最大，而 Barrett 模乘器消耗最小。在数据位宽为 20 时，基于 RAM 的模乘器消耗的资源有所下降是由布局布线时的优化造成的；而在数据位宽为 31 时，Barrett 模乘器与 Montgomery 模乘器消耗的资源下降则是由于 DSP 调用量变大，导致 Slice 的消耗变小造成的。总体而言，随着数据位宽的不断增大，LUT 消耗线性增大。

如图 6-17 所示，在最高速度上，基于 RAM 的模乘器占据优势，而 Barrett 模乘器与 Montgomery 模乘器的最高速度以数据位宽为 17 作为分界，小于 17 时 Barrett 模乘器速度更快；大于 17 时 Montgomery 模乘在速度上更有优势。总体而言，在最高速度上，基于 RAM 的模乘器的衰减较小，更适合大数模乘的实现。

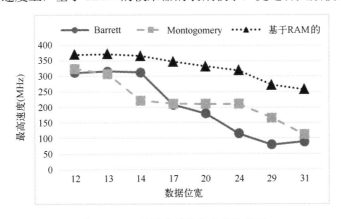

图 6-17　三种模乘器最高速度趋势图

ATP 是一个反映模块资源与性能的综合指标，ATP=Slice×Delay/10。消耗的 Slice 越少，内部最大延时越小，则 ATP 越小，整体性能更优良。三种模乘器的 ATP 趋势图如图 6-18 所示。在数据位宽大于 20 时，数据位宽越大，基于 RAM

的模乘器优势也会越来越大。因为基于 RAM 的模乘器资源开销最大的部分为 RAM，运算部分的资源开销较少，因而速度受数据位宽的影响较小。在数据位宽小于 20 时，Barrett 模乘器略有优势。

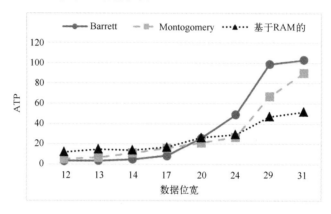

图 6-18   三种模乘器 ATP 趋势图

综上所述，就综合性能而言，基于 RAM 的模乘器有较大的优势，但其缺陷是数据位宽较大时，所消耗的存储资源会呈指数型增长；在大数据位宽的大数模乘的实现中，Montgomery 模乘器具有更大的优势。

6.3.3   可重构蝶形运算模块设计

1. 可重构模乘器设计

在可重构蝶形运算单元中，可重构模加/模减器与可重构模乘器是重中之重。可重构模加/模减器选用流水线结构模加/模减器来实现，其原因有两点：一是无须进行额外设计，对于不同模 q 下的模加/模减运算，只需更换模 q 即可，数据位宽与可选的最大模 q 一致，即 32 位；二是采用了流水线设计，能够在整个模乘器的实现中达到更高的性能。

据 6.3.2 节的结论，基于 RAM 的模乘器在性能上有显著的优势，且在可重构的设计上也更加简单。基于 RAM 的可重构模乘器电路图如图 6-19 所示。与基于 RAM 的模乘器相比，基于 RAM 的可重构模乘器有两点不同。其一，在乘法器与 RAM 中，添加了 Re_S 信号控制模块，其作用是根据 Re_q 将输入的乘法结果进行对应的处理后传输给 RAM 与 Mod。具体规则为：选取乘法结果的最低有效 $\log_2 q$ 位，并在高位添 0 补齐至 32 位输出至 Mod 中；对剩下的 $\log_2 q$ 位有效信号最高位补 0 补齐至 32 位，再每 8 位作为地址信号输出至对应 RAM 中。其二，为了节省资源，四块 RAM 采用两块双口 RAM 实现，并添加了可重构功能。在重构操作中，更新内部数据的信号 Re_Data、Re_Addr 与 Re_WE，作用分别为数据信号、地址信号和写使能控制信号。其中 Re_Addr 与 Re_S 输入的地址信号在 Re_WE 的控制下通过多路选择器选择输入。

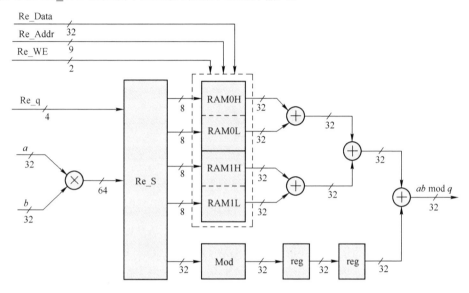

图 6-19　基于 RAM 的可重构模乘器电路图

2. 可重构蝶形运算结构设计

在多项式乘法中，除了 NTT 运算还有点乘运算，而蝶形运算结构是 NTT 的核心运算结构。因此为了充分利用硬件资源，其除进行 NTT 运算外，需要实现多项式乘法中的点乘运算。对于蝶形运算结构，目前有 3 种电路设计方法：图 6-20 所示的两种单一结构，以及图 6-21 所示的混合结构。

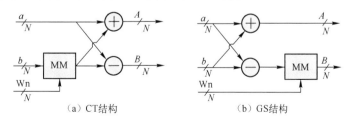

（a）CT结构　　　　　　（b）GS结构

图 6-20　两种单一蝶形运算结构

三种结构各有优劣：图 6-20（a）所示的 CT 蝶形运算结构需要将输入数据的顺序倒位序；图 6-20（b）所示的 GS 蝶形运算结构导致 NTT 的旋转因子无法

合并负包裹的预处理步骤；图 6-21 所示的 CT-GS 蝶形运算结构能够避免前两种结构的缺点，但是资源开销会显著增大。可重构蝶形运算结构采用图 6-20（a）所示 CT 结构进行设计，通过对多通道的蝶形运算结构进行优化设计，避免了 CT 倒位序输入的缺点，且无须增加额外的资源开销。

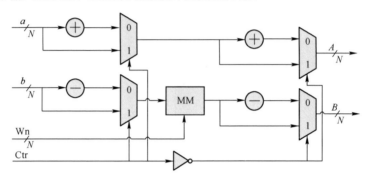

图 6-21　CT-GS 蝶形运算结构

基于 CT 结构，可重构蝶形运算结构电路图如图 6-22 所示。重构操作与 6.3.3 节中描述的相同。在进行 NTT 运算时，数据 a、b、Wn 通过寄存器 reg 对 a 进行延时参与最后的运算，蝶形运算结构从 Out_a 与 Out_b 输出。在进行点乘运算时，仅需将数据 a 置 0，则点乘运算结果从 Out_a 端口输出。

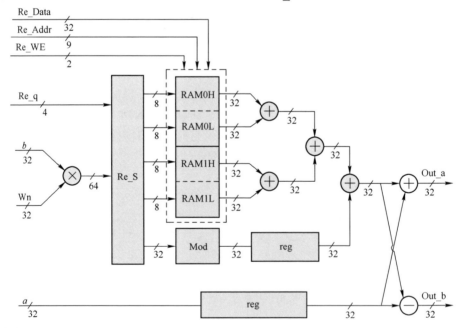

图 6-22　可重构蝶形运算结构电路图

6.3.4　数论变换功能模块设计

1. 旋转因子模块设计

旋转因子模块是 NTT 中的重要子模块，在实现中分为动态运算型旋转因子电路与静态存储型旋转因子电路。动态运算型旋转因子电路如图 6-23 所示。N 为数据位宽，n 为多项式维度。RAM0 中存储的是 $\{1, \omega_2, \omega_4, \omega_8, \cdots, \omega_n, \omega_2^{-1}, \omega_4^{-1}, \omega_8^{-1}, \cdots, \omega_n^{-1}\}$，共 $2\log_2 n + 1$ 个数据，因而数据位宽为 $\log_2(\log_2 n + 1)$。RAM1 中存储的是 $\{1, \varphi, \varphi^{-1}, n^{-1}\}$，以满足 NTT、INTT 和多项式乘法的运算需求。

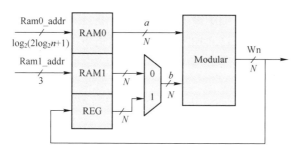

图 6-23　动态运算型旋转因子电路图

静态存储型旋转因子电路由 RAM（或 ROM）存储所有参与运算的旋转因子和相关参数。32 点旋转因子存储见表 6-4，其中 L 表示低 3 位地址，H 表示高 3 位地址。与动态型相比，静态型只花费存储资源，且主要与数据宽度 N 与多项式维度 n 相关，为 $N*3n$；动态型的资源花费主要在模乘器上，因而不同设计下的模乘器会有明显区别，需要结合整体设计选用合适的模乘器。

表 6-4　32 点旋转因子存储

Addr	L0	L1	L2	L3	L4	L5	L6	L7
H0	0	$\varphi^8 \omega_2^0$	$\varphi^4 \omega_4^0$	$\varphi^4 \omega_4^1$	$\varphi^2 \omega_8^0$	$\varphi^2 \omega_8^1$	$\varphi^2 \omega_8^2$	$\varphi^2 \omega_8^3$
H1	$\varphi^1 \omega_{16}^0$	$\varphi^1 \omega_{16}^1$	$\varphi^1 \omega_{16}^2$	$\varphi^1 \omega_{16}^3$	$\varphi^1 \omega_{16}^4$	$\varphi^1 \omega_{16}^5$	$\varphi^1 \omega_{16}^6$	$\varphi^1 \omega_{16}^7$
H2	0	ω_2^{-0}	ω_4^{-0}	ω_4^{-1}	ω_8^{-0}	ω_8^{-1}	ω_8^{-2}	ω_8^{-3}
H3	ω_{16}^{-0}	ω_{16}^{-1}	ω_{16}^{-2}	ω_{16}^{-3}	ω_{16}^{-4}	ω_{16}^{-5}	ω_{16}^{-6}	ω_{16}^{-7}
H4	n^{-1}	$n^{-1}\varphi^{-1}$	$n^{-1}\varphi^{-2}$	$n^{-1}\varphi^{-3}$	$n^{-1}\varphi^{-4}$	$n^{-1}\varphi^{-5}$	$n^{-1}\varphi^{-6}$	$n^{-1}\varphi^{-7}$
H5	$n^{-1}\varphi^{-8}$	$n^{-1}\varphi^{-9}$	$n^{-1}\varphi^{-10}$	$n^{-1}\varphi^{-11}$	$n^{-1}\varphi^{-12}$	$n^{-1}\varphi^{-13}$	$n^{-1}\varphi^{-14}$	$n^{-1}\varphi^{-15}$
H6	$n^{-1}\varphi^{-16}$	$n^{-1}\varphi^{-17}$	$n^{-1}\varphi^{-18}$	$n^{-1}\varphi^{-19}$	$n^{-1}\varphi^{-20}$	$n^{-1}\varphi^{-21}$	$n^{-1}\varphi^{-22}$	$n^{-1}\varphi^{-23}$
H7	$n^{-1}\varphi^{-24}$	$n^{-1}\varphi^{-25}$	$n^{-1}\varphi^{-26}$	$n^{-1}\varphi^{-27}$	$n^{-1}\varphi^{-28}$	$n^{-1}\varphi^{-29}$	$n^{-1}\varphi^{-30}$	$n^{-1}\varphi^{-31}$

2. 地址生成模块设计

在 NTT 单元中，控制信号由状态机输出，而状态机状态的转移则由地址运算模块进行控制。除此之外，蝶形运算单元只进行数据的运算，因此地址生成模块还需承担配合蝶形运算的功能。根据算法 6-3，地址生成模块共工作 5 次，2 次 NTT、1 次 INTT 与 2 次模下点乘运算。因为在实现上，NTT 与 INTT 仅有旋转因子与最后数据处理的不同，所以将 INTT 的蝶形运算部分与逆元点乘部分作为两部分来实现，即将其简化成 3 次 NTT 运算与 2 次模下点乘运算。

地址生成模块需要输出地址信号有数据的读地址信号 addr_iram、写地址信号 addr_oram 和旋转因子的地址信号 wn_addr。根据算法 6-2 多通道 NTT 算法，读地址 addr_iram 按照递增顺序输出 a 端口地址$\{0, 1, 2, \cdots, n/2-1\}$与 b 端口地址 $\{n/2, n/2+1, n/2+2, \cdots, n-1\}$（1024 点在 4 通道下的维度 n 为 256）；写地址 addr_oram 按照加 2 递增顺序输出 A 端口地址$\{0, 2, 4, \cdots, n-2\}$与 B 端口地址$\{1, 3, 4, \cdots, n-1\}$，且 addr_oram 需要延时数据运算所花费的时钟周期输出；wn_num 地址从 1 开始，根据运算需求送出对应的旋转因子或逆元的对应地址。

地址生成模块在接收 i_sta 信号后开始工作，见算法 6-6。地址生成模块内部有状态控制信号；基本信号有 num、round、addr_num。状态控制信号指示地址生成器是否正在工作，以及读数据地址是否正在输出。num 作为计数器，计数每一轮蝶形运算的运算周期，在运算结束时输出相应的轮结束信号 round_fin，并清 0 准备下一轮的计数。round 作为轮计数器，每经过一轮蝶形运算加 1，当 NTT 完成时清 0，输出 o_fin 结束信号。addr_num 为数据地址信号，每个时钟周期加 1。旋转因子地址信号从 1 开始，每轮结束后左移 1 位。

算法 6-6：NTT 地址生成算法

输入：start

输出：num、addr_num、wn_addr

---

1. **If** (i_sta){
2.   num = 0; addr_num = 0; wn_addr = 1;
3.   **While** (!o_fin){
4.   num++; addr_num++;
5.   **If** (round_fin){
6.   wn_addr = wn_addr << 1;
7.   num = 0;}}
8. **If** (o_fin){
9.   num = 0; addr_num = 0; wn_addr = 1;}

10. **If** ((addr_num == N_cal)&&(round == N_round))

11.　　 o_fin = 1;

12. **Else**

13. o_fin = 0;

数据的读地址信号分为两个端口：读 A 端口与读 B 端口，读 A 端口直接由 addr_num 赋值得到，读 B 端口由 addr_num 加上 $n/2$ 得到。写地址同样分为写 A 端口与写 B 端口，首先将 addr_num 通过寄存器延时，再左移 1 位，低位补零一路赋值给写 A 端口，另一路加 1 赋值给写 B 端口。对于四通道的 NTT，同时需要四个旋转因子，因此需要四路旋转因子地址信号 wn_addr，即 wn_addr_0a、wn_addr_0b、wn_addr_1a、wn_addr_1b。在计算 NTT 时，四路地址信号 wn_addr 都由 wn_num+temp 得到，$0 \leqslant \text{temp} < 2^{\text{round}-2}$，每个时钟周期 temp 会加 1 直到该轮运算完毕；在计算逆元的模下点乘时，地址生成模块收到的控制信号 PM 为 3，令 wn_addr=br(wn_num)，通过将 wn_addr 额外添加一位最高位 1，即 {1'd1,wn_addr}，从而实现对不同位置数据的读取。

3. 输入/输出与状态机模块设计

在格密码中，NTT 是应用于多项式乘法的运算，因此在状态机实现时，需要实现整个多项式乘法，并在多项式乘法中多次调用 NTT 单元。NTT 的工作较为简单，因此通过地址生成模块进行控制。状态机通过控制信号控制负包裹卷积多项式乘法的实现。图 6-24 为多项式乘法状态转移图。状态机采用两段式法编写，而输入/输出模块只涉及简单的信号控制，因此将其与状态机模块合并设计。

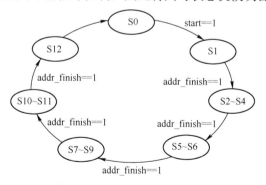

图 6-24　多项式乘法状态转移图

图 6-24 中开始信号 start 由外部提供。在提供 start 信号前，应先完成整个可重构 NTT 单元的设置与相应 RAM 中数据的更新。addr_finish 信号由地址生成模块供给，表示 NTT 运算、INTT 运算和模乘运算的完成。

S0 表示初始状态。此状态完成对地址生成模块、旋转因子模块和输入/输出的初始化设置，并且等待重构操作的完成，即相应设置和数据的更新。当状态机被提供一个时钟周期的 start 信号的脉冲信号时，进入 S1 状态。

S1 状态完成 NTT(a)的运算。S2～S4 状态完成 NTT(b)的运算。S5～S6 状态完成 NTT(a)与 NTT(b)的模内点乘运算得到 C。S7～S9 状态对模乘结果进行 INTT(C)运算。S10～S11 状态对 INTT(C)的结果完成最后一步的逆元模乘运算，得到多项式乘法结果 c。S12 状态结束所有的操作。

在一个状态的开始时，状态机会向地址生成模块发送脉冲信号 addr_start，开始地址生成模块的计数，而控制信号 PM[1:0]用以改变模式。在计数结束时，状态机接收控制信号反馈的脉冲信号 addr_finish，并转移到下一个状态。

在 S1、S2～S4、S7～S9 状态中，状态机在每轮蝶形运算结束后会接收到输入地址取反 in_addr_f 信号，此时将外部读/写 RAM 进行交换，存储器输入/输出信号 ram_order[0]取反，NTT 单元从另一组 RAM 中读上一轮的运算结果，向原读数据的 RAM 中写数据；读/写信号 IO_we[1:0]取反。IO_we 四位从低到高分别代表 RAM0 的 a 端口与 b 端口和 RAM1 的 a 端口和 b 端口的读/写控制信号。因为读/写地址存在时钟的延迟，故设置 addr_order 控制 RAM 读/写地址的输出：当 addr_order 为 0 时，向 RAM0 中输送写地址，向 RAM1 中输送读地址；当 addr_order 为 1 时，则向 RAM1 中输送写地址。

对于 ram_order[1:0]信号，从 0～3 四个值分别表示从 RAM0 读数据，向 RAM1 写数据；从 RAM1 中读数据，向 RAM0 中写数据；从 RAM1 中读数据，向 RAM0a（RAM0 的 a 端口）中写数据；从 RAM0 中读数据，向 RAM1a 中写数据。

S5 与 S10～S11 状态中，因为在不同参数下，蝶形运算的轮数会不同，最终结果存储的 RAM 也不同，见表 6-5。状态开始时，状态机会根据参数不同输出 ram_order 为 2 或 3。初始数据存储都在 RAM0 中，在 n 为 256 或 1024 时，分别进行 8 轮或 10 轮运算，而最终的 NTT 结果也会存储在 RAM0 中；当 n 为 512 或 2048 时，分别进行 9 轮与 11 轮运算，最终的 NTT 结果都会存储在 RAM1 中。在 S5 时，PM 为 1；而 S10～S11 时，PM 为 3。

表 6-5 RAM 数据位置变化表

多项式维度	初始位置	NTT(a)的位置	NTT(b)的位置	Mul AB 的位置	INTT(AB)的位置	c 的位置
256	RAM0	RAM0a	RAM0b	RAM1a	RAM1a	RAM0a
512	RAM0	RAM1a	RAM1b	RAM0a	RAM1a	RAM0a
1024	RAM0	RAM0a	RAM0b	RAM1a	RAM1a	RAM0a
2048	RAM0	RAM1a	RAM1b	RAM0a	RAM1a	RAM0a

6.3.5　可重构数论变换设计

1．多通道蝶形运算架构设计

为了实现更高的吞吐量，以高性能为目标，多通道蝶形运算架构依照算法 6-3 采用多通道设计，并优化多通道架构和存储方法。多通道蝶形运算架构数据流动图如图 6-25 所示。多通道蝶形运算架构采用 4 通道蝶形单元，为了实现 4 通道蝶形运算模块的最大吞吐量，需要 8 块双口 RAM 以满足其读/写需求，从 4 块读 RAM 的 8 个端口读取数据输入到 4 个 BAU 中，再将输出的 8 路数据与 4 块写 RAM 的 8 个端口相连接。

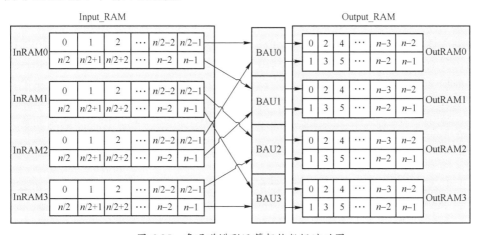

图 6-25　多通道蝶形运算架构数据流动图

读取规则：原数据按照顺序分成四部分存入 Input_RAM 中，并依照顺序递增的地址，从存入数据的首部 0 处（a 端口输出）与中部 $n/2$ 处（b 端口输出），读取数据送入 BAU 进行运算。InRAM0 的端口 a、b 分别与 BAU0 的 a 输入端口、BAU1 的 a 输入端口相连；InRAM1 的端口 a、b 分别与 BAU2 的 a 输入端口、BAU3 的 a 输入端口相连；InRAM2 的端口 a、b 分别与 BAU0 的 b 输入端口、BAU1 的 b 输入端口相连；InRAM3 的端口 a、b 分别与 BAU2 的 b 输入端口、BAU1 的 b 输入端口相连。

写入规则：将 BAU 组的输出端口 0a、0b、1a、1b、2a、2b、3a、3b 与 Output_RAM 的 0a、0b、1a、1b、2a、2b、3a、3b 相连接。4 块 OutRAM 的写入地址相同，分别为 a 端口（$0,2,4,\cdots,n-2$）与 b 端口（$1,3,5,\cdots,n-1$），见 6.3.4 节。

当计算模乘时，将 Input_RAM 的 a 输入端口与 BAU 的 Wn 输入端口相连，b 端口保持不变，BAU 的 a 输入端口置零，则可从 BAU 的 a 输出端口得到模乘运算的结果并存入 Output_RAM 的 a 输入端口中。

依照写入与写出规则，以 8 点 NTT 为例，每轮结果见表 6-2。原始多项式数据为 x_0，顺序存储在 RAM 中，经过 3 轮运算，其 NTT 结果为 X，按照顺序存储在 RAM 中；对 X 按照同样的规则实施 INTT，则会得到顺序存储的 x_0。多通道蝶形运算架构使得原始数据、NTT 和 INTT 的结果数据都以顺序的方式存储在 RAM 中。

综上所述，采用本多通道架构的 NTT 有两点优势：

（1）采用 DIT 的蝶形运算单元可以将负包裹卷积中预处理的步骤与 NTT 进行合并，简化了多项式乘法的实现；

（2）本架构避免多项式乘法的结果数据顺序发生变化，有利于外部处理器对本 NTT 单元的运算结果进行调用。

多通道的蝶形运算架构优化了数据顺序，但是在旋转因子的存储顺序上变得更加复杂。对于 4 通道的蝶形运算模块，需要同时提供 4 个旋转因子参与计算，因而需要两块双口 RAM 存储旋转因子以满足运算需求。NTT 及 INTT 的运算有 $\log_2 n$ 轮，对于第 1 轮到第 $\log_2 n-2$ 轮，输出的四个旋转因子相同，因而输入的地址信号和旋转因子的存储位置相同；在第 $\log_2 n-1$ 轮，输出的四个旋转因子分为两种，但在 BAU 的运算过程中，每个 RAM 都需要提供所有的旋转因子，因此需要存储本轮的全部旋转因子；在第 $\log_2 N$ 轮，输出四种不同的旋转因子，因此根据 BAU 需求，两个双口 RAM 中只需各存储本轮一半的旋转因子即可。

4 通道 16 点旋转因子存储见表 6-6，L 代表低 3 位地址，0H0 三个字符分别代表 RAM0、高 2 位、地址为 0：在地址 0 处填 0，以方便旋转因子的基础地址从 1 开始，每运算完一轮左移一位即可进行下一轮旋转因子的读取。对于 NTT 第 1 轮到第 $\log_2 n-1$ 轮的旋转因子，每轮按照倒位序的顺序从低到高存储在 RAM0 与 RAM1 中，并乘以 $\varphi^{\frac{n}{2i}}$，i 为轮数；对于第 $\log_2 n$ 轮的旋转因子，按照倒位序排列后，前半部分存储在 RAM0 中，后半部分存储在 RAM1 中，并乘以 $\varphi^{n/2}$；再将剩余位置填 0，补齐至地址 $N-1$。而对于 INTT 的旋转因子，存储方式与 NTT 相同，旋转因子不需乘以 φ，地址从 n 开始，至 $2n-1$ 结束。对于逆元的存储，地址从 $2n$ 开始，至 $2.5n-1$ 结束，以 $N^{-1}\varphi^k$（$0 \leqslant k < N, k \in N$）的顺序，前半部分存入 RAM0 中，后半部分存入 RAM1 中。

2．可重构数论变换单元设计

完成了多通道蝶形运算架构设计后，可重构多通道 NTT 单元由蝶形运算模块组（BAUs）、输入/输出状态机（IO_FSM）、地址生成器（ADDR）、旋转因子模块（Wn_RAMs）和两块外部存储器组（Four_RAMs_0 与 Four_RAMs_1）组成，如图 6-26 所示。由于 NTT 在格密码中只应用于多项式乘法中，且现有文献都是将多项式乘法的 NTT 实现作为一个整体进行分析的，因此可重构 NTT 单元返回输入多项式 a 与 b 的乘法结果。

表 6-6　4 通道 16 点旋转因子存储

Addr	L0	L1	L2	L3	L4	L5	L6	L7
0H0	0	$\varphi^8\omega_2^0$	$\varphi^4\omega_4^0$	$\varphi^4\omega_4^1$	$\varphi^2\omega_8^0$	$\varphi^2\omega_8^2$	$\varphi^2\omega_8^1$	$\varphi^2\omega_8^3$
0H1	$\varphi^1\omega_{16}^0$	$\varphi^1\omega_{16}^2$	$\varphi^1\omega_{16}^4$	$\varphi^1\omega_{16}^6$	0	ω_2^{-0}	ω_4^{-0}	ω_4^{-1}
0H2	ω_8^{-0}	ω_8^{-2}	ω_8^{-1}	ω_8^{-3}	ω_{16}^{-0}	ω_{16}^{-2}	ω_{16}^{-4}	ω_{16}^{-6}
0H3	$n^{-1}\varphi^{-0}$	$n^{-1}\varphi^{-2}$	$n^{-1}\varphi^{-4}$	$n^{-1}\varphi^{-6}$	$n^{-1}\varphi^{-8}$	$n^{-1}\varphi^{-10}$	$n^{-1}\varphi^{-12}$	$n^{-1}\varphi^{-14}$
1H0	0	$\varphi^8\omega_2^0$	$\varphi^4\omega_4^0$	$\varphi^4\omega_4^1$	$\varphi^2\omega_8^0$	$\varphi^2\omega_8^2$	$\varphi^2\omega_8^1$	$\varphi^2\omega_8^3$
1H1	$\varphi^1\omega_{16}^1$	$\varphi^1\omega_{16}^5$	$\varphi^1\omega_{16}^3$	$\varphi^1\omega_{16}^7$	0	ω_2^{-0}	ω_4^{-0}	ω_4^{-1}
1H2	ω_8^{-0}	ω_8^{-2}	ω_8^{-1}	ω_8^{-3}	ω_{16}^{-1}	ω_{16}^{-5}	ω_{16}^{-3}	ω_{16}^{-7}
1H3	$n^{-1}\varphi^{-1}$	$n^{-1}\varphi^{-3}$	$n^{-1}\varphi^{-5}$	$n^{-1}\varphi^{-7}$	$n^{-1}\varphi^{-9}$	$n^{-1}\varphi^{-11}$	$n^{-1}\varphi^{-13}$	$n^{-1}\varphi^{-15}$

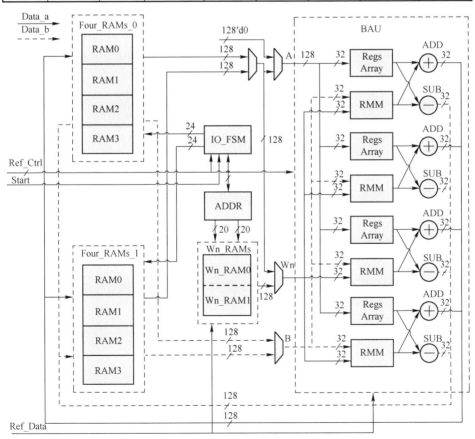

图 6-26　可重构多通道 NTT 单元结构图

可重构多通道 NTT 单元运算负包裹卷积的多项式乘法的工作方式见算法 6-2，共分为 6 步：

（1）可重构设置：Ref_Ctrl 信号设置多项式维度 n 和模 q，配置可重构模乘器 RMM 内部乘法结果的分配路径和 ADDR 模块的相应参数。Ref_Data 信号包含写控制信号、地址信号和数据信号。在 NTT 单元工作前，每当改变多项式维度 n 与模 q 都需要对 Wn_RAMs 和 BAUs 中 RAM 存储的数据进行更新。

（2）多项式 a 与 b 的存储：将多项式 a 与 b 分别顺序分为 L0、L1、H0、H1 四个部分，长度为 $n/4$，再按顺序分别存入 Four_RAMs_0 的 RAM0、RAM1、RAM2、RAM3 的低地址与高地址部分。

（3）多项式 a 与 b 的 NTT：当 IO_FSM 模块接收到 Start 信号后开始多项式乘法运算。多项式 a 与 b 的 NTT 方式相同。以 a 为例，IO_FSM 模块控制 ADDR 模块生成地址信号，提供给三个 RAM 组 Four_RAMs_0、Four_RAMs_1 与 Wn_RAMs，从 Four_RAMs_0 中读取多项式 a 进行 NTT，第一轮结果存入 Four_RAMs_1 中，将两组 RAM 交换读/写进行下一轮运算，如此往复直至 NTT 运算完毕，最终的结果根据轮数的不同存入不同的 RAM 组中。若轮数 $\log_2 n$ 为偶数，则存入 Four_RAMs_0 的低半地址中；若为奇数，则存入 Four_RAMs_1 低半地址中。

（4）多项式 a 与 b 的模乘运算：从对应组 RAM 中取出多项式 a 与 b 的 NTT 结果，多项式 a 通过 BAUs 的旋转因子输入端 Wn 输入，多项式 b 从 BAUs 的 B 端口输入，而 A 端口置 0，得到的结果存入另一组 RAM 的低地址位置。

（5）模乘结果 C 的 INTT 蝶形运算：将模乘运算的结果从一组 RAM 中取出，其工作方式与 NTT 相同，每轮蝶形运算完毕后将两组 RAM 进行读/写交换，直到 INTT 的蝶形运算部分运算完毕。

（6）INTT 结果的后处理：将 INTT 的蝶形运算结果从 RAM 组中取出，通过 BAUs 的 B 端口送入 BAUs，而逆元则由地址生成模块 ADDR 生成逆元地址至 Wn_RAMs 中，通过 Wn 端口送入 BAU 参与运算，并将结果存入 RAM 的低半地址部分。若轮数 $\log_2 n$ 为偶数，则最终结果置于 Four_RAMs_0；若为奇数，则置于 Four_RAMs_1 低半地址中。

6.4 硬件实现结果

可重构多通道数论变换单元在 Xilinx Artix-7（xca35tftg256）FPGA 上进行了原型验证。对于不同的参数，该设计消耗相同的资源（3884 个 LUT、1444 个 Slice、16 个 DSP 和 24 个 BRAM），通过更新设置信号、旋转因子模块和 RAM

数据实现可重构功能。多项式乘法的实现结果见表 6-7，通过采用 ATP=Slice×时延，来综合反映硬件实现的性能，从而进行可靠的对比。

表 6-7　多项式乘法的 NTT 实现性能对比表

方案	n	q 位数	LUT	Slice	BRAM (36Kbit)	DSP	最高频率 (MHz)	周期数	时延 (μs)	ATP (×10^5)
文献[3]提出的 NTT	1024	30	2317	997	11.5	4	194	21405	110.34	1.100
文献[3]提出的 NTT	2048	57	3846	1310	22.5	16	161	45453	282.32	3.698
文献[7]提出的 FFT	2048	22	—	4406	50	12	208.12	17402	83.62	3.684
文献[9]提出的 NTT	2048	57	—	2829	35	16	185.2	6806	36.75	1.040
文献[19]提出的 NTT	512	23	—	18K	2.5	128	233.1	412	1.77	0.319
文献[29]提出的 NTT	1024	14	2832	1381	10	8	150	2616	17.44	0.241
可重构多通道数论变换单元的 NNT 实现	256	32	3884	1444	24	16	232.3	1627	7.00	0.101
	512							2798	12.04	0.174
	1024							5251	22.60	0.326
	2048							10455	46.32	0.669

Pöppelmann 所提出的负包裹卷积的多项式乘法实现了经典 NTT[3]，在多项式维度为 1024 与 2048 时，可重构多通道数论变换单元的 ATP 分别为其三分之一与五分之一，具有显著优势；相较于 Chen 采用 FFT 计算负包裹卷积多项式乘法的实现方案[7]，可重构多通道数论变换单元在资源与速度及 ATP 上明显更优。

Du[9]与 Feng[19]都采用了预存常数多项式 a 的 NTT 结果来缩短多项式乘法的运算时间，但此优化只能用于 Ring-LWE 方案中，对格密码并不具备普适性。相比较而言，可重构多通道数论变换单元的 ATP 更小，且具备可重构、支持多种安全参数的功能。而与 Feng 提出的多通道 NTT 实现[19]相比，本章提出的多通道 NTT 架构采用 4 通道，时间复杂度为$(1.5n\log_2 n+2n)/4$ 个时钟周期，而 16 通道 NTT[19]为$(n\log_2 n+2n)/16$ 个时钟周期。在多项式维度为 512 时，16 通道 NTT 设计[2]多消耗了约 12 倍的资源，而 ATP 为 1.8 倍。同为多通道设计，本章所提出的可重构 NTT 单元具备明显的性能优势。

Kuo 在 NewHope 实现的 NTT[29]中，一次 NTT 花费 2616 个时钟周期，因此采用 ATP=Slice×NTT 时延=1381×17.44=0.241×10^5。而可重构多通道数论变换单元在多项式维度为 1024 时的 NTT 花费 1561 个时钟周期，延迟为 6.71μs，对应 ATP=0.093，小于 Kuo 所提出方案[29]的一半。

综上所述，与相关文献中的方案比较，本章所提出的可重构多通道 NTT 具有最小的 ATP 与最优的综合性能，在应用上具有显著的价值。

参 考 文 献

[1] 周福才, 徐剑. 格理论与密码学 [M]. 北京: 科学出版社, 2013.

[2] 芮康康, 王成华, 范赛龙, 等. 一种高性能 R-LWE 格加密算法的电路结构及其 FPGA 实现 [J]. 数据采集与处理, 2019, 34(4): 689-696.

[3] PÖPPELMANN T, GÜNEYSU T. Towards efficient arithmetic for lattice-based cryptography on reconfigurable hardware[C]// Progress in Cryptology－LATINCRYPT. October 7-10, 2012, Santiago, Chile: Springer Berlin Heidelberg,, 2012: 139-158.

[4] GÖTTERT N, FELLER T, SCHNEIDER M, et al. On the design of hardware building blocks for modern lattice-based encryption schemes[C]// Cryptographic Hardware and Embedded Systems －CHES 2012: 14th International Workshop. September 9-12, 2012, Leuven, Belgium: Springer Berlin Heidelberg, 2012: 512-529.

[5] AYSU A, PATTERSON C, SCHAUMONT P. Low-cost and area-efficient FPGA implementations of lattice-based cryptography[C]//2013 IEEE international symposium on hardware-oriented security and trust (HOST). 2013, Austin, TX, USA: IEEE, 2013: 81-86.

[6] RENTERÍA-MEJÍA C P, VELASCO-MEDINA J. Hardware design of an NTT-based polynomial multiplier[C]// 2014 IX Southern Conference on Programmable Logic (SPL). 2014, Buenos Aires, Argentina: IEEE, 2014: 1-5.

[7] CHEN D D, MENTENS N, VERCAUTEREN F, et al. High-speed polynomial multiplication architecture for ring-LWE and SHE cryptosystems[J]. IEEE Transactions on Circuits and Systems I: Regular Papers, 2014, 62(1): 157-166.

[8] DU C, BAI G. Towards efficient polynomial multiplication for lattice-based cryptography[C]// 2016 IEEE International Symposium on Circuits and Systems (ISCAS). 2016, Montreal, QC, Canada: IEEE, 2016: 1178-1181.

[9] DU C, BAI G, WU X. High-speed polynomial multiplier architecture for ring-LWE based public key cryptosystems[C]// Proceedings of the 26th Edition on Great Lakes Symposium on VLSI. 2016: GLSVLSI:9-14.

[10] ALKIM E, DUCAS L, PÖPPELMANN T, et al. Post-quantum key exchange-a new hope[C]// USENIX security symposium. August 10-12, Austin, TX: USENIX: 2016.

[11] XING Y, LI S. An efficient implementation of the newhope key exchange on FPGAs[J]. IEEE Transactions on Circuits and Systems I.Regular Papers, 2019, 67(3): 866-878.

[12] ODER T, GÜNEYSU T. Implementing the newhope-simple key exchange on low-cost FPGAs[C]// Progress in Cryptology－LATINCRYPT 2017: 5th International Conference on Cryptology and Information Security in Latin America. September 20－22, 2017, Havana,

Cuba: Springer International Publishing, 2019: 128-142.

[13] PEDROUZO-ULLOA A, TRONCOSO-PASTORIZA J R, PÉREZ-GONZÁLEZ F. Number theoretic transforms for secure signal processing[J]. IEEE Transactions on Information Forensics and Security, 2017, 12(5): 1125-1140.

[14] FENG X, LI S. Design of an area-effcient million-bit integer multiplier using double modulus NTT[J]. IEEE Transactions on Very Large Scale Integration (VLSI) Systems, 2017, 25(9): 2658-2662.

[15] LIU D, ZHANG C, LIN H, et al. A resource-efficient and side-channel secure hardware implementation of ring-LWE cryptographic processor[J]. IEEE Transactions on Circuits and Systems I, 2018, 66(4): 1474-1483.

[16] YE J H, SHIEH M D. High-performance NTT architecture for large integer multiplication[C]// 2018 International Symposium on VLSI Design, Automation and Test (VLSI-DAT). 2018, Hsinchu, Taiwan: IEEE, 2018: 1-4.

[17] BANERJEE U, UKYAB T S, CHANDRAKASAN A P. Sapphire: A configurable crypto-processor for post-quantum lattice-based protocols[J]. arXiv preprint arXiv, 2019, 1910.07557.

[18] RENTERÍA-MEJÍA C P, VELASCO-MEDINA J. Lattice-based cryptoprocessor for CCA-secure identity-based encryption[J]. IEEE Transactions on Circuits and Systems I, 2020, 67(7): 2331-2344.

[19] FENG X, LI S, XU S. RLWE-oriented high-speed polynomial multiplier utilizing multi-lane stockham NTT algorithm[J]. IEEE Transactions on Circuits and Systems Ⅱ, 2019, 67(3): 556-559.

[20] CHEN Z, MA Y, CHEN T, et al. Towards efficient kyber on FPGAs: a processor for vector of polynomials[C]// 2020 25th Asia and South Pacific Design Automation Conference (ASP-DAC).2020, Beijing, China: IEEE, 2020: 247-252.

[21] KIM S, LEE K, CHO W, et al. Hardware architecture of a number theoretic transform for a bootstrappable RNS-based homomorphic encryption scheme[C]// 2020 IEEE 28th Annual International Symposium on Field-Programmable Custom Computing Machines (FCCM).2020, Fayetteville, AR, USA: IEEE, 2020: 56-64.

[22] ZHANG N, QIN Q, YUAN H, et al. NTTU: An area-efficient low-power NTT-uncoupled architecture for NTT-based multiplication[J]. IEEE Transactions on Computers, 2019, 69(4): 520-533.

[23] DU C, BAI G, CHEN H. Towards efficient implementation of lattice-based public-key encryption on modern CPUs[C]// 2015 IEEE Trustcom/BigDataSE/ISPA.2015, Helsinki, Finland: IEEE, 2015, 1: 1230-1236.

[24] XIN G, HAN J, YIN T, et al. VPQC: A domain-specific vector processor for post-quantum

cryptography based on RISC-V architecture[J]. IEEE transactions on circuits and systems I, 2020, 67(8): 2672-2684.

[25] GUPTA N, JATI A, CHAUHAN A K, et al. PQC acceleration using gpus: frodokem, newhope, and kyber[J]. IEEE Transactions on Parallel and Distributed Systems, 2020, 32(3): 575-586.

[26] 李国栋. 基于数论变换的捕获单元 ASIC 设计与实现[D]. 成都: 电子科技大学, 2014.

[27] 宋鹏飞. NTT 处理器的研究与实现[D]. 哈尔滨: 哈尔滨工业大学, 2018.

[28] 孙琦, 郑德勋, 沈仲琦. 快速数论变换[M]. 北京: 科学出版社, 2016.

[29] KUO P C, LI W D, CHEN Y W, et al. High performance post-quantum key exchange on FPGAs[J]. Cryptology ePrint Archive, 2017, Paper 2017/690.

[30] VALENCIA F, KHALID A, O'SULLIVAN E, et al. The design space of the number theoretic transform: a survey[C]//2017 International Conference on Embedded Computer Systems: Architectures, Modeling, and Simulation (SAMOS). 2017, Pythagorion, Greece: IEEE, 2017: 273-277.

[31] NEJATOLLAHI H, DUTT N, RAY S, et al. Post-quantum lattice-based cryptography implementations: a survey[J]. ACM Computing Surveys (CSUR), 2019, 51(6): 1-41.

[32] FENG X, LI S. Accelerating an FHE integer multiplier using negative wrapped convolution and ping-pong FFT[J]. IEEE Transactions on Circuits and Systems II, 2018, 66(1): 121-125.

[33] MONTGOMERY P L. Modular multiplication without trial division[J]. Mathematics of Computation, 1985, 44(170): 519-521.

[34] PRASAD C V S, RAVI S. Multi-core processor for montgomery modular multiplier algorithm of carry save adder[C]//2016 International Conference on Electrical, Electronics, and Optimization Techniques (ICEEOT). 2016, Chennai, India: IEEE, 2016: 4952-4957.

[35] DAI W, CHEN D D, CHEUNG R C C, et al. Area-time efficient architecture of FFT-based montgomery multiplication[J]. IEEE Transactions on Computers, 2016, 66(3): 375-388.

[36] CHEN D D, YAO G X, CHEUNG R C C, et al. Parameter space for the architecture of FFT-based montgomery modular multiplication[J]. IEEE Transactions on Computers, 015, 65(1): 147-160.

[37] HO T P T, CHANG C H. Towards ideal lattice-based cryptography on ASIC: a custom implementation of number theoretic transform[EB/OL].[2022-4-3] https://dr.ntu.edu.sg/handle/10356/145855.

第7章

可重构 Ring-LWE 密码处理器

Lyubashevsky 和 Peikert 等人首次提出了一种基于 Ring-LWE 问题设计的公钥加密方案[1]，有效缓解了 LWE 公钥加密方案中巨大的密钥长度而带来的存储难题，降低了硬件实现成本。同时，Ring-LWE 公钥加密方案将运算域定义在了整数多项式环上，支持更灵活的安全参数选取，有更高的运算性能且适用于不同需求的应用场景。由于存在上述优势，基于 Ring-LWE 问题构建的格密码方案成为 NIST 征集的 PQC 标准中的研究焦点之一。Lyubashevsky 和 Peikert 所提出的 Ring-LWE 公钥加密方案是一种重要且通用的原语（Primitive），其他与 Ring-LWE 问题相关的格密码方案也与之有相似的运算步骤和数据流。因此，在目前 PQC 标准与相关安全参数还未完全确定的情况下，可以以 Ring-LWE 公钥加密方案的硬件实现研究为基础，设计灵活通用的电路结构，以实现具有不同安全参数、不同运算流程的 Ring-LWE 格密码方案。

7.1 数据通路与数据存储方案设计

本节将结合 NTT 对 Ring-LWE 公钥加密方案的运算流程进行优化设计，分析具体的运算步骤和数据流，并基于模运算单元和高斯采样器完成数据通路和数据存储方案的设计。

7.1.1 Ring-LWE 公钥加密方案的运算流程优化设计

算法 7-1 中给出了 Ring-LWE 公钥加密方案的密钥生成、加密和解密的具体运算流程。其中，$R_q = \mathbb{Z}_q[x]/(x^n+1)$ 为整数多项式环；D_σ 为 $\mathbb{Z}_q$ 上的离散高斯分布，均值为 0，标准差为 σ；模数 q 为素数且满足 $q \equiv 1 \mod 2n$，n 为多项式的次数；编码函数 $f(m)$ 实现数据域的转换，满足 $\bar{m} = f(m) = (q-1) \cdot m/2$，将输入信息的取值范围从[0, 1]转变到[0, q-1]；解码函数 $f^{-1}(m')$ 是 $f(m)$ 的逆运算，如果 $m' < (q-1)/4$ 或 $m' > (3q-3)/4$ ， $f^{-1}(m') = 0$ ，否则 $f^{-1}(m') = 1$ 。

算法 7-1：Ring-LWE——基于公钥加密体系

输入：整数 n 、整数 q 、实数 s 均大于 0

1. **密钥生成**：从 D_σ 中选择两组多项式 $r_1, r_2 \in R_q$ ，并计算 $p = r_1 - a \cdot r_2$ 。得到的 (a, p) 作为**公钥**， r_2 作为**私钥**。而多项式 r_1 是一组简单的干扰，在密钥生成后被丢弃。

2. **加密**：首先将消息 m 编码为 $\bar{m} = f(m) \in R_q$ ，并从 D_σ 中采样得到三组多项式 $e_1, e_2, e_3 \in R_q$ 。最终得到由两组多项式 $c_1 = a \cdot e_1 + e_2$ 与 $c_2 = p \cdot e_1 + e_3 + \bar{m}$ 组成的**密文**。

3. **解密**：计算 $m' = c_1 \cdot r_1 + c_2 \in R_q$ ，并对 m' 进行解密 $f^{-1}(m')$ 得到**原始消息** m 。

对于 Ring-LWE 公钥加密方案的安全参数 (n, q, s) ，Lindner 和 Peikert 首先提出了三组分别对应着低、中和高安全级别的安全参数(192, 4093, 8.87)、(256, 4093, 8.35)和(320, 4093, 8.00)，并证明了中等安全级别的安全参数与对称密码算法 AES-128 有接近的密钥强度[2]；在此之后，给出了更为实际、更易硬件实现的安全参数(256, 7681, 11.31)[3]，其主要的优点在于满足 $q \equiv 1 \bmod 2n$ ，更易使用 NTT 来加速多项式模乘运算，这也是对 Ring-LWE 公钥加密方案进行硬件实现研究中最重要的一组安全参数。Ring-LWE 公钥加密方案安全参数(256, 7681, 11.31)及其对应的安全性指标见表 7-1。

表 7-1　Ring-LWE 公钥加密方案安全参数(256, 7681, 11.31)及其对应的安全性指标

安全参数			安全性指标		
n	q	$s = \sqrt{2\pi}\sigma$	密钥强度	密文扩展	密钥长度
256	7681	11.31	AES-128	13	3.33Kbit

算法 7-1 在进行密钥生成、加密和解密的运算步骤中，均需要相关的多项式模乘运算，如 $a \cdot r_2$ 和 $p \cdot e_1$ 等，且共计需要进行 4 次。在使用 NTT 进行多项式模乘运算时，每进行 1 次多项式模乘运算则需要 2 次 NTT 运算和 1 次 INTT 运算，因此算法 7-1 共计需要进行 8 次 NTT 运算和 4 次 INTT 运算。但是，通过使用多项式模乘运算流程优化方案，将算法 7-1 所有参与运算的多项式均进行 NTT 运算后的结果保存在数据存储器中，并仅在解密运算的最后一步进行 INTT 运算来还原出实际的加密信息，则可以进一步减少 NTT/INTT 运算的次数，整体提升了 Ring-LWE 公钥加密系统的运算性能。

对算法 7-1 使用优化方案后的具体运算步骤见表 7-2。将参与运算的多项式包括 r_1、e_2、e_3 和 c_2 等均进行了 NTT 运算，这样完成密钥生成、加密和解密仅需 6 次 NTT 运算和 1 次 INTT 运算，与优化前的流程相比，减少了 2 次 NTT 运算和 3 次 INTT 运算。考虑到 NTT/INTT 是 Ring-LWE 公钥加密方案中最为耗时的运算（$0.5n \cdot \log_2 n$ 次蝶形运算），如果以实际执行 NTT/INTT 运算的总次数进行估计的话（优化前后分别为 12 次和 7 次），优化后 Ring-LWE 公钥加密系统的整体运算性能可以提升为原来的约 1.7 倍。

表 7-2　优化后的密钥生成、加密及解密运算步骤

密钥生成	加密	解密
步骤 1：$\hat{a} = \text{NTT}(a)$	步骤 1：$\hat{e}_1 = \text{NTT}(e_1)$	步骤 1：$\hat{m}' = \hat{c}_1 \odot \hat{r}_2 + \hat{c}_2$
步骤 2：$\hat{r}_1 = \text{NTT}(r_1)$	步骤 2：$\hat{e}_2 = \text{NTT}(e_2)$	步骤 2：$m' = \text{INTT}(\hat{m}')$
步骤 3：$\hat{r}_2 = \text{NTT}(r_2)$	步骤 3：$\hat{e}_3 = \text{NTT}(e_3 + \bar{m})$	步骤 3：——
步骤 4：$\hat{p} = \hat{r}_1 - \hat{a} \odot \hat{r}_2$	步骤 4：$\hat{c}_1 = \hat{a} \odot \hat{e}_1 + \hat{e}_2$	步骤 4：——
步骤 5：——	步骤 5：$\hat{c}_2 = \hat{p} \odot \hat{e}_1 + \hat{e}_3$	步骤 5：——

7.1.2　可配置数据通路的设计

基于表 7-2 中的运算步骤，在对 Ring-LWE 公钥加密方案进行硬件实现时，数据通路的设计应当至少满足两项要求：

（1）需要支持 Ring-LWE 公钥加密方案中所有的运算步骤。

（2）需要支持任意安全参数下的数据计算。

观察算法 7-1 和表 7-2 可以看到，Ring-LWE 公钥加密方案的实际运算步骤主要涉及多项式模运算（模加运算、模乘运算）和多项式系数的生成（离散高斯采样），以及一些特殊功能函数的运算（加密信息的编解码运算）。因此，首先需要使用能执行模加、模减和模乘的运算单元来完成多项式模运算，主要需要支持 NTT/INTT 运算和 PWM（Point Wise Multiplication）运算；同时，需要使用高斯采样器来为密码系统生成满足条件的多项式系数作为密钥和随机误差项。

针对 Ring-LWE 公钥加密方案中的基础模运算，基于模加器、模乘器结构，本节提出了一种模运算处理单元（Modular Processing Element，MPE），其简化的电路结构如图 7-1 所示，直接使用了相关的信号名来省略其中部分复杂的信号连线。MPE 主要由 1 个基于 CSA 的模加器（MA）、1 个基于循环移位模加的模乘器（MM）、1 个传统模减器（MS）、4 个多路选择器（mux0～mux3）和 2 个数据寄存器（data_reg1 和 data_reg2）组成。由于使用的 MA 和 MM 均可以通过配置模数 q 来执行不同数据位宽的模运算，因此本节所提出的 MPE 同样能够支持

任意安全参数下的基础模运算。MPE 主要是按照 Ring-LWE 公钥加密方案中实际的运算步骤来进行设计的，一共可以支持 7 种不同的基础模运算，包括双操作数模加运算（MADD）、双操作数模减运算（MSUB）、单操作数模加 m 运算（MADDM）、双操作数模乘运算（MMUL）、单操作数模乘 ω 运算（MMULW）、蝶形运算（BTF）和数据搬移（MOVE）。MPE 和对应模运算操作码的定义及具体数据流见表 7-3。

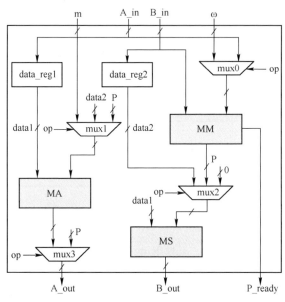

图 7-1　MPE 简化的电路结构

表 7-3　MPE 与对应模运算操作码的定义及具体数据流

操作名	操作码	数据输入口	数据输出口	操作说明
MADD	3'b000	A_in, B_in	A_out	双操作数模加运算 A_out= A_in+B_in mod q
MSUB	3'b001	A_in, B_in	B_out	双操作数模加运算 B_out= A_in-B_in mod q
MADDM	3'b010	A_in, m	A_out	单操作数模加 m A_out= A_in+m mod q
MMUL	3'b011	A_in, B_in	A_out	双操作数模乘运算 A_out= A_in×B_in mod q
MMULW	3'b100	ω, B_in	A_out	单操作数模乘 ω 运算 A_out=ω×B_in mod q
BTF	3'b101	A_in, B_in, ω	A_out, B_out	蝶形运算
MOVE	3'b110	A_in	B_out	数据搬移/复制 B_out= A_in

具体来说，通过外围控制模块给 MPE 提供模运算操作码，MPE 即可正确完成相应的基础模运算，而重复的基础模运算就能实现复杂的多项式模运算，其中重复的次数取决于安全参数 n。例如，NTT/INTT 运算由连续的 BTF 组成，PWM 运算由连续的 MMUL 组成，多项式模加/模减运算分别由连续的 MADD/MSUB 组成，等等。

值得注意的是，在 MPE 获得使能以后，内部的 MA、MS 和 MM 会独立并行地进行运算，且 7 种不同模运算的结果均会到达 MPE 内部各多路选择器的输入端上，继而由外围控制器提供的模运算操作码来控制 MPE 中的多路选择器对数据进行选择，最终 MPE 会输出整个密码系统需要的模运算结果。其中，当执行 MMUL 和 BTF 时，由于 MM 完成一次 l 位的模乘运算需要 l 个时钟周期，而 MA 和 MS 可以在输入数据有效的下一个时钟周期完成一次模加/减运算，所以需要使用 MM 的模乘运算完成信号 P_ready 来指示 MMUL 和 BTF 的正确完成。执行其他模运算时，输出数据 A_out 和 B_out 均在输入更新后的下一周期有效，无须等待 P_ready 有效。

对于 Ring-LWE 公钥加密方案所需的满足离散高斯采样分布的多项式系数，可以使用第 5 章所设计的 CDT 高斯采样器和可配置 BS-CDT 高斯采样器结构来生成正确的数据。具体来说，安全参数 n 发生变化时不影响高斯采样器的采样值大小，只决定采样值数量，因此需要将记录采样值数量的计数器设计为可配置大小的电路结构；为了满足模 q 的变化，高斯采样器生成的采样值需要在输出阶段根据 q 进行不同数据位宽下的模减运算（实际只有符号位为负时才需要）；安全参数 s 影响离散高斯采样分布的实际形状，因此可以使用固定满足 $s=11.31$ 的 CDT 高斯采样器来生成 s 不大于 11.31 时的高斯采样值，或者使用可配置 BS-CDT 高斯采样器生成任意 s 下的高斯采样值。值得注意的是，可配置 BS-CDT 高斯采样器的灵活性更强但硬件资源开销相对更大，并且 $s>11.31$ 的参数选择通常仅出现在数字签名方案中。因此，对于常见的基于格的 PKE 和 KEM 方案，s 固定的 CDT 高斯采样器是最节省硬件资源的一种选择。

总的来说，图 7-1 给出的 MPE 结构和高斯采样器理论上可以支持任意的安全参数 (n, q, s)，但从实际硬件实现的角度出发，数据通路也只能进行有限位宽的数据运算。根据 Ring-LWE 格密码方案实际使用的安全参数的范围，将所支持的多项式次数 n 的最大值设置为 2048，该值影响了所需运算的次数和控制单元中计数器的大小；将 MPE 和高斯采样器可支持的数据位宽的范围设置在 8~32，即最大能支持 32 位的模运算；将 s 的最大值设置为 11.31，该值影响了高斯采样器中与 σ、λ 和 τ 三个参数相关的寄存器大小。

7.1.3 数据存储方案设计

由表 7-2 可知，Ring-LWE 公钥加密系统在完成当前的运算步骤后，需要使用相关的密钥和密文以进行后续的运算，例如：完成密钥生成的运算步骤后，加密运算需要使用公钥 $(\hat{a}, \hat{p})$ 完成加密的运算步骤，解密运算需要使用密文 $(\hat{c}_1, \hat{c}_2)$ 和私钥 $\hat{r}_2$。因此，多项式数据 $(\hat{a}, \hat{p}, \hat{c}_1, \hat{c}_2, \hat{r}_2)$ 无法在完成当前运算后直接被舍弃，均需要被独立保存在数据存储器中。另外，对于 $(\hat{r}_2, \hat{e}_1, \hat{e}_2, \hat{e}_3)$ 等由高斯采样器生成的随机误差项，由于其在运算完成不再被使用，故可以使用同一存储空间来临时存储这些中间数据。

选择使用一个真双口 BRAM（True Dual Port BRAM，DPBRAM）来存储 Ring-LWE 公钥加密系统中所有的多项式数据。由于 DPBRAM 支持双端口独立的数据读/写操作，因此能很好地配合 MPE 执行双操作数的模运算，如 MMUL、BTF 等。将该 DPBRAM 的数据位宽设置为 32，以支持最大数据位宽的模运算；将 DPBRAM 的深度设置为 16K，一共分为 8 个数据区，每个数据区深度为 2K，可以顺序存储一组最高次数为 2048 的多项式系数。当多项式次数 $n<2048$ 时，仍然将不同的多项式独立存储在不同的数据区，其中 DPBRAM 实际地址最高 3 位相同的数据来自同一个多项式。DPBRAM 中多项式数据的存储方案见表 7-4，可以看到，Ring-LWE 公钥加密系统实际上最多需要 5 个数据区（第 0 区到第 4 区）来进行必要的数据存储。另外，单独使用了一个小的单口 BRAM（2K×32bit）来存储公钥多项式 $\hat{a}$，这是因为 $\hat{a}$ 是一个全局通用的多项式且其系数满足 $\mathbb{Z}_q$ 上的均匀分布，只需要在 Ring-LWE 公钥加密系统使用的安全参数 n 或 q 发生变化时，对这个单口 BRAM 重新配置新的 $\hat{a}$ 即可进行后续的运算步骤。

表 7-4 DPBRAM 中多项式数据的存储方案

地址高 3 位 [14:12]	区号	主要用途
000	0 区	存储所有随机误差多项式及中间结果
001	1 区	存储密文多项式 $\hat{c}_1$ 及中间结果
010	2 区	存储密文多项式 $\hat{c}_2$ 及中间结果
011	3 区	存储私钥多项式 $\hat{r}_2$ 及中间结果
100	4 区	存储公钥多项式 $\hat{p}$ 及中间结果
101	5 区	临时变量存储空间
110	6 区	其他 Ring-LWE 格密码方案备用
111	7 区	其他 Ring-LWE 格密码方案备用

采用以上存储方案后，可以有效简化多项式模运算过程中数据地址的计算。安全参数 $n=256$，即每个数据区中存有 256 个多项式系数时，对第 0 区数据和第 4 区数据进行 PWM 运算（$\hat{p} \odot \hat{e}_1$）的地址变化如图 7-2 所示。可以看到，只需对实际地址的最低 8 位从 0 开始依次累加 1，并同时取出第 0 区和第 4 区中对应地址的数据进行 MMUL 即可完成 PWM 运算，而无须关注实际地址其他位的大小。除较为复杂的 NTT 运算外，其他的多项式模运算与 PWM 运算均有相似的地址计算过程，同样只需连续进行低位 $\log_2 n$bit 地址累加 1 的计算即可。

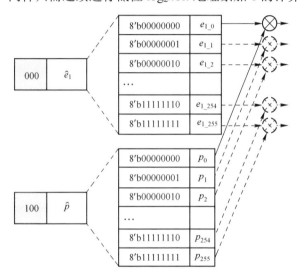

图 7-2　多项式模运算（PWM）的数据地址变化

7.2　Ring-LWE 密码处理器架构与微指令设计

基于 7.1 节中对 Ring-LWE 公钥加密方案运算流程的优化和数据通路、数据存储方案的设计，本节提出一种安全参数可供灵活配置、运算流程可供动态选择的可重构 Ring-LWE 密码处理器，其架构如图 7-3 所示。该 Ring-LWE 密码处理器主要由控制单元、运算单元（即数据通路）和存储单元三部分组成，控制单元包括主控单元（CONTROL_UNIT）和子控制单元（MPE_CTRL、NTT_CTRL、LOAD_a），运算单元包括模运算单元（MPE）、CDT 高斯采样器（Gaussian Sampler）和明文处理单元（Message），存储单元包括数据存储器（DPBRAM）、指令存储器（Instruction RAM）和可配置存储器（RAM_w、RAM_a）。

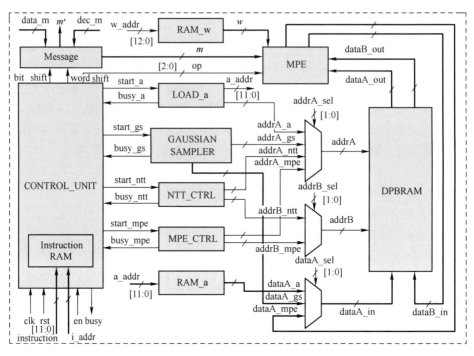

图 7-3　可重构 Ring-LWE 密码处理器架构

为了使得该 Ring-LWE 密码处理器能支持不同安全参数、不同运算流程的 Ring-LWE 格密码方案，以 Ring-LWE 公钥加密方案的实际运算步骤为基础，为 Ring-LWE 密码处理器设计了通用的微指令，每条微指令能一一对应不同的运算步骤。基于微指令的思想，如果将一个具体的 Ring-LWE 格密码方案以多条微指令的形式来描述，Ring-LWE 密码处理器在顺序执行完成这些微指令对应的运算步骤后，就可以实现该 Ring-LWE 格密码方案。具体来说，本节所设计的微指令可分为数据配置和数据运算两大类。

（1）数据配置类指令。数据配置类指令的格式示意图如图 7-4 所示。指令长度为 12 位，type=0 表示当前指令为数据配置类指令，cfgcode[1:0]表示所配置数据的类别，Rn[3:0]表示数据载入的对象或安全参数 n 的大小，Rd[4:0]表示数据搬移的目的地址或安全参数 q 的位宽。

图 7-4　数据配置类指令的格式示意图（12 位）

表 7-5 中给出了所有数据配置类指令的指令名称、指令码和功能的举例说

明。例如，当指令码为 0_00_0111_01100 时，执行 CONF 指令，所配置的安全参数 $n=2^8=256$，q 的数据位宽为 12+1=13，即可确定 Ring-LWE 密码处理器中多项式的次数为 256，模运算的有效数据位宽为 13；当指令码为 0_01_0001_00000 时，执行 LOAD 指令，会根据 n 和 q 往存储器 RAM_w 中写入所需的旋转因子；当指令码为 0_10_0000_00101 时，执行 MOVE 指令，会将存储器 RAM_a 中的数据顺序搬移至 DPBRAM 的第 5 区。

表 7-5　Ring-LWE 密码处理器数据配置类指令

指令名称	指令码				功能
	type	cfgcode[1:0]	Rn[3:0]	Rd[4:0]	
CONF	0	00	0111	01100	配置安全参数 n 和 q。$n=2^{Rn+1}$，q 的位宽为 Rd+1
LOAD	0	01	xx01	xxxxx	配置多项式 a、旋转因子 ω 或待加密信息 m。Rn[1:0]表示数据载入对象（00～10）
MOVE	0	10	xxxx	xx101	将存储器 RAM_a 中的数据搬移至 DPBRAM。Rd[2:0]表示目的数据区（000～111）
SHIFT	0	11	xxxx	xxxxx	通过明文处理单元 Message 输出解密后的信息。每个时钟周期输出 32bit 数据

（2）数据运算类指令。数据运算类指令的格式示意图如图 7-5 所示。指令长度为 12 位（最低 2 位弃用），其中 type=1 表示当前指令为数据运算类指令，calcode[1:0]表示所配置数据的类别，R1[2:0]表示第一操作对象（多项式）位于 DPBRAM 中的数据区号，R2[2:0]表示第二操作对象（多项式）位于 DPBRAM 中的数据区号，除多项式模减运算（PSUB）外，运算结果与第一操作对象所存储的数据区相同。

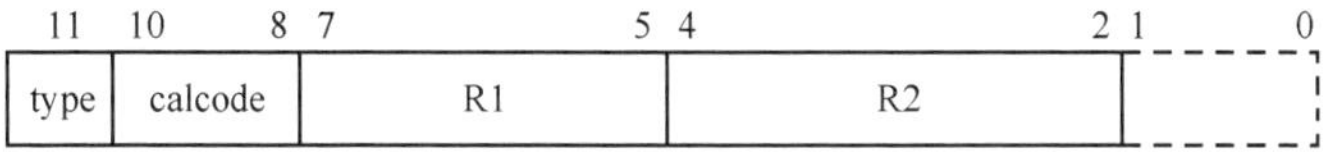

图 7-5　数据运算类指令的格式示意图（12 位）

表 7-6 中给出了所有数据运算类指令的指令名称、指令码和功能的举例说明。例如，当指令码为 1_010_100_000 时，执行 PWM 指令，会取出 DPBRAM 中第 4 区和第 0 区的多项式进行 PWM 运算，结果存储在第 4 区；当指令码为 1_011_011_000 时，执行 NTT 指令，会对 DPBRAM 中第 3 区的多项式进行 NTT 运算，结果存储在第 3 区；当指令码为 1_110_001_000 时，执行 PWMN 指令，会取出 DPBRAM 中第 1 区的多项式与存储器 RAM_w 中的旋转因子 $n^{-1}\cdot\psi^{-i}$ 依次进行模乘运算，结果存储在第 1 区。

表 7-6 Ring-LWE 密码处理器数据运算类指令

指令 名称	指令码				功能
	type	calcode[2:0]	R1[2:0]	R2[2:0]	
PADD	1	000	001	000	对第 R1 区和第 R2 区的多项式进行模加运算，结果保存在 R1 区
PSUB	1	001	000	011	对第 R1 区和第 R2 区的多项式进行模减运算，结果保存在 R2 区
PWM	1	010	100	000	对第 R1 区和第 R2 区的多项式进行对应系数点乘（PWM）运算，结果保存在 R1 区
NTT	1	011	011	xx0	对第 R1 区的多项式进行数论变换运算，结果保存在 R1 区。R2=1 表示进行 INTT
PADDM	1	100	010	xxx	对第 R1 区的多项式进行模加 $\bar{m}$ 运算，结果保存在 R1 区
PWMN	1	110	001	xxx	对第 R1 区的多项式进行模乘 $n^{-1} \cdot \psi^{-i}$ 运算（仅 INTT 需要），结果保存在 R1 区
PGS	1	111	000	xxx	生成 n 个满足离散高斯分布的系数，并顺序写入 R1 区

图 7-6 将 Ring-LWE 公钥加密方案用微指令流和对应 DPBRAM 中的数据流进行了描述。如果将这些微指令写入指令存储器（IRAM）中，主控单元（CONTROL_UNIT）从 IRAM 中顺序取出指令并控制数据通路执行运算，Ring-LWE 密码处理器则能正确完成 Ring-LWE 公钥加密方案。

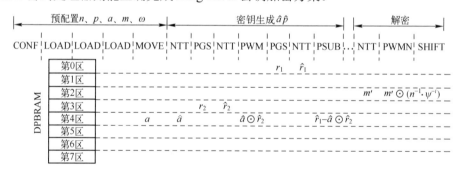

图 7-6 Ring-LWE 公钥加密方案的微指令流和数据流

基于上述微指令的设计，Ring-LWE 密码处理器中核心模块的具体功能如下：

（1）主控单元（CONTROL_UNIT）主要负责从指令存储器（IRAM）顺序取出指令，根据指令类型为对应的子控制单元提供使能信号，并根据指令码提供当前的模运算操作码，分配数据存储器（DPBRAM）数据信号、地址信号和读/写控制信号的使用权。主控单元会检测各个模块的响应信号（busy 信号）来判断当前指令是否完成，完成后会取出下一条指令继续执行。

（2）数论变换控制单元（NTT_CTRL）和模运算控制单元（MPE_CTRL）分别在执行 NTT 指令和非 NTT 的数据运算类指令时被使能，负责向数据存储器（DPBRAM）提供 NTT/INTT 运算和基础模运算所需的地址信号和读/写控制信号，以正确完成相关运算。同时，这两个子控制单元会使能 MPE，并检测 MPE 的 busy 信号和 P_ready 信号来判断当前运算是否完成。

（3）数据配置控制单元（LOAD_a）主要负责在 MOVE 指令下，生成正确的地址信号和写控制信号，将存储器 RAM_a 中的数据搬移至数据存储器（DPBRAM）对应数据区中。尽管 Ring-LWE 公钥加密方案仅需要搬移多项式 a，但是其他 Ring-LWE 格密码方案也存在搬移非高斯采样器生成的多项式数据的需求，因此该控制单元也是必不可少的。

（4）明文处理单元（Message）主要负责在 LOAD 指令下完成对待加密信息 m 的接收，在 SHIFT 指令下完成对解密后数据的发送，以及完成对明文信息编码函数 $f(m)$ 和密文信息解码函数 $f^{-1}(m')$ 的计算。

（5）CDT 高斯采样器（Gaussian Sampler）在执行 PGS 指令时被使能，负责向数据存储器（DPBRAM）对应数据区中正确的地址处写入满足安全参数 s 的离散高斯分布采样值。

总的来说，本节中的 Ring-LWE 密码处理器采用了微指令与总线复用的设计思想：微指令使得该 Ring-LWE 密码处理器可以灵活配置安全参数、动态选择运算流程，从而支持多种 Ring-LWE 格密码方案。在执行每一条微指令时，通过主控单元为子控制单元和运算单元分配数据存储器的数据线、地址线和读/写控制线的使用权，有效复用了电路资源，简化了数据、地址的计算过程，最终实现了安全参数、安全级别和安全方案上的可重构。

7.3　硬件实现结果与对比分析

使用 Verilog HDL 描述了 Ring-LWE 密码处理器，将安全参数设置为 n=256、q=7681、s=11.31，在指令存储器 IRAM 中写入执行 Ring-LWE 公钥加密方案的微指令，并使用 Xilinx ISE 14.7 开发套件中的 ISim 仿真工具对 7.2 节提出的 Ring-LWE 密码处理器进行了功能仿真。Ring-LWE 密码处理器在执行密钥生成、加密和解密运算的过程中，CDT 高斯采样器（Gaussian Sampler）和数据存储器（DPBRAM）数据接口信号的具体变化如图 7-7 所示。Ring-LWE 公钥加密方案的密钥生成和加密步骤包括 6 次 NTT 运算、5 组多项式系数的采样，以及 3

次 PWM 运算和 4 次多项式模加（减）运算；在加密步骤完成后，解密步骤主要是对保存在 DPBRAM 中的密文进行 INTT 运算，并且还原和输出被加密的原始信息"aaaa"。以上所述的运算步骤均与 IRAM 中存放的微指令一一对应。

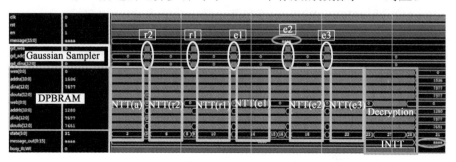

图 7-7　Ring-LWE 密码处理器功能仿真波形

　　为了与国际上先进的 Ring-LWE 公钥加密方案相关硬件实现进行公平的比较，将 7.2 节提出的 Ring-LWE 密码处理器在 Xilinx Spartan-6 FPGA 平台上进行了硬件实现，FPGA 芯片型号为 XC6SLX16，相关的硬件实现结果都是通过 Xilinx ISE 14.7 开发套件进行综合、布局布线后获得的，并且设计约束被设置为面积优化（Area Reduction）优先。从 FPGA 实现结果的报告可以知道，针对安全参数 $n=256$、$q=7681$、$s=11.31$，7.2 节提出的 Ring-LWE 密码处理器共计只需使用 1307 个 LUT、889 个 FF、406 个 Slice、4 个 BRAM（3 个 9Kbit、1 个 18Kbit）和 0 个 DSP，最高工作频率为 80MHz，可分别在 4.5ms 和 0.9ms 内完成对 256bit 数据信息的加密和解密运算。Ring-LWE 公钥加密方案实现结果对比见表 7-7。

表 7-7　**Ring-LWE 公钥加密方案实现结果对比**

方案	器件	LUT/FF/Slice	DSP	18Kbit/9Kbit 的 BRAM 数	最高工作频率（MHz）	单次加/解密运算所需的时间（ms）	周期数（×10³）	侧信道安全性
7.2 节提出的（加密）	S6LX-16	1307/889/406	0	1/3	80	4.5	360.5	是
7.2 节提出的（解密）	S6LX-16	1307/889/406	0	0/1	80	0.9	72.0	是
文献[4]提出的（加密），2013 年	S6LX-16	4121/3513/1434	1	0/14	160	0.045	6.8	是
文献[4]提出的（解密），2013 年	S6LX-16	4121/3513/1434	1	0/14	160	0.027	4.4	是
文献[5]提出的（加密），2014 年	V6LX-75T	1349/860/–	1	1/0	313	0.020	6.3	否

续表

方案	器件	LUT/FF/Slice	DSP	18Kbit/9Kbit 的 BRAM 数	最高工作频率（MHz）	单次加/解密运算所需的时间（ms）	周期数（×10³）	侧信道安全性
文献[5]提出的（解密），2014 年	V6LX-75T	1349/860/–	1	1/0	313	0.009	2.8	否
文献[6]提出的（加密），2014 年	S6LX-9	360/290/114	1	0/2	128	1.1	136.9	否
文献[6]提出的（解密），2014 年	S6LX-9	162/136/51	1	0/2	144	0.95	66.3	否
文献[7]提出的（加密），2012 年	V6LX-240T	298016/–/143396	—	—	—	—	—	否
文献[7]提出的（解密），2012 年	V6LX-240T	124158/–/65174	—	—	—	—	—	否
文献[8]提出的（加密），2020 年	MSP430	—	—	—	8	260	2126.3	否
文献[8]提出的（解密），2020 年	MSP430	—	—	—	8	30	244.5	否
文献[9]提出的（加密），2015 年	Cortex-M4F	—	—	—	168	0.72	121.2	否
文献[9]提出的（解密），2015 年	Cortex-M4F	—	—	—	168	0.26	43.3	否
文献[10]提出的（加密），2015 年	AX128	—	—	—	32	30	874.4	否
文献[10]提出的（解密），2015 年	AX128	—	—	—	32	6.7	215.9	否
文献[11]提出的，2016 年	Virtex-2	48833 /–/–	—	—	95	—	—	否
文献[12]提出的，2011 年	Virtex-2	20779 /–/–	—	—	36	—	—	是

首先，将 7.2 节提出的 Ring-LWE 处理器与 Ring-LWE 公钥加密方案相关的硬件设计进行了对比。文献[7]给出了第一个 Ring-LWE 公钥加密的硬件实现，为后续相关的研究提供了很多不错的设计思路。但是，文献[7]方案的硬件资源开销几乎是 7.2 节提出方案的 350 倍，并不适合应用于实际的安全设备中；文献[4]方案的设计思路与 7.2 节相似，提出了一种可扩展的微码引擎（Scalable Microcode Engine）结构，可以支持 2 种不同安全级别的 Ring-LWE 公钥加密方案。然而，文献[4]方案的高性能是以 4121 个 LUT、3513 个 FF 和 14 个 BRAM 的资源开销为代价的，同文献[5]和文献[6]方案一样，文献[4]给出的实现结果并没有考虑均匀分布多项式 a 的存储问题和离散高斯采样器带来的硬件资源开销。考虑到 7.2

节提出的 Ring-LWE 密码处理器实际仅需要使用 1 个 DPBRAM 和 1 个 BRAM 来分别存储密文和旋转因子，因此整体资源是文献[4]方案的四分之一以下；文献[5]为 Ring-LWE 公钥加密方案设计了具有流水线结构的运算单元，并且针对运算周期数和数据存储空间的优化提出了更为高效的优化方案，仅仅使用 1349 个 LUT、1 个 DSP 和 1 个 DPBRAM 就可以工作在 313MHz，因此在资源开销和性能上均优于目前已知的所有相关硬件设计。考虑到文献[5]设计的 NTT-ALU 使用了一个 DSP IP 来执行模乘运算，为了进行更直接的比较，计算得到一个 13 位乘法器的资源开销约为 203 个 LUT 并且模约减单元还会消耗更多的 LUT，因此文献[5]的方案至少需要使用 1552 个 LUT 来实现。另外，文献[5]仅仅是对 Ring-LWE 公钥加密方案中的核心运算单元进行了设计，且其使用的高斯采样器无法抵御时间上的侧信道攻击，因此与 7.2 节设计的 Ring-LWE 密码处理器相比有更小的资源开销、更高的灵活性和侧信道安全性，但性能会落后 2 个数量级；文献[6]主要是利用了(256, 4093, 8.35)这组安全参数可以通过移位来快速进行模运算的特殊优势，基于 FPGA 平台为 Ring-LWE 公钥加密方案提出了一种轻量级的电路结构，仅仅消耗了 360 个 LUT 和 1 个 DSP IP。尽管文献[6]的方案对硬件资源开销进行了很好的优化，但它仅仅是对特例安全参数的实现且容易遭受侧信道攻击，因此在安全级别上和硬件灵活性上均弱于本章提出的 Ring-LWE 密码处理器。

另外，将 7.2 节的设计与 Ring-LWE 公钥加密方案相关的基于嵌入式微处理器的软件设计进行了对比。为了节省门电路资源，我们使用了基于循环移位模加的模乘器来执行模乘相关的运算，因此分别需要 360500 个时钟周期和 72000 个时钟周期来进行加密运算和解密运算。与文献[8]和文献[10]中分别基于 16 位 MSP 微处理器和 8 位 AVR 微处理器的设计相比，Ring-LWE 密码处理器在运算性能上仍然分别有 5 倍和 2 倍的提升；与文献[9]中基于 32 位 ARM 处理器的设计相比，所需的运算时间约为文献[9]的 5.5 倍。由于 5.3 节中的 CDT 高斯采样器为了保证恒定的采样时间和更高的采样精度，完成数据采样需要花费更多的时钟周期，因此整体性能的落后是可以接受的。可见，与大多数基于嵌入式微处理器的软件实现相比，即便本章 7.2 节提出的 Ring-LWE 密码处理器是以资源优化和适配多种方案为目标的，但依然有更好的性能。

不仅如此，也将 7.2 节的方案与文献[11]和文献[12]提出的 ECC 密码处理器进行了对比。由于 ECC 密码处理器需要执行素数域中 256 位数据位宽的模运算，并且是以取得更高的运算性能为目标进行设计的，与大多数 Ring-LWE 公钥加密方案的硬件设计相比，有更为庞大的硬件资源开销，这也证明了 Ring-LWE 格密码方案易于硬件实现的优势性。

当在 IoT 节点、智能卡芯片或其他物联网应用场景中部署实现 Ring-LWE 格密码方案时，由于最高工作频率和硬件资源都严格受限，因此诸如流水线、DSP 等对功耗和面积有较大开销的高性能电路结构并不实用。总的来说，尽管 7.2 节提出的 Ring-LWE 密码处理器只能工作在 80MHz，且在性能上比文献[4]和文献 [5]中的高性能设计落后 2 个数量级，但是 MPE 结构和具有时间侧信道防御机制的 CDT 高斯采样器保证了低资源开销和侧信道安全性，并且在架构上支持任意的安全参数和灵活的密码方案，这些特性使得 7.2 节提出的 Ring-LWE 密码处理器能很好地适用于资源受限的多样化 IoT 设备。

参 考 文 献

[1] LYUBASHEVSKY V, PEIKERT C, REGEV O. On ideal lattices and learning with errors over rings[J]. Advances in Cryptology - EUROCRYPT 2010, 2010, 6110: 1-23.

[2] LINDNER R, PEIKERT C. Better key sizes (and attacks) for LWE-based encryption[C]// International Conference on Topics in Cryptology. 14-18 February 2011, San Francisco, CA, USA: CT-RSA, 2011, 6558: 319-339.

[3] GÖTTERT N, FELLER T, et al. On the design of hardware building blocks for modern lattice-based encryption schemes[J]. Cryptographic Hardware and Embedded Systems - CHES 2012, 2012, 512-529.

[4] PÖPPELMANN T, GÜNEYSU T. Towards practical lattice-based public-key encryption on reconfigurable hardware[J]. Selected Areas in Cryptography - SAC 2013, 2013, 68-85.

[5] ROY S S, VERCAUTEREN F, MENTENS N, et al. Compact ring-LWE cryptoprocessor[J]. Cryptographic Hardware and Embedded Systems - CHES 2014, 2014, 371-391.

[6] PÖPPELMANN T, GÜNEYSU T. Area optimization of lightweight lattice-based encryption on reconfigurable hardware[C]// 2014 IEEE International Symposium on Circuits and Systems (ISCAS). 01-05 June 2014, Melbourne, VIC, Australia: IEEE, 2014: 2796-2799.

[7] GÖTTERT N, FELLER T, et al. On the design of hardware building blocks for modern lattice-based encryption schemes[J]. Cryptographic Hardware and Embedded Systems - CHES 2012, 2012, 512-529.

[8] LIU Z, AZARDERAKHSH R, KIM H, et al. Efficient software implementation of ring-LWE encryption on IoT processors[J]. IEEE Transactions on Computers, 2020, 69(10): 1424-1433.

[9] ROY S S, VERCAUTEREN F, VERBAUWHEDE I, et al. Efficient software implementation of ring-LWE encryption[C]// 2015 Design, Automation & Test in Europe Conference & Exhibition (DATE). 09-13 March 2015, France: IEEE, 2015: 339-344.

[10] PÖPPELMANN T, ODER T, GÜNEYSU T. High-performance ideal lattice-based cryptography

on 8-bit ATxmega microcontrollers[J]. Progress in Cryptology - LATINCRYPT 2015, 2015, 346-365.

[11] MARZOUQI H, et al. A high-speed FPGA implementation of an RSD-based ECC processor[J]. IEEE Transactions on Very Large Scale Integration (VLSI) Systems, 2016, 24(1): 151-164.

[12] GHOSH S, MUKHOPADHYAY D, ROYCHOWDHURY D. Petrel: power and timing attack resistant elliptic curve scalar multiplier based on programmable GF(p) arithmetic unit[J]. IEEE Transactions on Circuits and Systems I: Regular Papers, 2011, 58(8): 1798-1812.

第8章

后量子密钥交换协议芯片

7.2 节提出了一种可重构 Ring-LWE 密码处理器架构,可以支持多样化应用场景中不同 Ring-LWE 格密码方案的硬件实现。然而,对于有具体安全参数、自定义运算步骤的特定格密码方案而言,灵活通用的电路结构往往无法在硬件资源开销和运算性能上得到最大限度的优化。并且,随着 NIST 主导的后量子密码方案标准征集工作不断推进,各个方案都在优化调整,未来也将只会有一个或几个后量子密码方案被实际应用于信息安全领域。因此,对特定格密码方案的高效硬件实现研究是必不可少的,这对未来最终标准方案的硬件实现而言有重要的参考价值。

在 2019 年 NIST 后量子密码标准第二轮评选的 26 个方案中,由 Alkim、Ducas、Pöppelmann 和 Schwabe 等人最早于 2016 年提出的密钥交换协议 NewHope[1]是其中最具有应用前景的方案之一。NewHope 是基于 Ring-LWE 问题构建的,其安全性和运算开销均得到了很好的优化。并且,在通过增加服务器端和客户端之间的通信数据量而避免了 NewHope 中复杂的纠错机制后,改进版本 NewHope-Simple[2]更易于进行硬件实现,且更适合应用于资源受限的设备。2017年,Infineon 公司宣布在市售非接触式安全芯片上实施了 NewHope[3]。2019 年,来自 M.I.T 的 A. P. Chandrakasan 等人设计了能支持 NewHope-Simple 的格密码专用芯片[4]。这些研究成果都证明了 NewHope 应用价值所在。

本章主要以低硬件资源开销和高运算性能为设计目标,对后量子密钥交换协议 NewHope-Simple 这一特定的格密码方案进行高效硬件实现的研究,完成从 FPGA 原型系统设计到先进工艺下的 ASIC 实现。

8.1 多项式系数采样单元设计

后量子密钥交换协议 NewHope-Simple 的具体运算步骤如图 8-1 所示,其使

用的安全参数为 $n=1024$、$q=12289$、$k=16$，主要功能是在服务器端（Server）和客户端（Client）安全地生成同一组密钥，以供通信双方后续的加解密运算使用。可以看到，除 NTT/INTT 和 PWM 等格密码方案中常见的多项式模运算外，NewHope-Simple 中还使用了 Parse、二项分布采样（$\overset{\$}{\leftarrow}\psi_{16}^{n}$）、SHAKE-128、SHA3-256、NHSEncode 和 NHSDecompress 等其他运算步骤，具体如图 8-1 所示。

参数：$q=12289<2^{14}$，$n=1024$
误差分布：ψ_{16}^{n}

Alice(Server)

$seed \leftarrow \{0,\cdots,255\}^{32}$

$\hat{a} \leftarrow \text{Parse(SHAKE-128}(seed))$

$s,e \overset{\$}{\leftarrow} \psi_{16}^{n}$

$\hat{s} \leftarrow \text{NTT}(s)$

$\hat{b} \leftarrow \hat{a} \circ \hat{s} + \text{NTT}(e)$ $\xrightarrow[\ 1824\text{Byte}\ ]{\ m_a=\text{encodeA}(seed,\,b)\ }$

$(\hat{u},\bar{c}) \leftarrow \text{decodeB}(m_b)$ $\xrightarrow[\ 2176\text{Byte}\ ]{\ m_b=\text{encodeB}(\hat{u},\,\bar{c})\ }$

$c' \leftarrow \text{NHSDecompress}(\bar{c})$

$k' = c' - \text{INTT}(\hat{u}\circ\hat{s})$

$v' \leftarrow \text{NHSDecode}(k')$

$\mu \leftarrow \text{SHA3}-256(v')$

Bob(Client)

$s',e',e'' \overset{\$}{\leftarrow} \psi_{16}^{n}$

$(\hat{b},seed) \leftarrow \text{decodeA}(m_a)$

$\hat{a} \leftarrow \text{Parse(SHAKE}-128(seed))$

$\hat{t} \leftarrow \text{NTT}(s')$

$\hat{u} \leftarrow \hat{a}\circ\hat{t} + \text{NTT}(e')$

$v \overset{\$}{\leftarrow} \{0,1\}^{256}$

$v' \leftarrow \text{SHA3}-256(v)$

$k \leftarrow \text{NHSEncode}(v')$

$c \leftarrow \text{INTT}(\hat{b}\circ\hat{t}) + e'' + k$

$\bar{c} \overset{\$}{\leftarrow} \text{NHSCompress}(c)$

$\mu \leftarrow \text{SHA3}-256(v')$

图 8-1　NewHope-Simple 的具体运算步骤

编码/解码函数 NHSEncode/NHSDecode 和压缩/解压缩函数 NHSCompress/NHSDecompress 的主要功能是代替 NewHope 中所使用的数据纠错机制，从而使得 NewHope-Simple 的计算更为简单。这些自定义函数运算主要涉及数据的位宽和大小调整，可以使用查找表、移位等简单的逻辑来实现。

SHAKE-128 和 SHA3-256 都是第三代安全散列算法（Secure Hash Algorithm

3，SHA-3）中定义的功能函数[5]。在 NewHope-Simple 中，SHAKE-128 是一种可扩展输出函数，输出长度被设置为 1344 位，主要作为伪随机数生成器（Pseudo-Random Number Generator，PRNG）使用；SHA3-256 是输出长度固定为 256 位的哈希函数，主要用于防止 PRNG 输出的数据会泄露内部的状态信息。SHAKE-128 和 SHA3-256 均由 Keccak-p[1600, 24]函数设计而成，属于 Keccak 算法。其中，Keccak-p[1600, 24]函数主要由大量的异或、与、非等逻辑运算组成，包括 θ、ρ、π、χ 和 ι 等 5 个运算步骤，共计需要执行 24 轮运算后才能输出最后的摘要数据。

Parse（解析），即模 q 下的均匀分布采样，是从 PRNG 生成的随机数比特流中筛选出[0, $q-1$]范围内的数据，后续作为多项式系数使用。在 NewHope-Simple 中，Parse 主要用于生成系数满足均匀分布的公用多项式 $\hat{a}$。

对于一个中心二项分布 ψ_k^n，参数 $k = 2\sigma^2$ 表示了 ψ_k^n 与标准差为 σ 的离散高斯分布是足够接近的。在 NewHope-Simple 中，使用中心二项分布替代了格密码系统中最常用的离散高斯分布来采样生成私钥和随机误差项，最主要的原因是中心二项分布更方便进行采样，并且所需的硬件实现资源更少。Alkim 等人目前已证明针对 LWE 问题的最有效的攻击手段并没有利用误差分布的结构，仅依赖 LWE 问题所使用的误差分布标准差[1]。因此，使用二项分布替代离散高斯分布对格密码系统的安全性影响是可忽略不计的。可以简单地通过使用 PRNG 生成的两个 k 位伪随机数并分别计算它们对应的汉明权重值，来进行二项分布采样，将这两个汉明权重值相减后，其结果对 q 取模，即可正确得到一个服从 ψ_k^n 的采样值。

总的来说，对 NewHope-Simple 进行硬件实现时，需要额外考虑对以下运算步骤的设计，这些也是 Kyber、Saber 等最新的格密码方案中必不可少的。

（1）设计 PRNG 来为整个密钥交换系统提供伪随机数比特流。

（2）设计模 q 下的均匀分布采样器和二项分布采样器来生成满足条件的多项式。

（3）设计 Keccak 运算单元来执行相关的哈希运算。

8.1.1　基于流密码的 PRNG 方案

相关的研究工作[6-8]均使用了由 Keccak 运算核心执行的可扩展输出函数 SHAKE-128 来生成随机数比特流，再将这些随机数用于进行模 $q=12289$ 下的均匀分布采样（Parse 运算）来生成 NewHope-Simple 中的公用多项式 $\hat{a}$。并且，将 SHAKE-128 运算所需要的种子从服务器端传到客户端后，通信双方就能在执行完 Parse 后得到相同的多项式 $\hat{a}$。文献[6-8]提出的 Keccak 运算核心的硬件资源开销见表 8-1，相关数据均来自于 Xilinx Artix-7 系列 FPGA 平台上的实现结果。可以看到，由于 Keccak 运算核心主要是对内部 1600 位的状态寄存器进行配置后使用大量逻辑运算单元来执行 SHA-3 标准所定义的功能函数，因此实现一个 Keccak 运算核心至少需要使用 2472 个 LUT 和 1600 个 FF，作为 NewHope-Simple 的单个子模块而言，其硬件资源开销是相当庞大的。

表 8-1   文献[6-8]提出的 Keccak 运算核心的硬件资源开销

方案	LUT	FF
文献[6]提出的	2472	1611
文献[7]提出的	3516	2976
文献[8]提出的	4536	1605

根据 J. Howe 等人在 2019 年 8 月召开的 NIST 第二届后量子密码方案标准会议中给出的报告所述[9]，流密码（Stream Cipher）结构 Trivium[10]仍然符合密码安全上的随机性要求，因此被建议可以在格密码系统中作为一个轻量级的 PRNG 使用，以替代 Keccak 运算核心。具体来说，Trivium 是一种面向硬件实现的同步流密码结构，由 Canniere 等人设计并提出。单个时钟周期 1 位输出的 Trivium 电路结构如图 8-2 所示，包括一个 288 位的内部状态寄存器、3 个与门和 11 个异或门，单个时钟周期能输出 1 位的流密码。

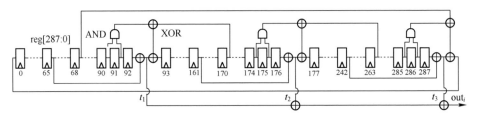

图 8-2   单个时钟周期 1 位输出的 Trivium 电路结构

在 Trivium 进行工作前，需要使用一个 80 位的初始密钥和一个 80 位的初始向量进行初始化，此后，Trivium 最多可以输出 2^{64} 位的流密码。参考图 8-2 可以看到，在每个时钟周期中，Trivium 所执行的运算如式（8-1）所示。其中"+"和"·"分别代表二进制域 GF(2)中的加法和乘法，即逻辑异或（XOR）和逻辑与（AND）。由于 Trivium 每周期都在迭代重复地执行相同的运算，如果将这 3 个与门和 11 个异或门组成的逻辑运算单元成 n 倍进行复制，并将逻辑结构展开，理论上就可以在一个时钟周期得到 n 位的流密码。然而，由于 Trivium 中状态寄存器每一位的数据被设计为在更新后必须在至少 64 次迭代运算中保持不变，因此最多可以在单周期内并行地生成 64 位的流密码，且需要使用 192 个与门和 704 个异或门（即 64 组并行的逻辑运算单元）来实现。

$$
\begin{aligned}
t_1 &\leftarrow \mathrm{reg}_{65} + \mathrm{reg}_{92} \\
t_2 &\leftarrow \mathrm{reg}_{161} + \mathrm{reg}_{176} \\
t_3 &\leftarrow \mathrm{reg}_{242} + \mathrm{reg}_{287} \\
\mathrm{out}_i &\leftarrow t_1 + t_2 + t_3 \\
t_1 &\leftarrow t_1 + \mathrm{reg}_{90} \cdot \mathrm{reg}_{91} + \mathrm{reg}_{170} \\
t_2 &\leftarrow t_2 + \mathrm{reg}_{174} \cdot \mathrm{reg}_{175} + \mathrm{reg}_{263} \\
t_3 &\leftarrow t_3 + \mathrm{reg}_{285} \cdot \mathrm{reg}_{286} + \mathrm{reg}_{68} \\
(\mathrm{reg}_0, \mathrm{reg}_1, \cdots, \mathrm{reg}_{92}) &\leftarrow (t_3, \mathrm{reg}_0, \cdots, \mathrm{reg}_{91}) \\
(\mathrm{reg}_{93}, \mathrm{reg}_{94}, \cdots, \mathrm{reg}_{176}) &\leftarrow (t_1, \mathrm{reg}_{93}, \cdots, \mathrm{reg}_{175}) \\
(\mathrm{reg}_{177}, \mathrm{reg}_{178}, \cdots, \mathrm{reg}_{287}) &\leftarrow (t_2, \mathrm{reg}_{177}, \cdots, \mathrm{reg}_{286})
\end{aligned}
\tag{8-1}
$$

以 Keccak 运算核心所执行的 SHAKE-128 运算需要 27 个时钟周期才能生成 1344bit 的伪随机数比特流为参考，64 位的展开型 Trivium 可以将数据生成速率提升约 1.29 倍。另外，Trivium 所需要的寄存器资源仅为 Keccak 运算核心的 1/5，并且消耗的逻辑资源更少。考虑到公用多项式 $\hat{a}$ 可以对外界公开且不会影响系统的安全性，因此，在 NewHope-Simple 中将流密码结构 Trivium 作为低成本 PRNG 的应用方案是可行的。

8.1.2　基于 Trivium 的均匀分布采样单元

文献[6]提出的采样方案完成单次 SHAKE-128 运算需要 27 个时钟周期，Parse 运算单元会在 Keccak 运算核心进行下一次 SHAKE-128 运算时并行地开始工作，并从 Keccak 运算核心生成的 1344bit 伪随机数比特流中找出 3 个小于模数 q 的 14 位数据段以作为多项式 $\hat{a}$ 的系数，即在最理想的情况下，生成单个系数需要 9 个时钟周期。

为了在保证尽可能低的采样拒绝率（Rejection Rate）的前提下拥有更高的 Parse 速率，本采样单元充分利用了 Trivium 单周期最多能生成 64 位随机数的特点，基于 64 位的展开型 Trivium 结构（Trivium x64）设计了一种 Parse 运算单元，用于生成公用多项式 $\hat{a}$。Parse 运算单元的具体电路结构如图 8-3 所示。在每个时钟周期，Trivium x64 输出端口的 64 位流密码会进行更新，并且这 64 位的数据会被分解为 4 个 16 位的数据段分别存储在 4 个 16 位的寄存器中。通过 4 个 16 位的减法器分别进行 4 个 16 位数据段与 61445（$5q$）的比较运算，则可以根据减法器的进位位判断并找到一个小于 $5q$ 的数据段。接着，对于这个满足条件的 16

位数据段，可以使用 16 位到 14 位的模约减单元将其数据范围直接从[0, 5q-1]变为[0, q-1]，以实现模 q 下的均匀采样，从而得到了多项式 $\hat{a}$ 的一个系数。值得注意的是，对一个 16 位数据（约等于 5q）进行模 q=12289 的取模运算，常见的方法是通过判断后进行最多 4 次减 q 的运算来得到正确的结果，因此需要使用 1 个 16 位和 3 个 15 位的减法器。通过使用图 8-3 所示的模约减单元，仅需要 3 个 14 位的减（加）法器。

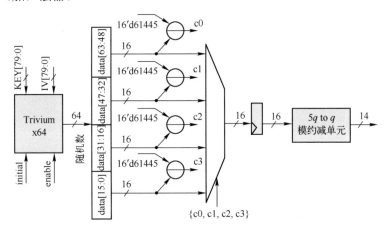

图 8-3 基于 Trivium x64 的 Parse 运算单元

在最理想的情况下，基于 Trivium x64 的 Parse 运算单元可以在 1024 个时钟周期内生成公共多项式 $\hat{a}$（n=1024）。然而，如果在某个时钟周期生成的 4 个 16 位数据段全部大于 5q，即全部被拒绝，Parse 运算单元将无法正确生成系数，此时用于对所生成系数的数量进行计数的计数器将不会增加计数值，但 Trivium x64 内部 288 位的状态寄存器会继续保持更新。Parse 运算单元会直到内部计数值等于 1024 时才停止工作，表明成功生成了 1024 个满足模 q 下均匀分布的系数。根据文献[11]给出的计算可以知道，1 个 16 位数据段被拒绝的概率为 1−5q/2^{16}≈6%，因此，对 64 位随机数进行 Parse 后无法得到一个满足条件的多项式系数的概率为 2^{-16}（0.06^4），这是可忽略不计的。另外，在之前的相关设计中，通常会直接使用 14 位的数据段与 q 进行大小判断来得到满足条件的多项式系数，可以省去使用 16 位数据段后所需要额外 4 次减法运算的开销，但这种方法的拒绝率为 1−q/2^{14}≈25%。如果在 Parse 运算单元中使用 14 位的数据段划分方式，64 位的数据同样只能被划分为 4 段，会导致数据位的浪费，而且单个时钟周期内采样失败的概率会提升约 301 倍。

为了保证服务器端和客户端能生成相同的公共多项式 $\hat{a}$，最关键的是确保通信双方所使用的 Trivium x64 能一直输出相同的随机数比特流。首先，使用相同

80 位的初始密钥和 80 位的初始向量对通信双方中的 Trivium x64 进行初始化；接着，当这两个 Trivium x64 完成初始化运算后，使用控制信号 enable 让它们停止更新内部 288 位的状态寄存器，这样 Trivium x64 的流密码输出就能保持不变；最后，当 Parse 运算单元或二项分布采样器（8.1.3 节会具体介绍）向 Trivium x64 寻求随机数比特流时，Trivium x64 重新获得使能，并且会在系数数量的计数值等于 1024 时被再次停止。可以看到，通过使用 8.1.2 节设计的 Parse 运算单元，避免了从服务器端传输种子数据到客户端的过程，同时有效降低了模 q 下均匀采样的拒绝率。

8.1.3　基于 Trivium 的二项分布采样器

T. Oder 等人通过计算两个 16 位随机数的汉明权重并对它们的汉明权重进行相减来生成一个服从 ψ_{16}^{1024} 的二项分布采样值[6]。因为仅使用了单周期输出 1 位流密码的 Trivium 结构，文献[6]提出的二项分布采样器需要 33 个时钟周期才能完成一次二项分布采样。

为了提升二项分布的采样速度，采用了与文献[6]中相似的采样方法，并且复用了 8.1.2 节使用的 Trivium x64 模块，设计了图 8-4 所示的基于 Trivium x64 的二项分布采样器。由 Trivium x64 输出端口提供的 64 位流密码同样被划分为 4 个 16 位的数据段，并且分别被送到了 4 个汉明权重加法器（HW_ADD）的输入端。为了节省硬件资源，HW_ADD 由 8 个 1 位的半加器、4 个 2 位的加法器、2 个 3 位的加法器和 1 个 4 位的加法器级联组成。HW_ADD 的整体逻辑延时与一个 10 位的加法器相等，能通过计算所输入的 16 位数据中"1"的个数来输出一个 5 位的汉明权重值。在得到 4 个 16 位数据段的汉明权重值之后，二项分布采样器会根据选择信号将这 4 个 5 位的汉明权重值分为两组，并对同一组中两个 5 位的汉明权重值进行高位补 0 后，分别使用一个 14 位的模减器进行模减运算，以得到模 $q=12289$ 下的二项分布采样值。8.1.2 节提出的二项分布采样器可以在一个时钟周期内生成 2 个二项分布采样值，这也就是说，可以在 1024 个时钟周期内同时生成密钥多项式 s 和误差多项式 e（$n=1024$）。

为了保证服务器端和客户端能生成相同的公共多项式 $\hat{a}$，需要让两个 Trivium x64 内部 288 位的状态寄存器在完成 Parse 前后始终保持相同的数据，并且这一同步性同样需要在进行二项式采样的过程中得到保持。但是，为了避免服务器端所需的多项式 s、e 和客户端所需的多项式 s'、e' 完全相同，客户端的二项分布采样器中计算得到的 4 个汉明权重值被安排的分组与服务器端中的不同，这样对应模减器计算得到的采样值也完全不同。值得注意的是，客户端比服务器端需要多生成一个误差多项式 e'，因此，每当完成一次 NewHope-Simple 的密钥交换运算后，服务器端的 Trivium x64 需要对内部 288 位的状态寄存器进行 1024 个时钟周期的数据更新，以保证和客户端始终有相同的输出数据。

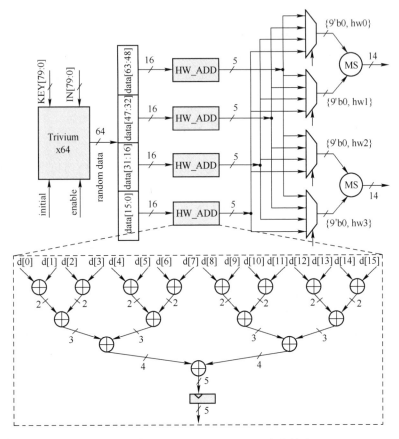

图 8-4　基于 Trivium x64 的二项分布采样器

8.2　密钥交换系统架构与运算流程优化设计

基于 8.1 节对 Parse 运算单元和二项分布采样器的设计，并结合可应用于 NewHope 方案的 NTT 运算单元，将后量子密钥交换协议 NewHope-Simple 分为服务器端（Server）和客户端（Client）两个部分进行了硬件实现。最终设计的服务器端和客户端的具体电路架构分别如图 8-5 和图 8-6 所示。

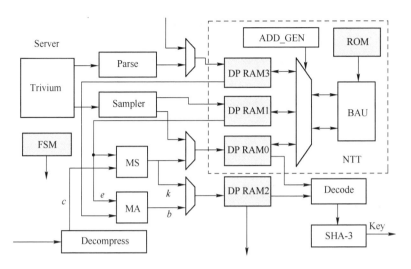

图 8-5　服务器端电路架构

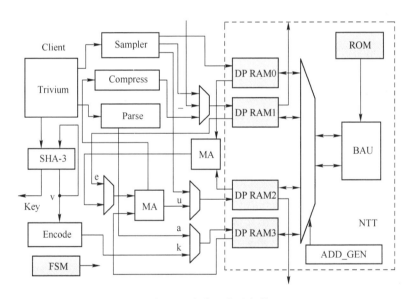

图 8-6　客户端电路架构

　　由于服务器端和客户端执行着相似的运算步骤，因此通信双方大部分的子模块都是相同的，但是它们的整体运算流程却有所区别。由图 8-5 和图 8-6 可知，服务器端和客户端均包括 1 个控制单元（FSM）、4 个双口 RAM（DPRAM）、1 个 Keccak 运算核心（SHA-3）、1 个 NTT 运算单元（NTT）、1 个 Trivium x64（Trivium）、1 个 Parse 运算单元（Parse）、1 个二项分布采样器（Sampler）和自定义功能模块（如 Encode、Decode、Compress、Decompress）。这些核心模块的具体功能如下：

（1）FSM。服务器端和客户端均使用了一个有限状态机来控制它们对应的运算步骤与数据流向。FSM 决定了当前哪些模块应当开始工作和运算结果应当存放在哪个存储器中。最初，FSM 处于空闲状态，在接收到外部的使能信号后，FSM 会开始根据当前的状态使能对应的运算模块（如 Trivium、Sampler、Parse 等），并为它们分配对应的 DPRAM。值得注意的是，在 NTT 获得使能后，需要分配 2 个不同的 DPRAM 配合 NTT 采用"乒乓式"的工作方式进行相关运算。一旦接收到当前工作的模块所提供的运算完成信号，FSM 将按照运算流程跳转到下一状态，直到完成整个密钥交换协议的运算。

（2）DPRAM。在本设计中，DPRAM 容量为 1024×14bit。这主要是为了配合 NewHope-Simple 所使用的安全参数 $n=1024$、$q=12289$，每个 DPRAM 中恰好能存储一组多项式系数。考虑到整个密钥交换协议的部分运算可以被安排为并行执行，在服务器端和客户端中各使用了 4 个 DPRAM，以实现运算性能的最大化和存储空间的最高利用率。

（3）Decode、Encode、Decompress、Compress。这四个自定义功能模块均是通过采用预计算数据和比较器来代替复杂算术逻辑单元而设计的，有效降低了硬件资源开销。另外，这四个自定义功能模块均被设计为可在 1024 个时钟周期内完成对一个 1024 次多项式系数的相关运算，不会影响密钥交换系统整体的运算性能，且具体的运算步骤符合 NewHope-Simple 的定义。

为了以最高的运算性能执行后量子密钥交换协议 NewHope-Simple，基于上述服务器端和客户端的电路架构，对图 8-1 中整个密钥交换协议的运算流程进行了优化设计。优化后服务器端和客户端中具体的运算步骤和数据流见算法 8-1。算法 8-1 充分考虑了不同运算模块的实际性能和存储空间，该算法主要的设计思想为将互不影响同一存储器中数据读/写的运算步骤安排在同一时刻开始执行，即算法 8-1 中同一序号中所有的运算步骤被安排为并行执行。例如：步骤 11 中，同时执行了 PWM 运算、二项分布采样运算和 NHSencode 运算，在执行完耗时最长的运算后，顺序执行步骤 12 中的运算。

算法 8-1：NewHope-Simple 的运算与数据流

1. 程序 NEWHOPE-SIMPLE(RAM0,RAM1,RAM2,RAM3)
2. 服务器端运算： 客户端运算
3. 初始化 Trivium( ) 初始化 Trivium( )
4. RAM0,RAM1←采样 RAM0,RAM1←采样

5.	RAM3←Parse( )	RAM3←Parse( )
	RAM0←NTT(RAM0)	RAM0←NTT(RAM0)
6.	RAM1←NTT(RAM1)	RAM1←NTT(RAM1)
7.	RAM2←RAM0∘RAM3+RAM1	RAM2←RAM0∘RAM3+RAM1
8.	发送 $\hat{b}$=RAM2	接收 $\hat{b}$→RAM1
9.		v'←SHA3-256(随机数)
10.	接收 $\hat{u}$→RAM3	RAM1←RAM0∘RAM1
11.	RAM3←RAM0∘RAM3	RAM1←RAM0∘RAM1
		RAM2←采样
		RAM3←NHSencode(v')
12.	RAM1←INTT (RAM3)	RAM0←INTT (RAM1)
13.		RAM1←
14.	RAM0,RAM2	NHSCompress(RAM1+RAM2+RAM32)
	RAM0,RAM2	发送 $\bar{c}$=RAM1
	←NHSDecompress($\bar{c}$)-RAM1	
15.	v'←NHSDecode(RAM0,RAM2)	μ←SHA3-256(v')
16.	μ←SHA3-256(v')	
17.	Sync Trivium	

8.3　FPGA 实现结果与对比分析

为了与国际上先进的相关设计进行公平的比较，将后量子密钥交换协议 NewHope-Simple 同样在 Xilinx Artix-7 FPGA 开发平台上进行了硬件实现，所使用的 FPGA 芯片型号为 XC7A35T，并且与参与对比的设计使用了相同的安全参数（n=1024，q=12289，k=16）。本设计的硬件实现结果都是通过 Xilinx Vivado 2018.3 开发套件进行综合、布局布线后获得的，整体设计约束选择了面积与性能平衡（Area-Performance Balance）模式。从 FPGA 实现结果的报告可以知道，8.2 节的设计在服务器端和客户端分别使用了 1340 个 Slice、4775 个 LUT、2815 个 FF 和 1308 个 Slice、4660 个 LUT、2734 个 FF，并且服务器端和客户端都分别使用了 1 个 DSP IP 来执行乘法运算、1 个 BROM 来存储旋转因子和 4 个 18Kbit 的 DPBRAM 来存储多项式数据。表 8-2 中列出了 8.2 节提出的方案与国际上先进的相关方案（包括 NewHope-NIST KEM 方案）从整体架构到核心模块在 FPGA 资源开销上的详细对比。

表8-2　8.2 节提出的方案与国际上先进的相关方案（包括 **NewHope-NIST KEM** 方案）从整体架构到核心模块在 **FPGA** 资源开销上的详细对比

方案	总面积					模块资源开销							
	服务端与客户端资源开销					Keccak		Trivium		NTT			
	Slice[①]	LUT[①]	FF[①]	DSP	BRAM	LUT	FF	LUT	FF	LUT	FF	DSP	BRAM
8.2 节提出的	1340	4775	2815	1	5	2580	1727	529	363	465	286	1	3
	1308	4660	2734	1	5								
文献[6]提出的，2017 年	1708	5142	4452	2	4	2472	1611	282	114	1390[②]	615[②]	2	1
	1483	4498	4635	2	4								
文献[8]提出的，2020 年	3158	10285	6623	8	0	4536	1605	395	293	4938[②]	2982[②]	8	1
	3042	10345	6704	8	0								
文献[7]提出的，2017 年	7153	18756	9412	8	14	3516	2976	—	—	2832	1381	8	10
	6680	20826	9975	8	14								
文献[12]提出的，2020 年	—	6781	4127	2	8			—		847	375	2	6
文献[13]提出的，2019 年	—	13244	8272	24	18			—		343	493	3	6

① 有两行数据的，第一行和第二行分别代表了服务器端和客户端。

② 选择了服务器端或客户端中，占用硬件资源更多的相同模块的实现结果。

首先，对比了 8.2 节提出的方案和与 NewHope 和 NewHope-Simple 直接相关的 FPGA 方案。文献[6]给出了首个 NewHope-Simple 的硬件实现，并且对硬件资源开销进行了很好的优化。为了与文献[6]进行更加公平的对比，使用文献[6]提供的 VHDL 源代码设计了 Keccak 运算核心，但 Keccak 运算核心在 8.2 节提出的方案中仅被用于执行 SHA3-256 运算。不同的是，通过加入一些额外的逻辑单元和寄存器，对 Keccak 运算核心过长的逻辑延时进行了优化，避免了其对整体设计的关键路径造成影响。因此，Keccak 运算核心，即 SHA-3 模块，比文献[6]提出的方案多消耗了 108 个 LUT 和 118 个 FF。由于使用了具有 64 位流密码输出的 Trivium 结构而文献[6]中仅使用了单比特输出的基本结构，因此 8.2 节提出的 Trivium x64 几乎占用了文献[6]提出的 Trivium 结构 2 倍的硬件资源。可以看到，虽然在 Keccak 和 Trivium 的实现上并不占优，但是由于文献[6]提出的方案需要使用 1708 个 Slice 才能实现服务器端，8.2 节提出的方案同比减少了接近 21.5% 的 Slice 开销。以上对比的结果主要得益于 8.2 节提出的 NTT 运算单元与文献[6]

提出的 NTT 结构相比，减少了约 66.5%的 LUT 开销。文献[8]和文献[7]提出的方案均为对 NewHope 的高性能硬件实现，同文献[7]提出的方案相比，最新的研究工作在 Slice、LUT 和 FF 等资源开销上可以达到最大 45%的优化[8]。与文献[8]提出的方案相比，8.2 节提出的 Trivium x64 多消耗了 134 个 LUT 和 70 个 FF，但 Keccack 运算核心节省了 1956 个 LUT。对于 NTT 的实现，文献[8]提出的方案使用了 8 个 DSP IP，而 8.2 节的设计仅使用了 1 个，并且基于 BAU 和 DPBRAM 设计的 NTT 运算单元同样消耗了更少的 LUT 和 FF 资源。尽管 8.2 节提出的方案在服务器端和客户端分别可以节省 57.5%和 57%的 Slice 消耗，但是值得注意的是，文献[8]提出的方案并没有使用 BRAM 资源，并且 NewHope 中复杂的数据纠错机制会带来更大的硬件资源开销。

接着，同样对比了 8.2 节提出的方案与国际上最新的 NewHope-NIST KEM 方案相关硬件实现[12-13]。考虑到 NewHope 和 NewHope-Simple 需要在两个独立的设备（服务器端和客户端）中实现，而 NewHope-NIST 只需要在单个设备上部署，如果将服务器端和客户端的硬件资源开销总和用于对比，则其中相同的核心单元的资源开销会被重复计算。为了进行更加公平的对比，从服务器端和客户端的总资源开销中减去了 1 个 NTT 运算单元、1 个 Keccak 运算核心和 1 个 Trivium x64 的资源开销。按照这种计算方法，8.2 节提出的方案需要接近使用 5861 个 LUT、3209 个 FF、2 个 DSP 和 7 个 BRAM 才能在单个设备中部署。与文献[12]提出的方案相比，8.2 节提出的方案仅需要使用 86%的 LUT 和 78%的 FF，并且 NTT 运算单元同比节省了 45%的 LUT 开销。

8.2 节提出的方案在完成每个运算步骤实际所需的具体时钟周期数见表 8-3，且行号与算法 8-1 中的序号一一对应。根据仿真及时序分析的结果，8.2 节提出的方案分别需要 25148 个时钟周期和 23887 个时钟周期来完成服务器端和客户端的全部运算步骤。当服务器端和客户端分别以 175MHz 和 172MHz 的最高工作频率运行时，可在 143.4μs 和 139.0μs 内完成一次完整的密钥交换流程。可以看到，在 NewHope-Simple 所有的运算步骤中，NTT/INTT 是最耗时的运算，占用了接近 66%的总时钟周期数。值得注意的是，无论是使用 Keccack 运算核心（执行 SHAKE-128 运算）还是使用 Trivium x64 作为系统的 PRNG，因为 Parse 运算总是可以被安排在与 NTT 运算同时执行，所以生成公共多项式 $\hat{a}$ 所需的时间几乎是完全相同的，除非出现实际拒绝率大幅提升等偶然事件。因此，在 8.2 节提出的方案中，使用基于 Trivium x64 的 Parse 运算单元的最大优势是降低了整体采样拒绝率，同时节省了部分硬件资源开销。根据表 8-2 和表 8-3 中的具体数据，在表 8-4 中列出了文献[6]、文献[7]和文献[8]和 8.2 节提出的方案在运算性能上的详细对比结果，并使用 Slice 使用量与密钥交换整体用时（Total Time）计算得到的面积时间积（ATP）作为一项性能指标进行对比。

表 8-3 8.2 节提出的方案的密钥交换运算步骤的时钟周期数

服务器端运算	周期数	客户端运算	周期
第 3 行：初始化 Trivium	21	第 3 行：初始化 Trivium	21
第 4 行：采样	1027	第 4 行：采样	1027
第 5 行：Parse+NTT	5195	第 5 行：Parse+NTT	5195
第 6 行：NTT	5195	第 6 行：NTT	5195
第 7 行：乘加	1028	第 7 行：乘加	1028
第 8 行：输出 $\hat{b}$	1026	第 8 行：接收 $\hat{b}$	1026
		第 9 行：生成 v'	35
第 10 行：接收 $\hat{u}$	1026	第 10 行：输出 $\hat{u}$	1026
第 11 行：相乘	1029	第 11 行：相乘+采样	1029
第 12 行：INTT	6222	第 12 行：INTT	6222
		第 13 行：压缩+相加	1028
第 14 行：接收 $\bar{c}$ +解压	2056	第 14 行：输出 $\bar{c}$	1026
第 15 行：解密	259	第 15 行：生成 μ	29
第 16 行：生成 μ	29		
第 17 行：Sync Trivium	1035		
共计	25148	共计	23887

表 8-4 服务器端/客户端运算性能对比

方案	资源开销 Slice 数	性能			
		最高时钟频率（MHz）	时钟周期数（×10³）	执行时间（μs）	ATP（×10⁶）
8.2 节提出的	**1340/1308**	**175/172**	25.1/23.9	143.4/139.0	**0.192/0.182**
文献[6]提出的，2017 年	1708/1483	125/117	171/179	1368/1532	2.337/2.272
文献[8]提出的，2020 年	3158/3042	153/152	**9.4/9.3**	**61.2/61.7**	0.193/0.188
文献[7]提出的，2017 年	7153/6680	133/131	9.7/10.3	73.0/78.6	0.522/0.525

注：加粗的项表示指标最好值。

由于文献[6]提出的方案分别需要 1368μs 和 1532μs 来完成服务器端和客户端的全部运算步骤，以完整完成一次密钥交换流程为参考，8.2 节提出的方案可以同比节省 90.1% 和 91.5% 的计算用时。对于二项分布采样，文献[6]和 8.2 节提出的方案分别需要使用 33794 和 1027 个时钟周期来生成 1024 个多项式系数，因此

8.2 节提出的基于 Trivium x64 的二项分布采样器比文献[6]提出的采样器在采样速度上快接近 32.9 倍。对于模 q 下的均匀分布采样，8.2 节提出的方案中 Parse 运算被安排在与两次 NTT 运算同时执行，而文献[6]提出的方案中安排 Parse 运算与 PWM 运算同时执行并为它们分配了 9219 个时钟周期。考虑到 8.2 节提出的方案执行 PWM 运算仅需要 1030 个时钟周期，因此实际上 8.2 节提出的 Parse 运算同比可节省接近 8000 个时钟周期。由于文献[6]提出的方案消耗了更多的 Slice 资源，8.2 节提出的方案在服务器端和客户端的 ATP 指标上同比有 12.8 倍和 13.3 倍的提升。与文献[8]提出的方案相比，8.2 节提出的方案在最高工作频率上分别有 1.14 倍和 1.13 倍的提升，但完成一次密钥交换流程所需要的时钟周期数分别是文献[8]提出的方案的 2.67 倍和 2.57 倍。对于二项分布采样，文献[8]提出的方案仅需要 512 个时钟周期来生成 1024 个多项式系数，而 8.2 节提出的方案可以在 1027 个时钟周期并行生成两组多项式，因此采样速度是基本相同的。对于模 q 下的均匀分布采样，文献[8]提出的方案中同样将 Parse 运算安排在与 NTT 运算同时执行。最大的不同之处在于，由于文献[8]提出的方案使用了 8 个 DSP IP，在 NTT、INTT、PWM 运算所需的时钟周期数上，其相比 8.2 节提出的方案 NTT 运算单元分别可以达到 65%、79%、90%的优化。尽管如此，因为 8.2 节提出的方案对硬件资源开销和关键路径都进行了最大限度的优化，所以在 ATP 指标上，8.2 节提出的方案相比文献[8]提出的方案依然有略微的优势。

总的来说，与目前国际上相关的设计方案相比，在相同的 FPGA 平台上，8.2 节提出的方案对 NewHope-Simple 的硬件实现有以下两项优点：与最精简的 NewHope-Simple 设计相比，同比减少了 21.5%的 Slice 开销；与高性能的 NewHope 设计相比，在 ATP 上仍然有一定的优势。这两项优点均证明了 8.2 节提出的方案在保证了低硬件资源开销的同时有不错的运算性能，也证明了 NewHope-Simple 更适合在资源受限的设备中实现。

8.4　ASIC 实现与结果分析

基于 TSMC 28nm HPC+CMOS 工艺，对执行 NewHope-Simple 的服务器端和客户端架构进行了 ASIC 实现评估。通过使用 Synopsys 公司的 Design Complier 工具对电路进行综合，根据综合后的单元面积报告，使用工艺库中单个二输入与非门的单元面积进行折算，服务器端、客户端和核心模块（NTT 运算单元、Trivium x64、Keccack 运算核心、SRAM）的等效门（Gate Equivalents，GE）使用量见表 8-5。其中，对于多项式数据的存储，使用 Memory Complier 工具生成了大小为 1024×14bit 的双口 SRAM IP，因此服务器端和客户端的 SRAM 容量均为 56Kbit；对于旋转因子的存储，直接使用了寄存器阵列，其资源开销被计入在 NTT 运算单元中。从表 8-5 中可以看到，在 ASIC 设计中，逻辑资源与存储器资源的总占比约为 2：8，这也说明了在资源受限的设备中对格密码方案进行硬件实现时，最大的瓶颈在于密钥、密文等数据的存储。

表 8-5　Design Complier 综合结果得出的 GE 使用量

	GE 总使用量	NTT 运算单元 GE 使用量	Trivium x64 GE 使用量	Keccack 运算核心 GE 使用量	SRAM GE 使用量
服务器端	236.15K	15.11K	4.87K	30.74K	183.85K
客户端	235.73K	15.11K	4.87K	30.74K	183.85K

为了便于后续芯片的功能测试，将服务器端和客户端作为一个完整的后量子密钥交换系统进行了 ASIC 实现，如图 8-7 所示。整个芯片的 IO 包括时钟（clk_i）、复位（rst_i）、使能（Svr_en、Client_en）和密钥更新（Svr_up、Client_up）等输入信号，以及一个 8 位的密钥检测输出信号（check）。密钥更新信号可以让芯片重新执行一次密钥交换运算流程，生成新的密钥值。密钥检测信号则是由服务器端和客户端各提供的对应 4 位密钥值组成，可用于检测双方是否生成了相同的密钥。这是由于通信双方生成的密钥 u 是两端的数据 v' 通过 SHA3-256 运算得到的 1024bit 数据，只要 v' 出现 1bit 的数据差异，哈希运算会使得 u 完全不同，因此可以通过验证 μ 的部分比特位来判断通信双方是否生成了相同的密钥。

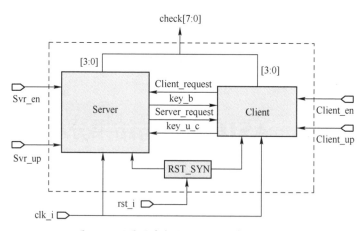

图 8-7　后量子密钥交换协议芯片系统结构

后量子密钥交换协议芯片的版图如图 8-8 所示。根据版图网表的后仿真结果，该芯片有以下特性：

（1）芯片的核心电压和 I/O 电压分别为 0.9V 和 1.8V；

（2）芯片的面积为 0.504mm^2（0.71mm×0.71mm）；

（3）芯片的最高工作频率为 80MHz（受限于工艺库中实际使用的 I/O 接口的速度），平均功耗为 86mW。

表 8-6 中给出了 8.2 节提出的方案与国际上 NewHope 方案相关的 ASIC 实现结果的对比。在完整执行一次方案的能量消耗（Energy）这一指标上，8.2 节提出的方案使用了通过式（8-2）估算得到的数据参与对比：

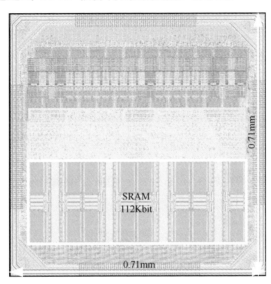

图 8-8　后量子密钥交换协议芯片版图

$$Energy=Power×Time$$
$$=Power×Cycles/Frequency \qquad (8-2)$$

另外，表 8-6 使用了式（8-3）的计算方法来统一评估芯片的硬件效率（Efficiency）：

$$Efficiency=1/(Area×Time)$$
$$=1/(Area×\ (Cycles/Frequency))\qquad(8-3)$$
$$=\ Frequency\ /(Area×Cycles)$$

表 8-6　ASIC 实现结果的对比

方案	工艺（nm）	电压（V）	频率（MHz）	GE 使用量	周期数（×10³）	能量（μJ）	效率（×10⁻³）
8.2 节提出的	28	0.9	80	472K	49.0	52.68	3.5
文献[4]提出的，2019 年	40	1.1	72	106K*	106.6	12.00	6
文献[14]提出的，2019 年	65	1.2	169	1273K	307.8	69.42	0.4

* 未计入全部存储单元的资源开销。

文献[4]提出的方案是一种可配置的低功耗格密码芯片，具有很高的灵活性。与 8.2 节提出的方案相比，文献[4]提出的方案在硬件效率上有 1.7 倍以上的提升，但其完整执行一次方案所需的时钟周期数约是 8.2 节提出的方案的 2.2 倍。由于在进行后端设计时使用了工艺库中无法支持 100MHz 以上时钟信号输入的通用 IO 接口，限制了整块芯片的最高工作频率，但根据 Design Complier 工具的综合结果，该芯片核心部分的最高工作频率至少能达到 200MHz。使用式（8-3）推算可知，如果 8.2 节提出的方案能工作在 150MHz 以上的频率，在硬件效率这一指标上仍然可以优于文献[4]提出的方案。另外，由于 8.2 节提出的方案并未在设计过程中加入低功耗的电路结构方案，并且采用了并行执行多个运算步骤的设计思想，8.2 节提出的方案在完整执行一次方案的能量消耗约是文献[4]提出的方案的 4.4 倍。因此，在下一步的工作中，低功耗设计是一个不可忽视的优化方向。文献[14]则提出了一种基于高层次综合（High-Level Synthesis，HLS）工具设计的格密码芯片方案，由于 HLS 工具很难对底层具体的电路结构进行优化，因此文献[14]提出的方案的硬件效率仅为 0.4，是 8.2 节提出的方案的 11.4%，在能量消耗方面也同比有 32%的增加。可见，使用 HLS 工具虽然能大幅缩短芯片的开发周期，但目前只适合设计一些小规模的电路。

参 考 文 献

[1] ALKIM E, DUCAS L, PÖPPELMANN T, et al. Post-quantum key exchange: a new hope[C]//Proceedings of the 25th USENIX Conference on Security Symposium. 10 August 2016, Austin, TX: USENIX Association, 2016: 327-343.

[2] ALKIM E, DUCAS L, PÖPPELMANN T, et al. Newhope without reconciliation[J]. Cryptology ePrint Archive, 2016, 1157.

[3] BRAECKEL K, et al. Ready for tomorrow: infineon demonstrates first post-quantum cryptography on a contactless security chip[EB/OL]. [2017-05-30] https://www.infineon.com/ cms/en/about-infineon/press/ press- releases/ 2017/INFCCS201705-056.html.

[4] BANERJEE U, UKYAB T S, CHANDRAKASAN A P. Sapphire: a configurable crypto-processor for post-quantum lattice-based protocols[J]. IACR Transactions on Cryptographic Hardware and Embedded Systems (TCHES), 2019: 17-61.

[5] NIST. SHA-3 standard: permutation-based hash and extendable-output functions[EB/OL]. [2015-08-04] http://nvlpubs.nist.gov/nistpubs/FIPS/NIST.FIPS.202.pdf.

[6] ODER T, GÜNEYSU T. Implementing the newhope-simple key exchange on low-cost FPGAs[J]. Progress in Cryptology - LATINCRYPT 2017, 2017, 128-142.

[7] KUO P C, et al. High performance post-quantum key exchange on FPGAs[J]. Cryptology ePrint

Archive, 2017, 690.

[8] XING Y, LI S. An efficient implementation of the newhope key exchange on FPGAs[J]. IEEE Transactions on Circuits and Systems I: Regular Papers, 2020, 67(3): 866-878.

[9] HOWE J, MARTINOLI M, OSWALD E, et al. Optimised lattice-based key encapsulation in hardware[C]// NIST's Second PQC Standardization Conference. 22-25 August 2019, California, USA: NIST, 2019: 317-327.

[10] CANNIERE C D, PRENEEL B. TRIVIUM specifications[J]. Estream Ecrypt Stream Cipher Project, 2008, 2006(3): 233-236.

[11] GUERON S, SCHLIEKER F. Speeding up R-LWE post-quantum key exchange[J]. Nordic Conference on Secure IT Systems, 2016, 187-198.

[12] ZHANG N, YANG B, CHEN C, et al. Highly efficient architecture of newhope-NIST on FPGA using low-complexity NTT/INTT[J]. IACR Transactions on Cryptographic Hardware and Embedded Systems (TCHES), 2020, 2020(2): 49-72.

[13] JATI A, GUPTA N, CHATTOPADHYAY A, et al. Spqcop: side-channel protected post-quantum cryptoprocessor[J]. Cryptology ePrint Archive, 2019, 765.

[14] BASU K, SONI D, NABEEL M, et al. NIST post-quantum cryptography - a hardware evaluation study[J]. Cryptology ePrint Archive, 2019, 047.

第9章

后量子密码 Saber 处理器

本章主要介绍后量子密码算法 Saber 在硬件平台上的高效实现。伴随物联网的兴起，密码算法不再局限于互联网应用中，万物互联的现代社会为密码算法的应用带来了新的挑战。物联网设备的小型化和对功耗的严格要求使得密码算法在实现时不能只考虑性能和存储资源开销。硬件实现的密码算法与软件相比在安全性、算法执行速度等方面具有一定的优势。随着量子计算时代的到来和物联网技术的飞速发展，如何采用硬件的方式高效地实现后量子密码算法，是个值得关注与研究的课题。

9.1　研　究　现　状

Saber 算法[1]由 Jan-Pieter 等人于 2017 年提出，是 NIST 后量子密码标准第三轮选拔的候选算法之一。作为当前唯一的基于 LWR 问题的候选算法，Saber 相比于其余可以使用 NTT 来加速多项式乘法运算的算法来说，虽然受到的关注相对较少，但仍有许多针对 Saber 算法的优化与实现方案被陆续提出。目前，国际学术界关于 Saber 算法实现方案的研究主要有软件实现、软硬件联合实现和纯硬件实现三种实现方式。三种实现方式共同的研究焦点是如何加速多项式乘法运算。和大多数基于格理论的密码算法相似，多项式乘法运算在 Saber 中是实现成本最高的运算之一，占用了较多的运行时间和存储资源开销。对于 Saber 中不适合采用数论变换加速的多项式乘法运算，国际上通用的优化方案是使用 Karatsuba 算法[2]或 Toom-Cook 算法[3-4]分割多项式，减少乘法运算次数。下面将根据实现方式介绍 Saber 算法实现的研究现状。

（1）软件及软硬件结合实现。Saber 算法的作者 Jan-Pieter 等人在 Intel 处理器上实现了一个基于 Toom-Cook 算法的快速多项式乘法器[1]，该乘法器将 256 阶多项式的乘法分解为 7 次 64 阶多项式乘法，并利用 AVX2 指令集中的 SMID 指令在一个机器周期内传输多个传输系数，使得多项式乘法计算的速度得到了极大的提升，表明了非 NTT 参数集的使用并不会降低 Saber 算法的实现速度。另外，Angshuman Karmakar 等人通过组合使用 Toom-Cook、Karatsuba 和低阶的 Schoolbook 算法，并利用 Cortex-M4 平台提供的 DSP 指令对关键的系数乘法操作进行加速，使 Saber 中多项式乘法计算速度得到了进一步的提升[5]，甚至在相同的多项式阶数和实现平台下，要优于同期最优的 NTT 的汇编级实现[6]。在 2020 年最新的软件实现 Saber 算法的实例中[7]，Jose Maria、Bermudo Mera 等人提出了"惰性插值"技术来减小 Toom-Cook 和 Karatsuba 算法在执行过程中的运算开销，极大地提高了 Saber 在软件实现上的效率。在软硬件联合实现方面，Jose Maria Bermudo Mer 等人设计了第一个硬件实现的 Toom-Cook 乘法器[8]，作为协处理器对 Saber 算法进行加速。该乘法器采用了非常紧凑的实现方式，整个乘法器仅消耗了 2927 个 LUT、1279 个 FF 和 38 个 DSP，在 Artix-7 系列 FPGA 上最高工作频率能达到 125MHz。与基于同一平台上的处理器的纯软件实现相比，该软硬件联合实现方案实现了 5～7 倍的加速。

（2）纯硬件实现。上述所有软件和软硬件联合实现方案都旨在提高 Saber 的计算效率，主要是通过改进多项式乘法器，且均取得了非常明显的效果。但上述方案均面临多项式系数生成效率低下的问题，这是由于 Saber 算法为了提高在各种平台上的兼容性，采用了串行输出可拓展函数 SHAKE128[9]的方法，通过扩展单一的随机数种子得到所有多项式的系数。事实上，在软件实现 SHAKE128 函数的实例中，有超过 50%的计算时间用于生成多项式系数，使其成为制约系统性能的瓶颈。相比于软件平台，用硬件实现 SHAKE128 核心的 Keccak[9]函数更为高效。Sujoy Sinha Roy 等人首次提出了纯硬件实现 Saber 算法的方案[10]。该方案设计了一款高速指令集 Saber 协处理器，通过精简的 Keccak 核设计和并行化的 Schoolbook 乘法器，配合高速协处理器架构，使得系统在兼顾资源开销的同时，运算性能得到了极大的提高，在 UltraScale+FPGA 平台上最高工作频率能达到 250MHz，能在 35μs 内完成一次密钥封装或者解封。在最新的硬件实现实例中[11]，Yihong Zhu 等人通过采用 8 级 Karatsuba 乘法器，结合高效的数据加载和存储分配方案，将 65536 次系数乘法运算减少到 6521 次，极大地减小了运算周期数，但由于 8 级 Karatsuba 乘法器需要耗费大量的组合逻辑来对数据进行预处理，限制了最高工作频率，在 UltraScale+ 平台上，最高工作频率仅能达到 100MHz。尽管如此，得益于 8 级 Karatsuba 乘法器极大地优化了周期开销，Yihong Zhu 等人的设计仍具有目前最优的时间效率，密钥封装和解封分别仅需要 14μs 和 16.8μs。从上述相关文献可以看出，当前对 Saber 算法实现的主要研究集中在性能的提升上，但随着硬件实现方案的不断增加，资源开销也在逐渐成为一个重要的指标。

后量子密码标准的选拔目前仍在进行，何种算法能成为最后的标准仍需要在理论和实践两方面，对算法的安全性、资源开销、运算效率等指标进行不断的评估。在这个过程中，一个优秀的实现实例对于算法的发展来说也是至关重要的。Saber 密钥封装协议具备公钥长度小，不需要复杂采样过程，模运算易实现等优势。如何在硬件实现的过程中发挥这些优势，同时优化多项式乘法计算效率低等缺陷，是当前设计 Saber 算法硬件实现方案时需要考虑的主要问题。

9.2　Saber 算法理论基础

Saber 是基于 MLWR 问题的密码学原语，包含公钥加密（Saber.PKE）和密钥封装（Saber.KEM）两种方案，每种方案均定义了三种安全等级。Saber.PKE 是一种具有选择明文攻击下不可区分性（Indistinguishability under Chosen Plaintext Attack，IND-CPA）的公钥加密方案。Saber.KEM 是一种具有选择密文攻击下不可区分性（Indistinguishability under Chosen Ciphertext Attack，IND-CCA）的密钥交换机制。Saber.PKE 到 Saber.KEM 的转换通过 Fujisaki-Okamoto 变换[12]完成。

下面依次介绍 Saber.PKE 和 Saber.KEM。Saber.PKE 是由三组算法组成的公钥加密方案，三组算法分别为密钥生成（Saber.PKE.KeyGen）、加密（Saber.PKE.Enc）和解密（Saber.PKE.Dec）。Saber.PKE.KeyGen 见算法 9-1。

算法 9-1：Saber.PKE.KeyGen

1. $\text{seed}_A \leftarrow \mathcal{U}(\{0,1\}^{256})$
2. $A = \text{gen}(\text{seed}_A) \in R_q^{l \times l}$
3. $r = \mathcal{U}(\{0,1\}^{256})$
4. $s = \beta_\mu(R_q^{l \times 1}; r)$
5. $b = ((A^{\mathrm{T}} s + h) \bmod q) \gg (\epsilon_q - \epsilon_p) \in R_p^{l \times 1}$
6. **return** $(\text{pk} := (\text{seed}_A, b), s)$

在 Saber.PKE.KeyGen 中，seed_A 为均匀分布的 256bit 随机数种子。Saber 算法没有严格规定随机数种子的生成方式，可以根据实际情况灵活设计。A 为 $l \times l$ 的多项式矩阵，l 根据算法安全等级的不同而不同。多项式矩阵 A 的元素为 n 阶多项式，系数为 ϵ_q。算法定义了矩阵 A 的生成方式：采用 SHA-3 标准定义的输出可扩展函数 SHAKE128 生成多项式矩阵 A 的全部系数。具体过程为，先使用

SHAKE128 对 seed$_A$ 进行一次散列，得到 256 位的随机数，再将这 256 位的随机数作为 SHAKE128 函数的输入，得到指定长度的伪随机数序列作为矩阵 A 的系数。r 与 seed$_A$ 相似，为随机数种子，算法并没有严格定义其生成方式。s 为长度为 l 的多项式向量，多项式的阶数为 n，系数范围为[-μ/2, μ/2]，且需要满足二项分布。二项分布的系数可以通过对均匀分布的伪随机数序列进行简单的二项分布采样得到。算法要求用于采样的序列由 r 作为 SHAKE128 函数的输入得到。b 为长度为 l 的多项式向量，是公钥的主要组成部分。在计算 b 的过程中，使用了常向量 h。Saber 算法定义了三个常量，分别是系数恒等于 $2^{\epsilon_q - \epsilon_p - 1}$ 的多项式 h_1，系数恒等于（$2^{\epsilon_p - 2} - 2^{\epsilon_q - \epsilon_T - 1} + 2^{\epsilon_q - \epsilon_p - 1}$）的多项式 h_2，以及元素均为 h_1 的常向量 h。ϵ_q、ϵ_p 为算法中多项式系数的位宽。ϵ_T 为 1bit 明文对应的密文数据的位宽。在三种不同的安全等级的 Saber 算法中，ϵ_q、ϵ_p 是固定的，分别为 13 和 10，ϵ_T 根据安全等级由低到高分别为 3、4、6。加入常向量 h 的目的是用简单的加法运算代替复杂的四舍五入运算。移位运算对应的是 LWR 问题中的模域转换。得到的向量 b 中的多项式系数的位宽为 ϵ_p。所有计算完成之后，随机数种子 seed$_A$ 与向量 b 进行位拼接，作为公钥发送给客户端。客户端接收到公钥之后，利用公钥对要传输的信息进行加密。加密算法 Saber.PKE.Enc 见算法 9-2。

算法 9-2：Saber.PKE.Enc(pk $= (b, \text{seed}_A), m \in R_2; r$)

1. $A = \text{gen}(\text{seed}_A) \in R_q^{l \times l}$

2. 如果 r 没有被指定，则

3. $\lfloor r = \mathcal{U}(\{0,1\}^{256})$

4. $s' = \beta_\mu(R_q^{l \times 1}; r)$

5. $b' = ((As' + h) \bmod q) \gg (\epsilon_q - \epsilon_p) \in R_p^{l \times 1}$

6. $v' = b^T(s' \bmod p) \in R_p$

7. $c_m = (v' + h_1 - 2^{\epsilon_p - 1} m \bmod p) \gg (\epsilon_p - \epsilon_T) \in R_T$

8. **return** $c := (c_m, b')$

Saber.PKE.Enc 的输入参数除公钥 pk 外，还有消息 m（明文）和可选的随机数种子 r。Saber.PKE.Enc 单次最多可加密 256bit 的信息，若需要加密长度超过 256bit 的消息，则需要将消息进行分割，分为多次完成。Saber.PKE.Enc 中的采样与多项式乘法运算与 Saber.PKE.KeyGen 中相应步骤完全相同，且两端得到的多项式矩阵 A 也是相同的，但多项式向量 s 是不同的，用 s' 表示。相应地，由 s' 计算得到的 b' 与服务器端的 b 也是不同的。随后算法需完成两个多项式向量之间的

乘法运算，得到多项式 v'，用于对消息进行加密。加密过程中，每 1 位消息数据对应多项式 v 中的一个系数，得到位宽为 ϵ_T 的密文数据。因此，256 位消息加密得到的密文 c_m 的长度为 $(256 \times \epsilon_T)$bit。加密完成后将密文 c_m 和多项式向量 $\boldsymbol{b}'$ 发送回服务器端。服务器端接收到密文后对其进行解密。解密算法 Saber.PKE.Dec 见算法 9-3。

算法 9-3：Saber.PKE.Dec($\boldsymbol{s},c=(c_m,\boldsymbol{b}')$)

1. $v = \boldsymbol{b}'^{\mathrm{T}}(\boldsymbol{s} \bmod p) \in R_p$

2. $m' = ((v - 2^{\epsilon_p - \epsilon_T} c_m + h_2) \bmod p) \gg (\epsilon_p - 1) \in R_2$

3. **return** m'

Saber.PKE.Dec 首先通过之前保留的多项式向量 $\boldsymbol{s}$ 和接收到的 $\boldsymbol{b}'$ 计算得到多项式 v。多项式 v 可以看作 Saber 加密方案中的私钥。在不知晓 $\boldsymbol{s}$ 的情况下得到 v 在理论上是不可能的。解密过程与加密过程互逆，完成解密后得到消息 m'。在数据传输不出错的情况下，m' 和 m 在极大概率下是相同的。

利用特定的数学变换，可以将 CPA 安全的公钥加密方案转换为 CCA 安全的密钥封装机制。经典的 Fujisaki-Okamoto 变换便是一种常见的方法。近年来，研究人员相继提出了几种适用于后量子密码的 Fujisaki-Okamoto 变换[13-15]。Saber 算法在进行 PKE 到 KEM 的转换时结合自身的特性进行了一定程度的修改和优化。Saber.KEM 同样也是由三组算法构成，分别为密钥生成（Saber.KEM. KeyGen）、密钥封装（Saber.KEM.Encaps）和密钥解封（Saber.KEM.Decaps）。Saber.KEM.KeyGen 见算法 9-4。

算法 9-4：Saber.KEM.KeyGen

1. $(\text{seed}_A,\boldsymbol{b},\boldsymbol{s})$=Saber.PEK.Gen()

2. pk=$(\text{seed}_A,\boldsymbol{b})$

3. hpk= $\mathcal{F}$ (pk)

4. $z = \mathcal{U}(\{0,1\}^{256})$

5. **return** (pk:=$(\text{seed}_A,\boldsymbol{b})$,sk:=$(z,\text{phk},\text{pk},\boldsymbol{s})$)

Saber.KEM.KeyGen 首先直接调用 Saber.PKE.Gen。算法中的 $\mathcal{F}$ 表示 SHA-3 标准定义的哈希散列函数 SHA3-256，该函数可以对任意长度的数据进行散列，得到 256 位的哈希值 hpk。这里生成哈希值的目的是为后续服务器端的公钥加密过程构造参数。下一步则需生成 256 位的随机数 z，生成 z 的目的是在重加密失败时返回一个伪随机响应。上述步骤完成后，发送公钥到客户端，保留私钥。注意此时保留的私钥中也包含公钥信息，用于后续服务器端对消

息的重新解密。

客户端接收到公钥信息后，对要交换的密钥信息进行封装。密钥封装算法 Saber.KEM.Encaps 执行流程见算法 9-5。

算法 9-5：Saber.KEM.Encaps(pk:=(seed$_A$,$\boldsymbol{b}$))

1. $m = \mathcal{U}(\{0,1\}^{256})$

2. $(\hat{K},r) = \mathcal{G}(\mathcal{F}(\text{pk}),m)$

3. $c = \text{Saber.PKE.Enc}(\text{pk},m;r)$

4. $K = \mathcal{H}(\hat{K},c)$

5. **return** (c,K)

Saber.KEM.Encaps 首先需要为调用公钥加密算法构造参数。m 为均匀分布的 256 位随机数，最后用于对称加密算法的密钥便是由消息 m 经过一系列哈希散列得到的。实际应用时，在随机数生成器得到 256 位的 m 之后，需要使用 SHA3-256 函数对其进行一次哈希散列，得到的 256 位输出数据才作为后续加密算法的输入。Saber 算法并未规定 m 的生成方式，如果使用一些安全性不够高的伪随机生成器得到 m，那么极易从 m 推出伪随机数生成器内部状态，影响系统的安全性。在作为加密信息之前先对 m 进行一次哈希散列可以避免泄露伪随机数生成器内部状态。算法随后调用了两次哈希散列函数，第一次与服务器端执行 Saber.KEM.KeyGen 的相应步骤相同，对接收到的公钥进行散列得到 phk。第二次使用的是 SHA3-512 函数，输入为 phk 与 m，输出的 512 位数据中前 256 位数据作为随机数种子 r，用于生成多项式向量 $\boldsymbol{b}$，后 256 位保留，记作 k。此时，公钥 pk、明文 m 和用于生成多项式向量 $\boldsymbol{b}$ 的随机数种子 r 均准备完成，下一步骤便是调用公钥加密算法对明文进行加密，得到 256 位的密文 c_m 和多项式向量 $\boldsymbol{b}'$，整体记作 c。接下来是计算直接用于对称加密算法的会话密钥（SessionKey），包含了两次 SHA3-256 函数的调用。第一次调用时输入为 c，输出记作 r'；第二次调用时输入为 r' 和 k 拼接得到的 512 位数据，输出的 256 位数据即为会话密钥。

密钥解封算法 Saber.KEM.Decaps 中除解密算法外，还额外调用了一次加密算法对解密出来的消息进行重新加密，用来判断密钥解封是否成功。密钥解封算法执行流程见算法 9-6。

算法 9-6：Saber.KEM.Decaps(sk:=(z,phk,pk,$\boldsymbol{s}$),c)

1. $m'=\text{Saber.PKE.Dec}(\boldsymbol{s},c)$

2. $(\hat{K}',r') = \mathcal{G}(\text{phk},m')$

---

3. $c'=$Saber.PKE.Enc $(pk,m';r')$

4. 如果 $c=c'$，则

5. | **return** $K = H(\hat{K}',c)^2$

6. 否则

7. | **return** $K = \mathcal{H}(z,c)$

Saber.KEM.Decaps 调用了 Saber 公钥加密方案中的解密算法，对从客户端发送来的密文进行解密，得到 m'。前面提到，m' 与 m 在极小概率的情况下，是有可能不相同的，而且在传输过程中，信息也有可能因外界干扰而发生错误。为了避免对后续的对称加密造成影响，Saber 算法要求在解密出 m' 后重新调用公钥加密算法对其进行加密。加密 m' 之前相关参数的构造方式同 Saber.KEM.Encaps 一致，加密完成后将得到的 c' 与从客户端接收到的 c 进行比较，若相同，则表示密钥解封成功，服务器端后续将按照和客户端相同的方法构造会话密钥。若 c' 与 c 不相同，则服务器端用算法 Saber.KEM.KeyGen 中保留的随机数 z 构造一个伪随机响应，用以指示密钥解封失败。

Saber 算法设置了三种安全等级，对应着不同的安全参数配置，见表 9-1。安全等级由低到高分别为 LightSaber、Saber 和 FireSaber。

表 9-1　Saber 算法安全参数

安全等级	l	n	ϵ_q	ϵ_p	ϵ_T	μ
LightSaber	2	256	13	10	3	10
Saber	3	256	13	10	4	8
FireSaber	4	256	13	10	6	6

表 9-2 列举了三种安全等级下 Saber 算法的公钥、私钥、密文长度和失败概率等属性。不同的应用场景对算法的安全性等级有不同的需求，后量子密码 Saber 处理器选择了适用范围最广的 Saber 算法进行了实现。基于本章设计的协处理器结构，也容易扩展出 LightSaber 和 FireSaber 的硬件实现。在 Saber 算法实现时，不同的参数选取主要影响的是系统的存储空间大小和执行周期数，并不会对系统整体性能、功能子模块的设计和除存储器以外资源开销产生明显影响。

表 9-2　不同安全等级下 Saber 算法的相关属性

安全等级	失败概率	公钥长度（B）	私钥长度（B）	密文长度（B）
LightSaber-PKE	2^{-120}	672	832	736

续表

安全等级	失败概率	公钥长度（B）	私钥长度（B）	密文长度（B）
Saber-PKE	2^{-136}	992	1248	1088
FireSaber-PKE	2^{-165}	1312	1664	1472
LightSaber-KEM	2^{-120}	672	1568	736
Saber-KEM	2^{-136}	992	2304	1088
FireSaber-KEM	2^{-165}	1312	3034	1472

Saber 算法是一种简单、高效、灵活的后量子密码方案，算法具有以下特点和优势：

（1）算法基于 MLWR 问题。基于 LWE 问题及其变体的公钥密码方案需要从随机分布的噪声中采样。而且，噪声会被包含在公钥和密文中，导致了信息传输过程中需要消耗较高的带宽。在基于 LWR 问题的方案中，噪声是通过将系数从模 q 的整数域映射到模 p 的整数域而"确定性"地获得的。这种方式不仅缩短了公钥和密文的长度，还减少了需要通过采样得到的多项式系数的数量，从而缩短了散列函数生成伪随机序列所花费的时间。在 LWR 体系中，选择 MLWR 方案可以有效地抵御针对 RLWR 方案的攻击，同时相比于基础的 LWR 方案，降低了计算复杂度，并为算法实现提供了灵活性：通过增大多项式矩阵的维度和向量的长度，可以很容易地提升安全等级，而无须修改基础算法。

（2）模的选择。在 Saber 方案中，所有的整数模均为 2 的幂。采用这种参数选择可以避免模规约模块的使用。同时，以 2 的幂为模进行采样是非常容易实现的，避免了拒接采样或者其余复杂的采样过程，在硬件实现时甚至不需要额外的资源开销，这对于在恒定时间完成采样是很有帮助的，有助于抵御侧信道攻击。采用这种模数方案的主要缺点是不支持使用 NTT 来加速多项式乘法。但由于 Saber 中多项式的阶数较小，仅为 256，使用 NTT 带来的速度上的提升并不明显。此外，设计人员还能依据设计平台、实现策略和优化目标来选择合适的多项式乘法算法来对 Saber 中的多项式乘法运算进行优化，甚至能够实现一个更快的速度。

（3）开销低的乘法运算。在 Saber 方案中，不会出现两个长位宽的随机数相乘。Saber 中的乘法都是将一个随机数乘以一个比较小的数（位宽不超过 4）。如果采用不对系数进行预处理的多项式乘法计算方案，甚至能以极低的资源开销，使用简单的移位和加减法来实现系数乘法。这在使用 NTT 的方案中是不可行的，因为在 NTT 运算过程中会丢失数值较小的元素。

9.3 Saber 协处理器设计

密码安全协处理器的硬件实现包括多种方案，基于指令集协处理器的设计方案可以最大限度地保证协处理器的灵活性和可配置性。Saber 算法的计算步骤由功能模块完成，因而对核心功能模块的设计和优化是协处理器设计的主要工作。协处理器中 SHA-3 模块、多项式乘法器等核心模块具有多种优化方案。本章在设计具体模块时结合系统对性能和资源的需求，综合了各种方案的优缺点，从数据加载方案、核心运算单元、外围控制逻辑等方面对功能模块进行了优化设计。

9.3.1 Saber 协处理器整体结构

Saber 协处理器整体上可以分为三个部分，分别是主控逻辑、功能子模块、存储器。主控逻辑又可以分为取指控制模块、指令解析单元和总线管理逻辑三部分。取指模块用于从程序存储器中按地址递增的顺序读取指令。指令解析单元负责分析读取的指令，生成功能子模块的控制信号与地址信号，同时也负责监控系统的运行过程，为外部提供必要的标志信号以指示系统当前工作状态，通常使用译码器实现。总线管理逻辑负责仲裁当前数据存储器的使用权，判断依据为系统内部定义的相关标志位，通常利用多路选择器实现。功能子模块用于完成特定的功能，是系统的主体部分，主要有 SHA-3 模块、二项分布采样模块、多项式乘法器、加密/解密模块等。存储器分为程序存储器和数据存储器。程序存储器用于存储自定义指令。数据存储器用于存储随机数种子、算法在运行过程中生成的中间数据，以及会话密钥。系统顶层引出了程序存储器的数据接口，可以通过外部控制更改程序，达到配置协处理器功能的目的。由于系统中使用的是 37 位的自定义指令，因此程序存储器的数据宽度为 37，深度设置为 32，以满足密钥封装算法的需要。Saber 算法的执行流程并不复杂，加上功能子模块的灵活设计，单条指令可以完成多个运算步骤，深度设为 32 可以满足绝大部分情况下的编程需求。数据存储器为 1024×64bit 的双端口存储器，以兼容高速 Keccack 核单周期输出数据的宽度，并满足部分高性能模块同时读取两个数据的需要。系统工作时，各个功能子模块从数据存储器中读取数据，完成特定运算之后再将结果写回。Saber 协处理器整体框架图如图 9-1 所示。

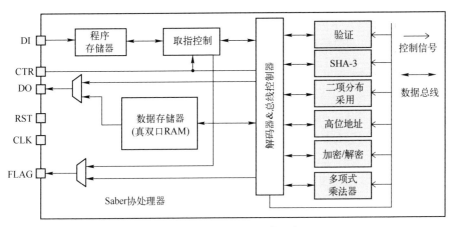

图 9-1　Saber 协处理器整体框

为了便于指令的设计，同时简化系统结构，协处理器中的功能模块尽可能地统一了输入控制信号与数据信号，并在模块结构上也基本保持一致。功能子模块的输入/输出接口与整体结构如图 9-2 所示。

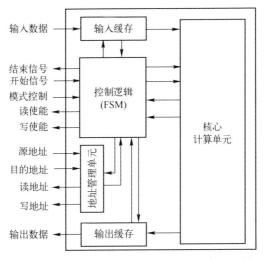

图 9-2　功能子模块的输入/输出接口与整体结构

功能子模块由输入缓存、控制逻辑（有限状态机，FSM）、核心运算单元、地址管理单元和输出缓存五部分组成。其中，根据核心运算单元输入/输出数据的位宽决定是否需要输入缓存和输出缓存。图 9-2 所示的子模块的输入/输出信号中，输入和输出数据均为 64 位；开始信号为单周期高电平有效的使能信号，有效脉冲到达后，模块开始工作；模块工作结束后，利用单周期脉冲信号结束信号指示当前计算已完成；读使能信号和写使能信号输出到数据存储器；源地址和目的地址分别为输入数据首地址和输出数据首地址，由解码器解析指令得到；读地址和写地址由地址管理单元生成，输出到数据存储器。上述信号中，存储器相关信号通过多路选择器连接到数据存储器，控制相关的信号通过解码器解析指令得到。

9.3.2 SHA-3 模块的硬件实现

SHA-3 算法作为一种相对成熟的标准，已经有了相当广泛的应用。相关领域的科研工作者针对 SHA-3 算法的实现提出了许多非常优秀的方案，其中硬件实现一直是研究的热点。Keccak 算法在设计的过程中就非常重视算法在硬件实现上的效率，并针对性地做出了一些优化，这也是 Keccak 算法最终能被选为 SHA-3 标准的原因之一。

第 4 章对 SHA-3 的原理和高速高效的硬件实现方案做了详细的介绍。但是，在一个完整的公钥密码系统中，决定系统整体性能的并不是其中性能最高的模块，而是性能最低的模块。SHA-3 算法硬件实现的高效性使其即使不进行专门的优化，理论上也不会成为制约密钥交换系统性能的瓶颈，就目前国际上相关的硬件实现实例来看，后量子密码系统中制约系统性能的模块均为多项式乘法器。因此，在设计 SHA-3 模块时，主要是从节省资源开销的角度确定设计方案，即采用展开系数为 1、不插入流水线的方式实现轮函数。此外，由于 Saber 算法中只用到了 SHA3-256、SHA3-512 和 SHAKE128 共三种函数，且 SHAKE128 的输出消息的长度也只有固定的几种情况，因此在设计时对外围控制逻辑也可以进行一定的精简。

SHA-3 模块的整体架构如图 9-3 所示。

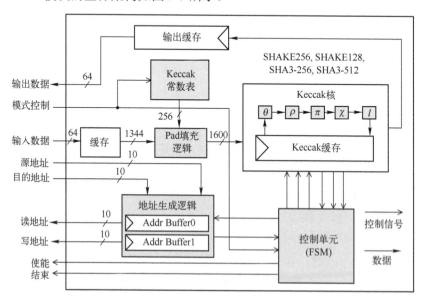

图 9-3　SHA-3 模块整体结构

根据 SHA-3 标准的定义，SHA3-256 等函数实际上就是以不同的参数调用 Keccak 函数的实例，因此整体硬件结构可以分为外围控制逻辑和负责执行迭代运算的 Keccak 核。Keccak 核采用纯组合逻辑实现，不插入流水线。外围控制逻辑包括填充输入消息的 pad 填充逻辑，用于生成读/写地址的地址生成逻辑，用于控制模块工作进程的主控状态机等。在 Saber 算法中，SHA3-256 函数的输入消息长度有四种情况，分别为 256 位、512 位、7936 位和 8704 位，输出消息长度固定为 256 位；SHA3-512 函数的输入消息长度固定为 512 位，输出也为 512 位；SHAKE128 函数的输入固定为 256 位，输出有三种情况，分别为 256 位、6144 位和 29952 位。根据上述分析，整个 SHA-3 模块的工作模式可以分为 8 种情况，由输入模式控制信号进行控制。模式控制信号一方面作为填充消息的选择信号，参与消息填充过程，另一方面决定主控状态机中，写回状态的结束标志位的生成方式，从而达到控制输出消息长度的目的。一些通用性比较强的 SHA-3 模块设置了输入消息长度和摘要消息长度等控制信号，可以吸收任意长度的输入消息，输出任意长度的摘要信息（仅针对输出可扩展函数）。相比于专用性较强的方案，这种实现方法不仅会消耗更多的逻辑资源来填充输入和控制输出，还不便于系统顶层对模块的调用，不利于系统的紧凑性。图 9-3 中源地址和目的地址分别为输入数据在存储器中的起始地址和输出数据在存储器中的起始地址，输入到地址生成逻辑，作为读地址和写地址的初值。主控状态机有空闲、读数据、执行迭代、写回、结束等状态，负责控制 SHA-3 模块的工作进程。

简化后的 SHA-3 模块状态转移图如图 9-4 所示。

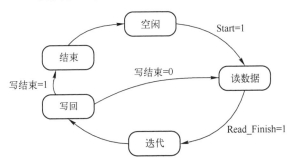

图 9-4 简化后的 SHA-3 模块状态转移图

将数据存储器的数据位宽设置为 64 位，很大程度上是为了配合 SHA-3 模块，使其能够高效地输出数据。在 Saber 算法中，所有多项式的系数均是由 SHA-3 模块执行 SHAKE128 函数得到的。在 Saber 的软件实现方案中，由于软件不便于进行位操作，导致 Keccak 核的运算效率较低，成为制约系统整体性能的瓶颈。硬件实现的 Keccak 核解决了运算效率的问题，但如果没有高效的数据写回策略，仍会对系统整体性能造成影响。在生成多项式矩阵 A 的系数和供二项分布采样的伪随机数序列时，SHA-3 模块每 24 周期可以提供 1344 位的伪随机数，对于 64 位的存储器，这些随机数可以在 21 个周期内完成写入。也就是说，迭代函数的执行和伪随机数的写回是可以同步进行的，采用这种写回策略可以减少近 50%的时间开销。采用更长数据位宽的存储器虽然也能达到相同的效果，但却增加了 SHA-3 模块与存储器之间的带宽，加大了数据在传输过程中发生错误的风险，因此将存储器数据位宽设置为 64 是最合适的。

9.3.3　二项分布采样模块

在早期的格密码方案中，一般采用高斯采样（Gaussian Sampling）的方法构造噪声分布，以确保系统的安全性。但随着格密码的发展，越来越多密码方案开始采用二项分布采样（Binomial Sampling）的方法，构造系数符合中心二项分布的多项式，为公钥和密文引入随机性。使用二项分布采样被证明并不会明显降低系统的安全等级[16]，并且与高斯采样相比，二项分布采样具有实现简单、资源开销低、运行时间恒定等优势。二项分布采样器一般是通过计算两个均匀分布随机数的汉明权重之差来实现的。例如，要实现分布在[$-\mu/2$, $\mu/2$]之间的中心二项分布，可以在均匀分布随机数序列中，取两个 $\mu/2$ 位的随机数，分别计算它们的汉明权重，然后相减，取足够多组随机数重复上述过程，得到的便是符合二项分布的随机数序列。在 Saber 算法中，μ 设定为 8，因此每生成一个多项式向量 b 的系数，需要 8 位的随机数。

二项分布采样模块的核心单元结构如图 9-5 所示。该模块实例化了 8 个基本采样单元，一周期内可以处理从数据存储器中读取的全部 64bit 数据，生成 8 个 4 位的系数，存储在缓存中，每两个周期写回一次。二项分布采样的过程比较简单，采样单元的资源开销也比较低，采用并行化的设计方法可以最大限度地保证算法执行效率。模块在设计过程中参考了文献[10]的数据组织方式，采用符号位加绝对值的形式表示有符号数，因此最后得到的系数为 4 位。采用这种数据组织方式可以方便后续多项式乘法器的设计，同时也可以兼容全部三种安全等级的算法，便于系统功能的扩展。Saber 算法不同的安全版本对应的 μ 不同，但均可以用 4 位的符号位加绝对值的形式表示。

二项分布采样模块的外围控制逻辑与 SHA-3 模块相似，均包含了主控状态机和地址生成逻辑，但由于二项分布采样模块直接对输入的 64bit 数据进行操作，因此不需要输入缓存。二项分布采样模块的输入/输出信号也与 SHA-3 模块基本相同，便于系统顶层控制逻辑通过指令调用该模块。

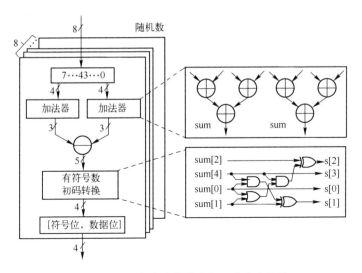

图 9-5 二项分布采样模块核心单元结构图

9.3.4 多项式乘法器

在格密码方案中，多项式环内的乘法运算效率对系统整体性能有显著的影响。实现过程中适用的最有效的多项式乘法算法根据参数 q（模）和 n（多项式阶数）的值而变化。在 Saber 等基于 LWR 问题的方案中，由于参数 q 选择为 2 的整数次幂而非素数，多项式乘法运算无法使用效率最高的 NTT 变换进行加速。除 NTT 变换外，更为通用的多项式乘法优化算法通常有 Karatsuba 和 Toom-Cook，现有的 Saber 实现方案中有许多都用到了这两种算法。本章介绍了一种基于 Karatsuba 算法的多项式乘法器设计方案，该方案采用并行化的两级流水线结构，能够达到比较高的性能。

1. 环域内的多项式乘法运算与优化算法

Saber 算法定义了两个多项式环。令 $n=256$、$q=2^{13}$、$p=2^{10}$，两个环可以分别表示为 $R_q = \mathbb{Z}_q[X]/(X^n+1)$ 和 $R_p = \mathbb{Z}_p[X]/(X^n+1)$。环域上的多项式乘法运算需要满足两个要求，一是乘积的最高次项的幂不能超过 X^{n-1}，二是乘积的系数均不超过模 q（p）。对于超过的项，需要进行模运算将其映射到多项式环内。例如，对于两个在环 $R_4 = \mathbb{Z}_4[X]/(X^4+1)$ 内的多项式：

$$a(x) = 1 + 3x - 2x^2 + 2x^3 \tag{9-1}$$

$$b(x) = 2 - 2x + 3x^2 - 3x^3 \tag{9-2}$$

若按照普通的多项式乘法运算法则，将上述两个多项式相乘，得到的乘积为

$$y(x) = 2 + 4x - 7x^2 + 14x^3 - 19x^4 + 12x^5 - 6x^6 \qquad (9\text{-}3)$$

若将乘法运算限制在多项式环上，则需要将不在环内的项映射到环内。映射的过程分为两步，对于该例子而言，首先是将次数大于或等于 4 的项与模 x^4 进行取模运算，然后将系数取反；第二步是将系数取模，将乘积系数在整数环内。映射的详细过程如下：

$$
\begin{aligned}
&2 + 4x - 7x^2 + 14x^3 - 19x^4 + 12x^5 - 6x^6 \rightarrow \\
&2 + 4x - 7x^2 + 14x^3 + 19 - 12x + 6x^2 \rightarrow \\
&21 - 8x - x^2 + 14x^3 \rightarrow \\
&y(x) = 1 - x^2 + 2x^3
\end{aligned}
\qquad (9\text{-}4)
$$

一般地，对于在环 $R = \mathbb{Z}[X]/(X^n + 1)$ 内的多项式 $a(x) = \sum_{i=0}^{n-1} a_i x^i$ 和 $b(x) = \sum_{i=0}^{n-1} b_i x^i$，令 $c(x) = \sum_{i=0}^{n-1} c_i x^i = a(x) \times b(x)$，则 $c(x)$ 的系数可以通过如式（9-5）的方式计算[17]。

对于环 R_q 内的多项式乘法运算，则需要取式（9-5）中 c_i 模 q 之后的结果。取模这一步骤常被称为模规约（Modular Reduction）。Saber 算法中，由于模为 2 的整数次幂，取模运算时不需要消耗额外的硬件资源。例如，当 q 等于 2^{13} 时，只需将存储系数的寄存器位宽固定为 13 即可。一些模为素数的方案，如 NewHope、Kyber 等，则需要设计模规约模块来完成取模的过程，该模块通常是由判断逻辑和若干次减法组成的。

$$
\begin{pmatrix}
c_0 \\ c_1 \\ c_2 \\ \vdots \\ c_{n-2} \\ c_{n-1}
\end{pmatrix}
=
\begin{bmatrix}
b_0 & -b_{n-1} & -b_{n-2} & \cdots & -b_3 & -b_2 & -b_1 \\
b_1 & b_0 & -b_{n-1} & \cdots & -b_4 & -b_3 & -b_2 \\
b_2 & b_1 & b_0 & \cdots & -b_5 & -b_4 & -b_3 \\
\vdots & \vdots & \vdots & \vdots & \vdots & \vdots & \vdots \\
b_{n-2} & b_{n-3} & b_{n-4} & \cdots & b_1 & b_0 & -b_{n-1} \\
b_{n-1} & b_{n-2} & b_{n-3} & \cdots & b_2 & b_1 & b_0
\end{bmatrix}
\begin{pmatrix}
a_0 \\ a_1 \\ a_2 \\ \vdots \\ a_{n-2} \\ a_{n-1}
\end{pmatrix}
\qquad (9\text{-}5)
$$

式（9-5）所示的矩阵乘法的方法有很多，其中最为基础的是逐项相乘再累加的方法，该方法也被称为 Schoolbook 算法。硬件实现 Schoolbook 算法的过程并不复杂：首先将多项式 $b(x)$ 的系数全部取出，依次存放在寄存器 b 中。再设置一个足够长的寄存器 c，初始化为零，用于存储 $c(x)$ 的系数，之后按照算法 9-7 所示步骤，每周期取出一个多项式 $a(x)$ 的系数与 $b(x)$ 系数相乘并累加，即可得到 $c(x)$[10]。由于在 Saber 算法中，私密多项式向量 s 中的多项式的体积远小于多项式矩阵 A 中的多项式，因此一般将 s 中的多项式一次性取出存放在寄存器中，以

减小寄存器资源的开销。从算法 9-7 中可以看出，每周期能完成的系数乘法次数将影响整个多项式乘法运算的周期开销。以 256 阶多项式乘法算法为例，若乘法器并行实例化了 256 个系数乘法单元，在单周期内便能完成算法 9-7 中步骤 3 到步骤 5 的所有操作，则最短可以在 256 个周期内完成多项式乘法运算。类似地，若实例化了 512 个乘法单元，则可以将周期开销减少到 128 个周期。

算法 9-7：Schoolbook 多项式乘法

1.　$c(x) \leftarrow 0$

2.　**for**　$i=0; i<n; i=i+1$　**do**

3.　　**for**　$j=n-1; j \geqslant 0; j=j-1$　**do**

4.　　　$c[j] = c[j] + b[j] \cdot a[i] \bmod \mathbb{Z}_q$

5.　　**end for**

6.　　$b = b \cdot x \bmod R_q$

7.　**end for**

8.　**return** $c(x)$

基于 Schoolbook 算法的多项式乘法器具有结构简单、便于实现等特点，但由于该方法并没有对多项式乘法运算的复杂度进行优化，因此效率不高。常用 Karatsuba 算法和 Toom-Cook 算法对多项式的乘法进行加速，其中 Toom-Cook 算法又分为 TC-3 和 TC-4。TC-3 和 TC-4 算法起初是为了优化大整数乘法运算而提出的，但稍加修改也能应用于多项式的乘法。TC-3 和 TC-4 算法均是采用"分而治之"的思想，将较长的多项式乘法分割为多个较短的多项式乘法，并重复利用运算过程中的一些结果，以达到减少乘法运算次数的目的。

下面介绍采用 Karatsuba 算法的思想化简上述环内多项式乘法运算的过程。首先，不难发现式（9-5）中的矩阵具有一定的对称性。该矩阵主对角线上的元素均相等，且平行于主对角线的线上的元素也相等，矩阵中的元素关于次对角线对称。这样的矩阵被称为托普利兹矩阵（Toeplitz Matrix），简称 T 矩阵。根据 T 矩阵的特点，可以将式（9-5）表示为

$$\begin{pmatrix} C_0 \\ C_1 \end{pmatrix} = \begin{pmatrix} B_0 & B_2 \\ B_1 & B_0 \end{pmatrix} \begin{pmatrix} A_0 \\ A_1 \end{pmatrix} = \begin{pmatrix} B_0 & -B_1 \\ B_1 & B_0 \end{pmatrix} \begin{pmatrix} A_0 \\ A_1 \end{pmatrix} \tag{9-6}$$

令 $C_0 = P_2 + P_1$，$C_1 = P_3 - P_1$，根据式（9-6），则有

$$P_1 = -B_1(A_0 + A_1) \tag{9-7}$$

$$P_2 = (B_0 + B_1)A_0 \tag{9-8}$$

$$P_3 = (B_0 - B_1)A_1 \tag{9-9}$$

经过上述变换，256 阶多项式的乘法运算转换为了 3 次 128 阶多项式的运算，执行乘法运算的次数从 65536 次减少为了 49152 次，多项式乘法运算的复杂度得到了降低。同样，式（9-7）～式（9-9）中的 128 次多项式乘法也可以利用 Karatsuba 算法，分别转换为 3 次 64 阶多项式乘法，从而进一步减少乘法运算的次数，提高计算效率。

Toom-Cook 算法可以看作 Karatsuba 算法参数一般化之后的扩展。Karatsuba 算法是将原多项式分解为两个多项式，TC-3 便是将原多项式分解为 3 个多项式，TC-4 则是分解为 4 个，以此类推，可以扩展出许多种 Toom-Cook 算法。下面以 TC-4 算法为例。与式（9-6）类似，式（9-5）也可以表示为

$$
\begin{pmatrix} C_0 \\ C_1 \\ C_2 \\ C_3 \end{pmatrix} = \begin{pmatrix} B_3 & B_2 & B_1 & B_0 \\ B_4 & B_3 & B_2 & B_1 \\ B_5 & B_4 & B_3 & B_2 \\ B_6 & B_5 & B_4 & B_3 \end{pmatrix} \begin{pmatrix} A_0 \\ A_1 \\ A_2 \\ A_3 \end{pmatrix} = \begin{pmatrix} P_1 - P_2 + 8P_3 - 8P_4 + 27P_5 + P_6 \\ P_1 + P_2 + 4P_3 + 4P_4 + 9P_5 \\ P_1 - P_2 + 2P_3 - 2P_4 + 3P_5 \\ P_0 + P_1 + P_2 + P_3 + P_4 + P_5 \end{pmatrix}
\tag{9-10}
$$

其中，

$$
P_0 = \frac{1}{12} A_0 (12B_6 - 4B_5 - 15B_4 + 5B_3 + 3B_2 - B_1)
\tag{9-11}
$$

$$
P_1 = \frac{1}{12} (A_0 + A_1 + A_2 + A_3)(12B_5 + 8B_4 - 7B_3 - 2B_2 + B_1)
\tag{9-12}
$$

$$
P_2 = \frac{1}{24} (A_0 - A_1 + A_2 - A_3)(-12B_5 + 16B_4 - B_3 - 4B_2 + B_1)
\tag{9-13}
$$

$$
P_3 = \frac{1}{24} (A_0 + 2A_1 + 4A_2 + 8A_3)(-6B_5 - B_4 + 7B_3 + B_2 - B_1)
\tag{9-14}
$$

$$
P_4 = \frac{1}{120} (A_0 - 2A_1 + 4A_2 - 8A_3)(6B_5 - 5B_4 - 5B_3 + 5B_2 - B_1)
\tag{9-15}
$$

$$
P_5 = \frac{1}{120} (A_0 + 3A_1 + 9A_2 + 27A_3)(4B_5 - 5B_3 + B_1)
\tag{9-16}
$$

$$
P_6 = A_3 (-12B_5 + 4B_4 + 15B_3 - 5B_2 - 3B_1 + B_0)
\tag{9-17}
$$

从乘法计算复杂度的优化程度上来看，Toom-Cook 算法的效率比 Karatsuba 算法要高。通过分析式（9-11）～式（9-17）不难看出，TC-4 算法将 256 阶多项式乘法转换为了 7 次 64 阶多项式的乘法，执行乘法运算的次数从 65536 次降为了 28672 次，极大地提高了多项式乘法的效率。但是，在利用 Toom-Cook 算法执行多项式乘法计算时，需要对送入乘法器的系数进行复杂的预处理，这在硬件实现时将会带来非常大的资源开销，严重影响了系统的面积与性能。实际上，Toom-Cook 常用于对资源开销不敏感的软件实现或软硬件联合实现中，纯硬件实现中通常使用结构较为简单的 Schoolbook 和 Karatsuba 算法。

考虑到资源开销和性能的平衡，设计了一种基于 Karatsuba 算法的多项式乘

法器，其计算流程见算法 9-8。

算法 9-8：Karatsuba 多项式乘法

1.　　$c(x) \leftarrow 0$
2.　　**for** $i=0;\ i<n/2;\ i=i+1$ **do**
3.　　　　**for** $j=n-1;\ j \geqslant n/2;\ j=j-1$ **do**
4.　　　　　　$p_1[j] = -b[j](a[i] + a[i+128]) \bmod \mathbb{Z}_q$
5.　　　　　　$p_2[j] = (b[j-128] + b[j]) \cdot a[i]\ \bmod \mathbb{Z}_q$
6.　　　　　　$p_3[j] = (b[j-128] - b[j]) \cdot a[i+128] \bmod \mathbb{Z}_q$
7.　　　　　　$c[j] = p_3[j] - p_1[j];\ c[j-128] = p_2[j] + p_1[j]$
8.　　　　**end for**
9.　　　　$b = b \cdot x\ \bmod R_q$
10.　　**end for**
11.　　**return** $c(x)$

2．多项式乘法器的硬件实现

（1）多项式乘法器整体结构。

图 9-6 展示了多项式乘法器的整体结构。该乘法器通过并行 384 个基本乘法单元和系数预处理逻辑，可以在一个时钟周期内完成算法 9-8 中第 4 行到第 7 行的计算步骤，完成一次 256 阶多项式的乘法仅需 128 个时钟周期。Karatsuba 算法提高了多项式乘法计算的效率，若采用 Schoolbook 乘法器，在达到相同性能的情况下，则需要实例化 512 个基本乘法单元。乘法器设置一系列寄存器来存储从 BRAM 中读取的多项式系数。寄存器 B（B_0 和 B_1）用于存储系数位宽较小的多项式的系数。在 Saber 算法中，多项式 s 的系数位宽较小，仅为 4 位，存储多项式的所有系数仅需要 1024bit 寄存器。在计算开始前将多项式 s 的系数全部读出，便于对其进行循环移位。缓存 0 和缓存 1 用于存储系数位宽较大的多项式，设置这两组寄存器的原因是多项式 a 的 13 位系数在位宽为 64 的 BRAM 中存在跨地址存储的现象。将 64 位的数据转化为 13 位的数据流需要 832 位寄存器，但在合理规划数据加载流程之后，所需寄存器位宽可以得到减小[10]，具体方法将在后文详细说明。寄存器 C（C_1 和 C_2）用于存储乘积多项式 c 的系数。由于乘积多项式的所有系数是同步生成的，因此需要设置寄存器将系数暂时保存，待计算完成后，再将系数写回存储器。写回存储器时，乘积多项式的系数被扩展为 16 位，避免使乘积多项式系数也存在跨地址存储现象，从而使得执行后续步骤的模块不需要设置额外的寄存器进行缓存。

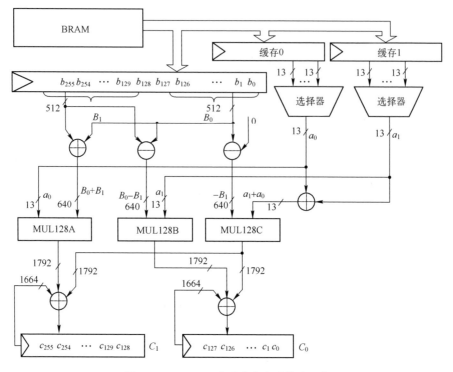

图 9-6　Karatsuba 多项式乘法器整体结构

多项式乘法器在设计过程中，为了达到一个较高的性能，除利用 Karatsuba 算法提高乘法计算效率外，还在数据加载方案和核心运算单元两个方面进行了优化。

（2）高效数据加载方案。

数据加载方案方面，在进行系数处理之前，首先需要将多项式 s 的全部系数和部分多项式 a 的系数读取到寄存器中。多项式 s 的系数位宽较小，且并未在存储器中跨地址存储，因此只需将其系数按地址顺序依次读出即可。多项式 a 的系数有 13 位和 10 位两种情况，分别对应矩阵 A 中的多项式和向量 b 中的多项式。两种情况均存在跨地址存储的现象，需要设置一定长度的寄存器作为缓存，以得到正确的系数数据流。为了提高数据加载效率和减小寄存器资源开销，该乘法器在读取多项式 a 系数时，同步处理读取到的数据。

对于系数为 13 位的情况，若不采用同步读取与计算的加载方式，需要 832 位（64 与 13 的最小公倍数）寄存器才能完成数据流的位宽转换。但在存储器中首个数据被读取到寄存器后，用于计算的系数便可以获取了，因此并不需要将 832 位寄存器填满之后再读系数。64 位数据填满 832 位的寄存器需要 13 个周期，在这过程中可以处理 12 个系数，而处理后的系数并不需要继续保存，因此实际上仅需长度为 676 位（64×13-12×13）的寄存器，便可满足需求。数据加载方案如图 9-7 所示，规定存储器内的 64 位数据在寄存器中从高位往低位移动。假设在第 1 个周期，将起始地址的数据存入了寄存器，此时第 1 个系数位于缓存[624:612]的位置。在第 2 个周期，第 2 个系数则移动到了缓存[573:561]的位置，以此类推。在数据加载过程中，将 12 个固定位置的数据输入多路选择器，再根据当前执行周期数选择对应的系数输出到系数乘法器中，便可以实现数据加载与系数处理同步进行。在第 13 个周期，寄存器已填满，之后停止从存储器中读取数据，固定从寄存器的最低 13 位读系数，直到当前寄存器中的系数全部处理完毕，开始下一轮数据的读取。

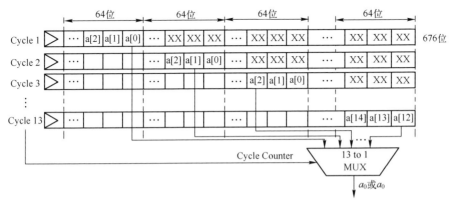

图 9-7　系数加载方案

10 位系数在送入乘法器进行计算前，先由位宽转换模块将系数位宽扩展为 16。进行扩展的目的是使 10 位系数的加载策略可以兼容 13 位系数的加载策略。对于扩展为 16 位的系数，仅需使用寄存器的低 112 位（64×2-16）即可完成位宽转换，且由于有效位宽仍为 10，输入多路选择器的数据依然可以固定为 13 位。在首地址的数据存入寄存器之后，第一个系数位于缓存[60:48]的位置，从第二个周期开始，固定从寄存器的最低 13 位读系数，直到寄存器中的系数全部处理完毕，开始下一轮数据的读取。在 13 位系数的数据加载方案的基础上，仅需为多路选择器额外增加一个输入，便可以支持 10 位的系数，两种模式的转换通过多项式乘法器顶层的控制信号进行控制。

（3）高性能核心运算单元。

核心运算单元是指在乘法器中执行乘法运算和系数预处理的计算逻辑。这部分逻辑由于使用了乘法计算，对系统整体性能影响比较大，在不进行优化的情况下，通常都是整个系统的关键路径。对于系数乘法器，现有的案例也给出了不同的实现方式。文献[10]提出的是结构最为简单的 Schoolbook 乘法器，并不需要对系数进行预处理，在不考虑符号位的情况下，乘法器仅需完成 13 位数与 3 位数的乘法计算，规模较小，因此采用的是通过实现移位和累加的方式实现乘法器，仅需消耗很少的 LUT 资源便可以完成系数乘法运算，资源开销较低。文献[11]由于采用了 8 阶 Karatsuba 乘法器的方案，系数在进行乘法计算前要进行比较多的预处理，乘法规模较大，因此使用了 FPGA 中的 DSP 资源实现乘法。本章提出的 Saber 处理器采用的一阶 Karatsuba 乘法器是两者的折中。在对系数执行乘法计算之前，多项式 s 和多项式 a 的相关系数要进行至多一次加法或减法运算。由于多项式 a 的系数为 13 位，因此加法运算不会改变其位宽，而多项式 s 的系数采用 1 位符号位加 3 位绝对值的表示形式，系数范围为[-4,4]，执行加法运算后，结果的范围将会是[-8,8]，结果的绝对值需要使用 4 位数才能表示，因此系数乘法器需要完成 13 位数与 4 位数的乘法。若采用移位和累加的方式实现乘法，相比于 13 位数与 3 位数的乘法，13 位数与 4 位数的乘法所消耗的 LUT 资源增加了近 30%，且乘法器还需要额外的 LUT 进行系数的预处理，使得整个多项式乘法器的 LUT 消耗将会比 Schoolbook 乘法器高很多。为了减少 LUT 消耗，同时使系统达到一个较高的性能，Saber 处理器采用了 DSP 方案实现多项式乘法器，并在核心单元中插入了两级流水线。核心运算单元的结构如图 9-8 所示。图中实线框标注的部分通过调用 FPGA 中的 DSP 单元实现。调用 DSP 实现乘法的好处一是避免了大量 LUT 和寄存器的使用，二是在 EDA 工具进行布局布线时，DSP 作为一个整体进行布局，可以缩短关键路径长度，提高系统性能。乘法器中共有 128 个核心运算单元，使用了 384 个 DSP。

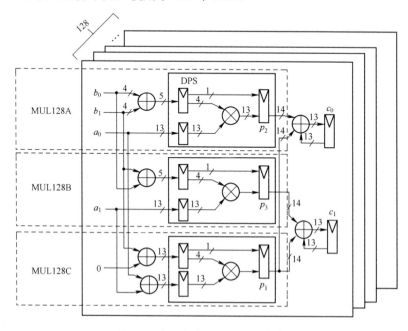

图 9-8　多项式乘法器核心运算单元

与 SHA-3 模块和二项分布采样模块相同，多项式乘法器也是类似的设计方式。除第 7 章介绍的数据通路外，乘法器还有用于控制系统执行流程的主控状态机和用于生成读/写地址的地址生成逻辑。此外，为了减少完成 Saber 算法所需的指令，Saber 处理器还基于多项式乘法器，设计了额外的控制逻辑，用于调用乘法器完成多项式向量的乘法计算，使得原本需要三条指令才能完成的向量乘法仅需一条指令即可完成，提高了算法的执行效率。Saber 算法中有三种不同类型的多项式向量乘法，分别为多项式矩阵 A 乘以多项式向量 b，多项式矩阵 A 的转置矩阵 A^T 乘以多项式向量 b'，以及多项式向量 $b(b')$ 乘以多项式向量 $s'(s)$。执行不同种类的向量乘法时，乘法器取数据时地址变化的规律不同，因此控制逻辑设置了三种工作模式，便于自定义指令进行调用。由于环内多项式乘法的特殊性，乘积多项式的系数是同步生成的，这使得乘法器读/写存储器的过程相对独立，因此该模块在设计时，并没有同 SHA-3 模块或者二项分布采样模块一样，固定双端口存储器的某个端口为写数据端口或者读数据端口，而是根据实际情况灵活变换，充分利用真双端口存储器的优势，加快读/写速率。得益于周期开销和关键路径两个方面的优化，该乘法器能达到一个比较高的性能。相比于现有的国内外参考文献，本章节所提出的多项式乘法器使用了最多 DSP 资源，但同时也实现了现有设计中最高的工作频率和最快的乘法计算速度，适用于一些对性能要求比较高的场合。

9.3.5　其余功能子模块

除前面介绍的模块外，Saber 协处理器中还有添加常数项模块（Addh）、加密模块（Encrytpt）、解密模块（Decrypt）、系数位宽转换模块、校验模块（Verify）等。这些模块的计算复杂度不高，但对于系统功能的完整性来说是不可或缺的。Addh 模块用于完成 LWR 问题中的四舍五入和模域转换，反映到 Saber 算法中便是 Saber.PKE.KeyGen 和 Saber.PKE.Enc 中的第 5 步，即添加常数多项式和移位。将这两步与多项式乘法分离一方面可以避免计算逻辑过长，提高系统性能，另一方面可以调整系数位宽，将多项式向量 b 和 b' 调整回 10 位，以减小系统对带宽的消耗，该过程需要设置输出缓存。由于多项式乘法器将系数位宽扩展为了 16 位，添加常数项模块的输入数据不存在跨地址存储的情况，因此该模块不需要输入缓存。

加密模块和解密模块分别负责完成 Saber.PKE.Enc 的第 7 步和 Saber.PKE.Dec 的第 2 步。

加密模块电路结构如图 9-9 所示。加密模块利用多项式 v' 对明文消息 m 进行加密，每加密 1 位的明文 m 需要一个 16 位的多项式系数（有效位宽为 10 位）。

加密模块主要由加法器、减法器、移位寄存器组成。模块的工作流程：

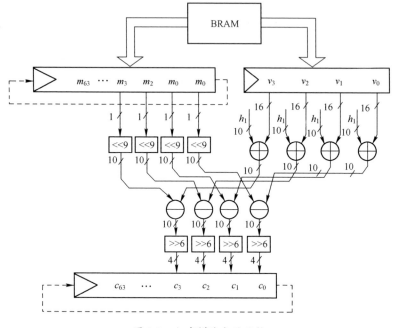

图 9-9　加密模块电路结构

① 读取 64 位的明文 m 存放在寄存器中，然后每周期取出 64 位的多项式 v' 的系数对明文 m 的最低 4 位进行加密，加密过程详见 9.2 节，加密完成后共生成 20 位的密文，存放在输出缓存中。

② 下一周期先将明文右移 4 位，然后重复上述过程。将第一次读取的 64 位的明文 m 全部加密完毕后，再读取新的明文进行加密，直到将 256 位的明文全部加密完毕。

由于多项式 v' 系数和明文 m 在数据存储器中均不存在跨地址存储的情况，因此只需要设置 64 位寄存器作为输入缓存暂时保存明文 m 即可。由于每周期输出 16 位密文，因此也需要设置 64 位的寄存器作为输出缓存。

解密模块的电路结构与加密模块基本相同，区别在于移位的位数与添加的常数项有所不同。

系数位宽转换模块是配合乘法器而设计的，由于高位地址模块将多项式向量 b 和 b' 调整回了 10 位，在客户端接收到多项式向量 b（或服务器端接收到多项式向量 b'）后，客户端（服务器端）的多项式乘法器处理 10 位的系数时需要将其扩展为 16 位，因此需要设计位宽转换模块扩展其位宽。校验模块完成 Saber.KEM.Decaps 中的第 4 步，用于逐字节对比接收到的密文和重加密之后的密文，判断密钥解封是否成功。

上述剩余子模块采用与 SHA-3 模块、多项式乘法器等相同的设计方案，在模块的基本结构控制与数据信号接口等均保持一致，便于设计控制指令。这些模块计算复杂度不高，而且由于模为 2 的整数次幂，资源开销也非常低，反映出了 Saber 算法在模加、模减等基本运算方面易于硬件实现的优势。

9.3.6 Saber 协处理器指令格式

本章设计的 Saber 协处理器通过解码自定义指令执行特定的功能，与使用固定流程的主控状态机相比，使得系统具有更高的灵活性。为了保证 Saber 协处理器功能的完整性，设计了长度为 37 位的指令，指令格式如图 9-10 所示。指令的 $0\sim6$ 位为控制位，用于启动特定的模块，并控制其工作模式；$7\sim16$ 位为第一个输入数据的首地址；$17\sim26$ 位为第二个输入数据的首地址；$27\sim36$ 位为输出数据写入存储器的首地址。

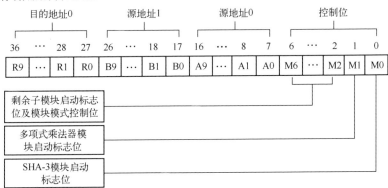

图 9-10 指令格式

为了保证协处理器功能的完整性，共定义了 17 条基本指令，见表 9-3。控制位结合输入/输出起始地址，可以灵活地执行特定的计算步骤。例如：指令 {10'd0,10'd0,10'd0,7'b0010101} 表示将存放在以零地址为起始地址的数据作为输入消息，执行一次 SHAKE128 函数，输出 256bit 消息，并将结果写回零地址；指令 {10'd640,10'd124,10'd592,7'b0001110} 表示执行一次多项式向量的乘法运算，其中地址 592 为私密多项式 $s(s')$ 向量系数的起始地址，地址 124 为多项式矩阵 $\mathbf{A}^{\mathrm{T}}$ 中特定多项式的系数的起始地址，地址 640 为乘积多项式系数写回时数据存储器时的起始地址。协处理器开始工作时，取指模块从程序存储器的零地址开始读取指令，在取出一条指令后，便进入等待状态，待子模块发出结束信号指示当前指令已执行完成后，才从指令存储器中读取下一条指令，直到读取到程序结束指令时，停止工作，Saber 协处理器进入空闲状态。下一个使能信号有效时，重新从零地址开始执行程序。通过灵活的编程，可以非常高效地实现 Saber 算法定义的 6 种子算法。

表 9-1 Saber 协处理器自定义指令

指令	功能描述
0000000	程序结束指令，放在程序末尾
0000101	执行 SHAKE128 函数，输出 256bit 消息
0010101	执行 SHAKE128 函数，输出 29925bit 消息
0001101	执行 SHAKE128 函数，输出 6144bit 消息
0000100	启动二项分布采样模块
0001110	执行一次 $A^{\mathrm{T}} \cdot s$ 中的多项式向量乘法
0000110	执行一次 $A \cdot s'$ 中的多项式向量乘法
0000010	执行一次 $b \cdot s$ 中的多项式向量乘法
0001100	启动数据位宽转换模块
0010000	启动加密模块
0010100	启动解密模块
0011000	启动校验模块
1110001	执行 SHA3-256 函数，吸收 8704bit 消息
0110001	执行 SHA3-256 函数，吸收 512bit 消息
0011001	执行 SHA3-256 函数，吸收 256bit 消息
1011001	执行 SHA3-256 函数，吸收 7936bit 消息
0111011	执行 SHA3-512 函数

9.4 硬件实现结果

表 9-4 给出了本章提出的 Saber 协处理器方案与相关文献提出的方案在性能、资源方面的对比。其中，文献[10]和[11]提出的方案为纯硬件实现，文献[8]、[18]、[19]提出的方案为软硬件联合实现，表中仅列出了硬件部分的资源开销。总的来说，纯硬件实现的方案在速度方面有绝对的优势，且合理利用存储器资源可以减少寄存器的消耗。文献[10]提出的方案使用了 Schoolbook 乘法器，使用了较少的寄存器和查找表，能够达到一个较高的工作频率，但由于 Schoolbook 乘法器效率较低，因此密钥封装和解封的时间较长。文献[11]中提出的方案采用了八级 Karatsuba 乘法器，极大地降低了密钥封装和解封时的周期开销，并设计了高效的系数加载，避免了位宽转换时需要消耗大量寄存器，因此密钥封装和解

封的时间较短，寄存器消耗也较低，但复杂的系数预处理使查找表开销非常大，组合路径较长，导致了最高工作频率较低，仅有 100MHz，且采用的是基于状态机的协处理器结构，系统按照固定的步骤执行算法，可扩展性不强。

本章提出的协处理器方案使用了精简的 SHA-3 模块和基于 DSP 的高性能多项式乘法器，在性能和资源开销方面均有一定的优势。性能方面，由于采用了两级流水线结构的多项式乘法器，本章提出的协处理器方案的最高工作频率能达到 345MHz，结合 Karatsuba 算法对乘法计算效率的优化，协处理器执行一次密钥封装和密钥解封分别仅需 13.5μs 和 15.4μs，最高工作频率和时间开销均为现有方案中最优。资源开销方面，由于各个方案的优化侧重点不同，资源开销的差距比较明显，为了更加公平地衡量方案的优劣，本章采用面积时间积（Area-Time Product，ATP）作为衡量资源利用效率的参数。ATP 的计算方法为密钥封装和密钥解封时间开销的平均值乘以资源开消数量。ATP 越小表明实现方案越高效。Saber 协处理器性能及资源开销对比见表 9-4。可以看出，在资源利用率方面，本章提出的协处理器在查找表和 BRAM 消耗方面均为现有方案中最优，寄存器利用率也仅次于文献[11]。本章提出的方案也有不足，较高的 DSP 资源开销使得对 FPGA 芯片性能要求较高，一些轻量级的 FPGA 可能无法提供足够的 DSP。

表 9-2　Saber 协处理器性能及资源开销对比

方案	平台	频率（MHz）	密钥封装/解封（μs）	DSP	LUT/ATP	FF/ATP	BRAMS/ATP
文献[18] 提出的	UltraScale	322	49/48	256	12566/61.6	11619/56.4	3.5/17
文献[19] 提出的	Artix-7	66.7	3350/4572	—	23417/—	40824/—	—/—
文献[8] 提出的	Artix-7	125	4147/3844	28	7400/—	7311/—	2/—
文献[10] 提出的	UltraScale+	250	26.5/32.1	—	25079/147	10750/31.5	2/5.9
文献[11] 提出的	UltraScale+	100	14.0/16.8	85	34886/53.7	9858/**15.2**	6/9.2
本章方案 提出的	UltraScale+	**345**	**13.5/15.4**	384	25346/**36.6**	12613/18.2	2/**2.9**

注：加粗项表示最优指标。

参 考 文 献

[1] D'ANVERS J P, KARMAKAR A, SINHA ROY S, et al. Saber: module-LWR based key exchange, CPA-secure encryption and CCA-secure KEM[C]// Progress in Cryptology–AFRICACRYPT

2018: 10th International Conference on Cryptology in Africa, Marrakesh, Morocco, May 7-9, 2018, Proceedings 10. Springer International Publishing, 2018: 282-305.

[2] KARATSUBA A. Multiplication of multidigit numbers on automata[C]// Soviet physics doklady. 1963, 7: 595-596.

[3] TOOM A L. The complexity of a scheme of functional elements realizing the multiplication of integers[J]. Soviet Mathematics Doklady. 1963, 3(4): 714-716.

[4] COOK S A, AANDERAA S O. On the minimum computation time of functions[J]. Transactions of the American Mathematical Society, 1969, 142: 291-314.

[5] KARMAKAR A, MERA J M B, ROY S S, et al. Saber on ARM CCA-secure module lattice-based key encapsulation on ARM[J]. Cryptology ePrint Archive, 2018:243-266.

[6] DE CLERCQ R, ROY S S, VERCAUTEREN F, et al. Efficient software implementation of ring-LWE encryption[C]// 2015 Design, Automation & Test in Europe Conference & Exhibition (DATE). IEEE, 2015: 339-344.

[7] MERA J M B, KARMAKAR A, VERBAUWHEDE I. Time-memory trade-off in toom-cook multiplication: an application to module-lattice based cryptography[J]. Cryptology ePrint Archive, 2020:222-244.

[8] MERA J M B, TURAN F, KARMAKAR A, et al. Compact domain-specific coprocessor for accelerating module lattice-based key encapsulation mechanism[J]. IACR Cryptol. ePrint Arch, 2020: 321.

[9] National Institute of Standards and Technology Pubs. SHA-3 standard: permutation-based hash and extendable-output functions. FIPS PUB 202: 2015 [S/OL]. [2022-09-14] https://www.nist.gov/publications/ sha-3-standard-permutation-based-hash-and-extendable-output-functions?pub_id=919061.

[10] ROY S S, BASSO A. High-speed instruction-set coprocessor for lattice-based key encapsulation mechanism: Saber in hardware[J]. IACR Transactions on Cryptographic Hardware and Embedded Systems, 2020: 443-466.

[11] ZHU Y, ZHU M, YANG B, et al. A high-performance hardware implementation of saber based on Karatsuba algorithm[J]. Cryptology ePrint Archive, 2020: 1037.

[12] HOFHEINZ D, HÖVELMANNS K, KILTZ E. A modular analysis of the Fujisaki-Okamoto transformation[C]// Theory of Cryptography: 15th International Conference, TCC 2017, Baltimore, MD, USA, November 12-15, 2017, Proceedings, Part I. Cham: Springer International Publishing, 2017: 341-371.

[13] TARGHI E E, UNRUH D. Post-quantum security of the Fujisaki-Okamoto and OAEP transforms[C]// Theory of Cryptography: 14th International Conference, TCC 2016-B, Beijing, China, October 31-November 3, 2016, Proceedings, Part II 14. Springer Berlin Heidelberg,

2016: 192-216.

[14] SAITO T, XAGAWA K, YAMAKAWA T. Tightly-secure key-encapsulation mechanism in the quantum random oracle model[C]// Advances in Cryptology–EUROCRYPT 2018: 37th Annual International Conference on the Theory and Applications of Cryptographic Techniques, Tel Aviv, Israel, April 29-May 3, 2018 Proceedings, Part III 37. Springer International Publishing, 2018: 520-551.

[15] JIANG H, ZHANG Z, CHEN L, et al. Post-quantum IND-CCA-secure KEM without additional hash[J]. IACR Cryptol. ePrint Arch., 2017, 2017: 1096.

[16] ALKIM E, DUCAS L, PÖPPELMANN T, et al. Post-quantum key exchange-a new hope[C]// Proceedings of the 25th USENIX Conference on Security Symposium, Berkeley, CA, United States, August 10 - 12, 2016. USENIX Association, 2016: 327-343.

[17] PAKSOY I K, CENK M. Tmvp-based multiplication for polynomial quotient rings and application to saber on arm cortex-m4[J]. Cryptology ePrint Archive, 2020: 1302.

[18] FARAHMAND F, DANG V B, ANDRZEJCZAK M, et al. Implementing and benchmarking seven round 2 lattice-based key encapsulation mechanisms using a software/hardware codesign approach[C]// Second PQC Standardization Conference, Santa Barbara, 2019: 22-24.

[19] BASU K, SONI D, NABEEL M, et al. Nist post-quantum cryptography-a hardware evaluation study[J]. Cryptology ePrint Archive, 2019: 47.

第 10 章

后量子密码 Kyber 处理器

10.1 研 究 现 状

Kyber 算法由 Joppe Bos 等人在 2018 年提出[1]，并通过了 NIST 后量子密码标准的第三轮选拔。作为基于模误差学习问题（Module Learning With Errors, MLWE）的格密码方案，Kyber 算法由于高效、高安全性、高灵活性等优点获得了国内外研究人员的广泛关注，针对该算法的各种优化方案也被陆续提出。在 Kyber 中，数论变换（Number Theory Transform, NTT）[10]虽然被用于加速多项式乘法，但是仍然占用了最多的运算时间及资源开销。因此近年来对于 Kyber 的研究重点大多集中在 NTT 算法的优化上。下面将依次介绍 Kyber 算法的研究现状。

在算法理论优化上，H.Xue[2]和 Zhou、Shuai[3]等人提出多项式系数奇偶项分离的思想，在传统 NTT 基础上进行改进并提出 Pt-NTT（Process Then NTT）算法。在该算法中，模 q 的要求仅为 $q \equiv 1 \bmod n$ 而非 $q \equiv 1 \bmod 2n$，由此将模 q 由 7681 缩小至 3329，多项式系数由 13 位（$\log_2 7681$）缩小至 12 位（$\log_2 3329$）。但该算法的缺点是多项式乘法运算时间为传统 NTT 的 1.06 倍。此外 Zhang 等人提出将运算中奇偶项合并的方式，使用 GS 蝶形单元优化了 NTT 逆变换中多项式系数点乘逆元 n^{-1} 的操作[4]。

在硬件实现上，对于 NTT 蝶形单元设计，Chen、Zhaohui 等人提出的 GS 蝶形单元相对于 CT 蝶形单元而言，乘法器仅存在于一条数据通路上，由此具有更短的关键路径并完成了基于 GS 蝶形单元的 NTT 多项式乘法单元设计[5]。F. Yaman 等人则根据 NTT 算法中 CT 蝶形单元适合用于 NTT 正变换、GS 蝶形单元适合用于 NTT 逆变换的特性，提出了一种复用蝶形运算单元设计[6]。该设计在不消耗额外的模加、模减和模乘器的前提下，实现了 CT、GS 蝶形单元的复用，以高效实现多项式乘法运算。对于求模运算，W. Guo 等人根据求模运算

恒等式 $2^{12} \equiv 2^9 + 2^8 - 1 \bmod 3329$，对乘法器输出的 24 位数据的高 12 位不断化简迭代后获取一系列模 q 内乘积项，最后通过 Dadda 树压缩求和实现了 24 位数据的求模运算[7]。对比 Montgomery 和 Barrett 取模算法，W. Guo 等人的方案减少了一次乘法操作。针对 NTT 的高性能整体实现，D. D. Chen 提出的方案[13]主要使用了 4 个模 q 的乘法器结构，其可以根据模数 q 的不同调整数据位宽，用于同时执行 2 次蝶形运算和 2 次对应系数乘法运算，并通过合理安排数据在存储器中的存储顺序，最终可等效实现并行执行 2 次 NTT 运算，且可以直接用于执行 NTT 逆运算。Khairallah 等人进一步提出了一种并行缓存结构的 NTT 运算单元，由 32 个运算集群（cluster）组成，每个集群包括 8 个运算单元，而每个运算单元由可配置的算术单元组成，可以执行指定的模运算[14]。文献[14]提出的运算单元使用了多个 64 位的双口 SRAM 和 ROM 来分别存储运算数据和预计算数据，对于 $n=2^{16}$ 和可变的模数 q，完成相关同态加密方案的时间复杂度仅为 $O(\sqrt{n} \lg \sqrt{n})$。Du 等人首先采用了一种动态执行倒位序计算的访存方案[15]，消除了 NTT 逆运算所需的倒位序计算步骤，节省了整体的计算时间。

10.2　Kyber 算法理论基础

Kyber 算法由 Joppe Bos[1]等人提出，共包含了公钥加密（Kyber.PKE）和密钥封装（Kyber.KEM）两种方案，每种方案均定义了三种安全等级。Kyber.PKE 是一种具有选择明文攻击下不可区分性（Indistinguishability under Chosen Plaintext Attack，IND-CPA）[11]的公钥加密方案。Kyber.KEM 是一种具有选择密文攻击下不可区分性（Indistinguishability under Chosen Ciphertext Attack，IND-CCA）[11]的密钥交换机制。Kyber.PKE 到 Kyber.KEM 的转换通过 Fujisaki-Okamoto 变换[8]完成，下面将会依次介绍。

10.2.1　序言与注释

1. 多项式、向量及矩阵

在 Kyber 算法中，大多数数据都以多项式进行表示。

（1）用白斜体表示多项式，如 $f=a_0+a_1x^1+a_2x^2+\cdots+a_{n-1}x^{n-1}$，使用 $[a_{n-1}, a_{n-2}, \cdots, a_1, a_0]$ 表示 n 次多项式 f；

（2）用黑斜小写字体表示多项式向量，如 $\boldsymbol{v}=[v_1, v_2]$，其中 v_1、v_2 均为多项式；

（3）用黑斜大写字体表示多项式矩阵，如 $\boldsymbol{A}=[A_{11}\ A_{10}; A_{01}\ A_{00}]$，$A_{11}$、$A_{10}$、

A_{01}、A_{00} 也均为多项式。

2. 多项式环域与系数环域

R 标志 $Z[X]/(X^N+1)$，其意义表示为多项式 $Z[X]$ 是对多项式 (X^N+1) 取模后的结果。

R_q 标志 $Z_q[X]/(X^N+1)$，其中 q 为多项式系数的模值，意义为该多项式除满足多项式环域 R 外，其系数还均处于模 q 内，即 $a_i \leftarrow a_i \bmod q$。

R_q^k 标志满足环域 R_q 的 k 维多项式向量。$R_q^{k \times k}$ 标志满足环域 R_q 的 k 维多项式矩阵。

3. 取整

Kyber 算法中定义取整符号为 [ ]，如 $[x]$ 的意义为求解 x 的最近模 q 内 R_q 环域的整数。

4. 随机数种子生成

Kyber 算法中定义随机数种子生成：$\sigma \leftarrow \{0,1\}^n$，意义为生成 n 位随机数 σ。

5. 压缩与解压

Kyber 定义压缩函数 $\mathrm{Compress}_q(x,d)$，解压函数 $\mathrm{Decompress}_q(x,d)$。

$$\mathrm{Compress}_q(x,d) = \left\lceil \frac{2^d}{q} x \right\rfloor \bmod 2^d$$

$$\mathrm{Decompress}_q(x,d) = \left\lceil \frac{q}{2^d} x \right\rfloor$$

6. 采样

R_q 内均值采样：Kyber 使用一种确定性方法完成 R_q 域内均匀分布的系数采样，并标记为 $A \sim R_q^{k \times k}$，A 为 $k \times k$ 多项式矩阵。

中心二项分布采样：Kyber 中的噪声采样自中心二项分布（CBD_η）并分别标记为 $s \sim \beta_\eta^k$ 和 $s \sim \beta_\eta$，s 为长度为 k 的多项式向量，s 为多项式。

10.2.2 Kyber.PKE

Kyber.PKE 是由三组算法组成的公钥加密方案，三组算法分别为密钥生成（Kyber.PKE.KeyGen）、加密（Kyber.PKE.Enc）和解密（Kyber.PKE.Dec）。

Kyber.PKE.KeyGen 的描述见算法 10-1。

算法 10-1：Kyber.PKE.KeyGen()

1. $\rho, \sigma = \{0,1\}^{256}$

2. $\quad A \sim R_q^{k \times k} = \mathrm{Sam}(\rho)$

3. $\quad (s,e) \sim \beta_\eta^k \times \beta_\eta^k = \mathrm{Sam}(\sigma)$

4. $\quad t = \mathrm{Compress}_q(As+e, d_t)$

5. **return** pk $= (t, \rho)$, sk $= s$

在 Kyber.PKE.KeyGen 中，算法采用第三代安全散列算法中的 SHA512 生成 256bit 的随机数 ρ、σ。具体过程为：系统先通过真随机数生成器生成 256bit 随机数 Rand，再将 Rand 送入 SHA512 获取 512bit 摘要，则前 256bit 数据为 ρ，后 256bit 数据为 σ。A 为 $k \times k$ 的多项式矩阵，k 的值根据算法安全等级的不同而不同。多项式矩阵 A 的元素为 n 阶多项式，系数为 $\log_2 q$ bit（q 为模数）。算法定义了矩阵 A 的生成方式：采用 SHA-3 标准定义的输出可扩展函数 SHAKE128 生成多项式矩阵 A 的全部系数。具体过程为，将前面生成的 256bit 随机数 ρ 作为 SHAKE128 函数的输入，得到变长的伪随机数序列，并经过判断后作为矩阵 A 的系数。s 和 e 为 k 维多项式向量，多项式的阶数为 n，系数范围为 $[-\eta, \eta]$，且需要满足二项分布。二项分布的系数可以通过对均匀分布的伪随机数序列进行简单的二项分布采样得到。算法要求用于采样的序列由 σ 作为 SHAKE128 函数的输入得到。t 为 k 维多项式向量，是公钥的主要组成部分。计算 t 需要使用先前采样的 A、s 和 e，并将运算结果进行长度为 d_t 的压缩。d_t 的选择也随 Kyber 安全等级的变化而变化。所有计算完成之后，随机数种子 ρ 与向量 t 进行位拼接，作为公钥发送给客户端。

客户端接收到公钥之后，利用公钥对要传输的信息进行加密，加密算法 Kyber.PKE.Enc 见算法 10-2。

算法 10-2：　Kyber.PKE.Enc (pk $=(t, \rho)$, m)

1. $\quad r = \{0,1\}^{256}$

2. $\quad t = \mathrm{Decompress}_q(t, d_t)$

3. $\quad A \sim R_q^{k \times k} = \mathrm{Sam}(\rho)$

4. $\quad (r, e_1, e_2) \sim \beta_\eta^k \times \beta_\eta^k \times \beta_\eta = \mathrm{Sam}(\sigma)$

5. $\quad u = \mathrm{Compress}_q(A^{\mathrm{T}} r + e_1, d_u)$

6. $\quad v = \mathrm{Compress}_q(t^{\mathrm{T}} s + e_2 + \lceil q/2 \rceil m, d_v)$

7. **return** $c = (u, v)$

Kyber.PKE.Enc 的输入参数除公钥 pk 外，还有消息 m（明文）。Kyber.PKE.Enc 单次最多可加密 256bit 的信息，若需要加密长度超过 256bit 的消息，则需要将消息进行分割，分为多次完成。Kyber.PKE.Enc 多项式系数采样与 Kyber.PKE.KeyGen 中相应步骤完全相同，且两端得到的多项式矩阵 A 也是相同的，但多项式向量是不同的，用 u 表示。加密过程中，每 1bit 消息数据对应多项式 v 中的一个系数，计算并压缩后得到位宽为 d_v 的密文数据。因此，256bit 消息加密得到的密文 v 的长度为 $256 \times d_v$ bit。加密完成后将密文 v 和多项式向量 u 发送回服务器端。服务器端接收到密文后对其进行解密。解密算法 Kyber.PKE.Dec 见算法 10-3。

算法 10-3：Kyber.PKE.Dec (pk =(t, ρ) sk = s)

1.　u=Decompress$_q(u, d_u)$
2.　v=Decompress$_q(v, d_v)$
3.　**return** Compress$_q(v - su^{\mathrm{T}}, 1)$

Kyber.PKE.Dec 首先通过之前保留的多项式向量 t 和接收到的 u 计算得到多项式 v。多项式 v 可以看作 Kyber 加密方案中的私钥。在不知晓 s 的情况下得到 v 在理论上是不可能的。解密过程与加密过程互逆，完成解密后得到消息 m'。在数据传输不出错的情况下，m' 和 m 在极大概率下是相同的。

10.2.3　Kyber.KEM

利用特定的数学变换，可以将 CPA 安全的公钥加密方案转换为 CCA 安全的密钥封装机制。经典的 Fujisaki-Okamoto 变换[8]便是一种常见的方法。近年来，研究人员相继提出了几种适用于后量子密码的 Fujisaki-Okamoto 变换。Kyber 算法在进行 PKE 到 KEM 的转换时结合自身的特性进行了一定程度的修改和优化。Kyber.KEM 同样也是由三组算法构成的，分别为密钥生成（Kyber.KEM.KeyGen）、密钥封装（Kyber.KEM.Encaps）和密钥解封（Kyber.KEM.Decaps）。Kyber.KEM.KeyGen 的流程见算法 10-4。

算法首先需生成 256bit 的随机数 z。生成 z 的目的是在重加密失败时返回一个伪随机响应。接下来是对 Kyber.PKE.KeyGen 过程的直接调用。H 函数为 SHA-3 标准定义的哈希散列函数 SHA3-256，即 $H(\mathrm{pk})$ 表示为公钥 pk 的哈希散列值。上述步骤完成后，发送公钥到客户端，保留私钥。注意，此时保留的私钥中也包含有公钥信息，用于后续服务器端对消息的重新加密。

算法 10-4：Kyber.KEM.KeyGen()

1. $z=\{0,1\}^{256}$

---

2. (pk, sk) = Kyber.PKE.KeyGen()

3. sk=(sk $\|\rho\|$pk$\|H$(pk)$\|z$)

4. return (pk, sk)

客户端收到公钥信息后需要对公钥进行密钥封装，其执行流程见算法 10-5。

算法 10-5：Kyber.KEM.Enc(pk =($\boldsymbol{t}, \rho$), m)

1. $m=\{0,1\}^{256}$

2. $m=H(m)$

3. $(K', r) = G(m, H(\text{pk}))$

4. $(\boldsymbol{u}, v)$ = Kyber.PKE.Enc(pk, m; r)

5. $c=(\boldsymbol{u}, v)$

6. $K=\text{KDF}(K', H(c))$

7. **return** (c, K)

Kyber.KEM.Encaps 的步骤 1 和步骤 2 均是为步骤 3 中调用 PKE 加密算法构造参数。步骤 1 生成 256bit 的随机数 m 作为步骤 2 的参数。步骤 2 求取哈希散列值 $H(m)$，因为如果使用一些安全性不够高的伪随机生成器得到 m，那么极易从 m 推出伪随机数生成器内部状态，影响系统的安全性。在作为加密信息之前，先对 m 进行一次哈希散列可以避免泄露伪随机数生成器内部状态。步骤 3 求取了两次哈希散列值：对公钥 pk 求取一次哈希散列值获得 $H(\text{pk})$，之后将 $H(\text{pk})$ 与 m 位拼接后再通过生成 512bit 哈希散列值 $G(m, H(\text{pk}))$，并将前 256bit 数据分配至 K'，后 256bit 数据分配至随机数 r。此时，公钥 pk、明文 m 和用于生成多项式向量 $\boldsymbol{t}$ 的随机数种子 r 均准备完成，步骤 5 便是调用公钥加密算法对明文进行加密，得到密文 c。步骤 6 是计算直接用于对称加密算法的会话密钥（SessionKey），包含了两次 SHA-256 函数的调用。第一次调用时输入为 c，输出记作 $H(c)$；第二次调用时输入为 $H(c)$ 和 K'拼接得到的 512bit 数据，输出的 256bit 数据即为会话密钥。

密钥解封算法 Kyber.KEM.Decaps 中除解密算法外，还额外调用了一次加密算法对解密出来的消息进行重新加密，用来判断密钥解封是否成功。密钥解封算法执行流程见算法 10-6。

算法 10-6：Kyber.KEM.Dec(sk, c)

1. m'=Kyber.PKE.Dec($\boldsymbol{s}, c$)

2. $(K', r') = G(m'\|H(\text{pk}))$

3. c'=Kyber.PKE.Dec(pk, m, r)

4. **if(c= c') then return** $K = \text{KDF}(K'\|H(c))$

5. **else return** $K = \text{KDF}(z\|H(c))$

6. **return** (c,K)

Kyber.KEM.Decaps 首先调用了 Kyber 公钥加密方案中的解密算法，对从客户端发送来的密文进行解密，得到 m'。前面提到，m' 与 m 在极小概率的情况下，是有可能不相同的，而且在传输过程中，信息也有可能因外界干扰而发生错误。为了避免对后续的对称加密造成影响，Kyber 算法要求在解密出 m' 后重新调用公钥加密算法对其进行加密。加密 m' 之前相关参数的构造方式同 Kyber.KEM.Encaps 一致，加密完成后将得到的 c' 与从客户端接收到的 c 进行比较，若相同，则表示密钥解封成功，服务器端后续将按照和客户端相同的方法构造会话密钥。若 c' 与 c 不相同，则服务器端算法 Kyber.KEM.KeyGen 中保留的随机数 z 构造一个伪随机响应，用以指示密钥解封失败。

10.3 安全等级

Kyber 算法设置了三种安全等级，安全等级由低到高分别为 Kyber512、Kyber768 和 Kyber1024。不同等级对应着不同的安全参数配置（见表 10-1）及公钥、私钥、密文长度和失败概率等属性（见表 10-2）。

表 10-1 Kyber 配置参数

安全等级	n	k	q	η	(d_u, d_v, d_t)
Kyber512	256	2	3329	2	(10,3,10)
Kyber768	256	3	3329	2	(10,4,10)
Kyber1024	256	4	3329	2	(11,5,11)

表 10-2 Kyber 各属性

安全等级	失败概率	公钥长度（Byte）	私钥长度（Byte）	密文长度（Byte）
Kyber512	2^{-178}	1632	800	736
Kyber768	2^{-164}	2400	1184	1088
Kyber1024	2^{-174}	3168	1568	1568

Kyber 算法是一种简单、高效、灵活的后量子密码方案，算法具有以下特点和优势。

（1）灵活性：在基于环域上的格密码方案中，多项式乘法是最为复杂的运算。在 Ring-LWE 密码方案中，如果需要改变安全参数，则需要改变环域 $\mathbf{R}_q$ 然后需要重新执行所有的模 q 运算，可重构性差。但是在 Kyber 方案中，修改方案安全参数只需要改变矩阵维度 k 即可，无须修改多项式乘法运算。

（2）高性能：Ring-LWE 在实际应用中优于 LWE 的主要原因是它允许在相同的通信量中传输更多的消息。Kyber 在不需要任何运算成本的条件下，通过从 Ring-LWE 到 Module-LWE 的转换，实现了灵活性和安全性改进。此外，由于公钥加密方案只需要传输 256 位的信息，因此不需要使用 $n>256$ 的环，由此可以实现每个环元素系数传输 1 位。因此，相较于以 Ring-LWE 的协议，Kyber 的密钥和消息长度不会受到影响。

10.4　Kyber 协处理器设计

10.4.1　Kyber 协处理器系统架构

如图 10-1 所示，后量子密码协议 CRYSTALS-KYBER 芯片主要包括 BAU 状态控制器、SRAM 存储模块（RAM A0、RAM A1、RAM B0、RAM B1）、SHA-3 模块和 DFT 测试模块（DFT RAM）等。控制模块负责对输入的控制信号进行解码，并控制计算状态转移和内存读/写状态切换，同时为各个模块提供相应的使能信号。SRAM 存储模块使用 4 块 SRAM 分别对 NTT 运算结果、多项式运算结果、公钥、私钥等数据进行存储。BAU 运算模块根据使能信号的不同切换不同的输入值或工作状态，来运行 NTT 运算、多项式运算、模乘运算等功能。NTT 模块负责 NTT 运算和多项式运算操作。SHA-3 模块进行不同需求下的哈希散列运算，生成所需位宽下的随机数。DFT 测试模块用于读取核心运算结构所生成的数据，进行对比、验证和测试等操作。

10.4.2　多项式运算单元

负责核心运算的多项式运算单元主要由 BAU 运算模块和 SRAM 存储模块构成，并辅以控制电路和连接切换矩阵电路。针对 Kyber 中多项式运算流程，我们设计了图 10-2 所示的多项式运算单元，主要包括地址生成器（ADDR GEN），数据存储器 RAM1（RAM A0、RAM B0），RAM2（RAM A1、RAM B1），常数存储器（ROM），比较器（Comparator），以及蝶形运算单元（BAU1、BAU2）。

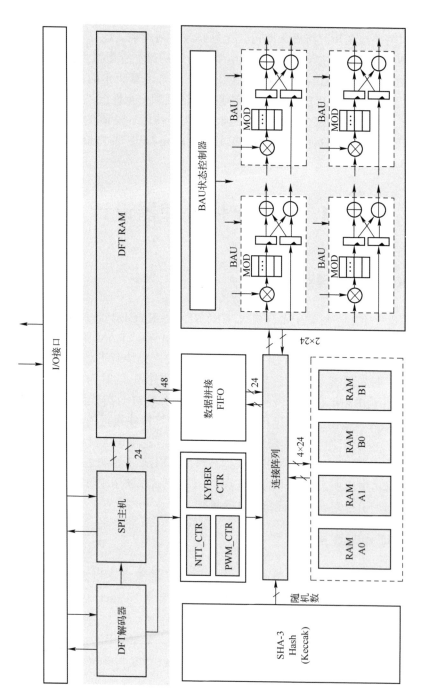

图 10-1　后量子密码协议 CRYSTALS-KYBER 芯片架构

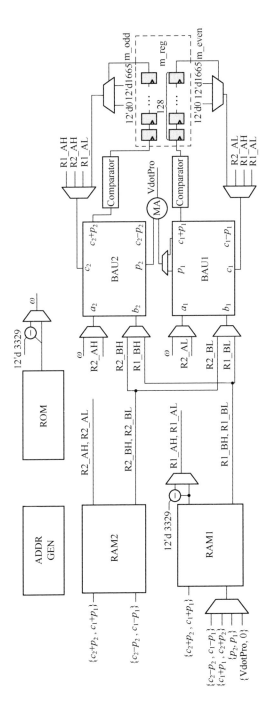

图 10-2　多项式运算单元

213

ADDR GEN 用于生成多项式运算中 RAM 和 ROM 的低 7 位地址（见 4.1.1 节，存储分块，每块为 128 项）。RAM1 和 RAM2 用于存储读/写运算过程中的数据，并通过读/写来回切换的方式实现了单周期蝶形运算（见 4.1.2 节）。ROM 用于存储 NTT 和 INTT 变换中的常量（旋转因子和逆元）。BAU 为 NTT 运算中的蝶形运算单元。Comparator 用于将运算最终数据还原为信息 m。

1. 蝶形运算单元

为了加速多项式上的 NTT/INTT 和 PWM（多项式点乘）运算，我们采用了一种高效的流水线结构，可以支持连续蝶形运算和模乘。BAU 的详细结构如图 10-3（a）所示。BAU 有 4 个 12 位输入端口 a、b、c 和 3 个 12 位输出端口 $a+p$、$a-p$、p，因为模 q 是 12 位（3329）。当执行 NTT/INTT 操作时，端口 $c+p$ 输出 $c+ab \bmod q$，端口 $a-p$ 输出 $c-ab \bmod q$。当执行 PWM 运算时，端口 p 输出 $a \cdot b \bmod q$，端口 $c+p$ 输出 $c+ab \bmod q$。

BAU 的高性能主要得益于下文所提出来的快速模乘方案。通过逐步计算一些中间值 o、h、m、l、s、j、k，模乘运算 $p = ab \bmod q$ 最终转化为模加运算 $p = j + k \bmod q$。图中 h、m 和 l 是 24 位乘积 o 进行取模运算的中间值。由于没有一种有效的方法来通过算术逻辑单元求解如 $o[23:20] \cdot 2^{20} \bmod q$ 这样的运算，我们使用三个快速查找表分别存储 $o[23:20] \cdot 2^{20} \bmod q$、$o[19:16] \cdot 2^{16} \bmod q$ 和 $o[15:12] \cdot 2^{12} \bmod q$ 的预计算值，用来直接得到 h、m、l。三个快速查找表的输入均为 4 位，输出均为 12 位。当 $o[23:20]$、$o[19:16]$ 和 $o[15:12]$ 作为输入地址时，三个快速查找表的输出分别为 h、m、l。s 是四个 12 位数据的和，可以通过两个 12 位加法器后跟一个 13 位加法器来计算。值 j 的运算过程与 h、m、l 相同，但可以通过一个 4 比 1 的 MUX，根据 $s[13:12]$ 计算出四个预先计算的 $s[13:12] \cdot 2^{12} \bmod q$ 值。k 等于 $s[11:0] \bmod q$，因此采用 12 位减法器和 2 比 1MUX 输出 $s[11:0]$ 或 $s[11:0] - q$。

BAU 采用 5 级流水线结构实现。为了进一步缩短关键路径延迟，在流水线的第四阶段使用了图 10-3（b）中给出的 type-0 型模加器。优于可忽略逻辑延迟的进位保存加法器（CSA）（实际上等于 3 个逻辑门的延迟），Type-0 型模加器的逻辑延迟为 $d_{MA0} \approx d_{Adder} + d_{MUX}$，流水线第四级的路径延迟缩短到略大于 $2d_{Adder} + 2d_{MUX}$。那么第三级流水线的时序路径就成为 BAU 的关键路径，只有 $d_{LUT} + 2d_{Adder}$。考虑到 Type-1 模加器比 Type-0 消耗更少的逻辑资源，并且最后一个流水线级的路径延迟小于第三级，所以在最后一级流水线级仍然使用 Type-1 型模加器。总体而言，我们 BAU 的关键路径延迟小于 3 个 12 位加法器的逻辑延迟。

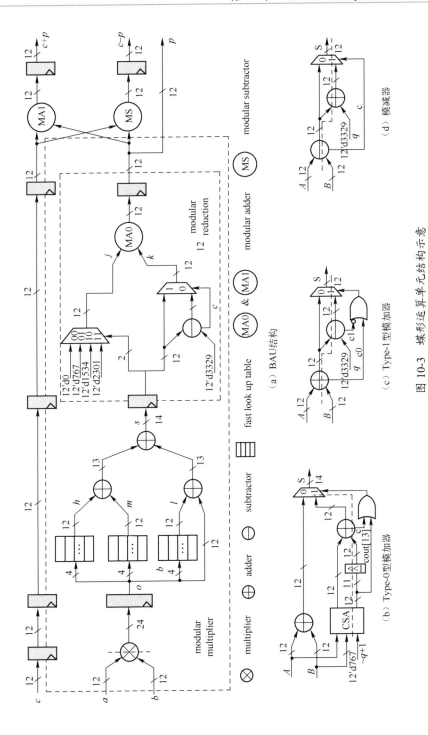

(a) BAU结构

(b) Type-0型模加器

(c) Type-1型模加器

(d) 模减器

⊗ multiplier　⊕ adder　⊖ subtractor　▦ fast look up table

(MA0) & (MA1) modular adder　(MS) modular subtractor

modular multiplier　modular reduction

图 10-3　蝶形运算单元结构示意

2. 存储结构

在高性能 Kyber 算法硬件实现的研究中，诸多研究者采用双倍位宽的存储器结构[5,8]，即 RAM 的每个单元存储 $2 \times \log_2 3329 = 24\text{bit}$ 的方式大幅提升数据的读/写速度。

针对 Process-Then-NTT 算法，本章所提出的后量子密码 Kyber 处理器在双倍位宽的存储器结构基础上，采取多项式系数奇偶分离的存储方式：存储器以每 128 个存储单元分为若干区域，则每块区域用于存储多项式的奇数（或偶数）部分系数，并且每个存储单元的高低 12 位分别用于存储两个多项式。

例如，对于误差向量 $e=(e_1,e_0)$，需要两块存储区域共 256 个 24bit 单元进行存储；其中第一块的高 12 位用于存储多项式 e_1 的奇数部分 e_o^1 [上标标记向量或矩阵号，下标标记奇数（odd）或者偶数（even）]，低 12 位用于存储多项式 e_1 的奇数部分 e_e^1；第二块的高 12 位用于存储多项式 e_0 的奇数部分 e_o^0，低 12 位用于存储多项式 e_0 的奇数部分 e_e^0（见图 10-4）。

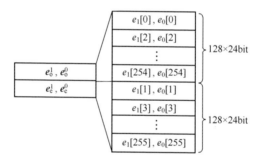

图 10-4　存储策略示意图

3. NTT 乒乓式读/写

对于一次 NTT/INTT 蝶形运算，共需要读取和写入 2 个数据 a、b。而 FPGA 内的 BRAM 读/写操作均需要一个时钟周期才能完成，因此对同一个地址进行读数据—运算—写回操作至少需要两个时钟周期。尽管 BRAM 可配置为真双口模式（双读，双写，一写一读），但仍然不能在一周期内对同一地址进行读/写，使得系统产生流水线阻塞。为消除流水线阻塞以加快运算速度，Kyber 处理器中 NTT 运算采取"乒乓式"读/写策略：两块双口 RAM（分别称为 RAM1 和 RAM2）进行读/写来回切换以实现单周期内蝶形运算。

例如，采样后 RAM1 前四块区域依次为 $\{s_o^1,s_o^0\}$、$\{s_e^1,s_e^0\}$、$\{e_o^1,e_o^0\}$ 和 $\{e_e^1,e_e^0\}$，RAM2 前四块区域依次为 $\{\hat{A}_o^{11},\hat{A}_o^{00}\}$、$\{\hat{A}_e^{11},\hat{A}_e^{00}\}$、$\{\hat{A}_o^{01},\hat{A}_o^{10}\}$、

$\{\hat{A}_e^{01}, \hat{A}_e^{10}\}$，则在对多项式向量 s 进行 Pt-NTT 变换时需要进行 3 次 128 位的负包裹卷积 NTT 运算（由于系统采用双倍位宽存储，在实际上需要两个蝶形运算单元同时对两个多项式序列进行 NTT 变换），依次为

（1）$\{\hat{s}_e^1, \hat{s}_e^0\} = \{\mathrm{NTT}(s_e'^1), \mathrm{NTT}(s_e'^0)\}$

（2）$\{\hat{s}_o^1, \hat{s}_o^0\} = \{\mathrm{NTT}(s_e^1), \mathrm{NTT}(s_e^0)\}$

（3）$\{\hat{s}_e^1, \hat{s}_e^0\} = \{\mathrm{NTT}(s_o^1), \mathrm{NTT}(s_o^0)\}$

其中有

$$s_e'^1 = (-s_e^1[127], s_e^1[0], s_e^1[1], \cdots, s_e^1[126])$$
$$s_e'^0 = (-s_e^0[127], s_e^0[0], s_e^0[1], \cdots, s_e^0[126])$$

第（2）、（3）次 NTT 运算称为传统负包裹卷积 NTT 运算，而第（1）次则是对 $\{s_e^1, s_e^0\}$ 移位（低 7 位地址减 1），并对第 0 位 $s_e^1[127]$，$s_e^0[127]$ 取相反数后的序列进行负包裹卷积 NTT 运算，在这里称为移位 NTT 变换（sNTT）。二者均包含 7 轮蝶形运算。

在传统负包裹卷积 NTT 中，RAM1 与 RAM2 的地址访问如图 10-5 所示。进行 NTT 第一轮蝶形运算时，系统从 RAM1 读取数据 a、b 并经过 5 个周期的流水线延迟后，将蝶形运算的结果写入 RAM2 相同的低位地址中。RAM 读/写地址对依次为 $\{0x00, 0x40\}$、$\{0x20, 0x60\}$、$\{0x10, 0x50\}$、$\cdots$、$\{0x1f, 0x5f\}$ 和 $\{0x3f, 0x7f\}$，地址访问规律不明显。但若将访问地址以倒序读取，例如 0x32=0110010b 的倒序为 0100110b=0x26，则可以得到地址反码对为 $\{0x00, 0x01\}$、$\{0x01, 0x02\}$、$\cdots$、$\{0x7c, 0x7d\}$、$\{0x7e, 0x7f\}$。同理，第二轮地址反码对为 $\{0x00, 0x02\}$、$\{0x01, 0x03\}$、$\{0x04, 0x06\}$、$\cdots$、$\{0x7c, 0x7e\}$、$\{0x7d, 0x7f\}$，第七轮地址反码对为 $\{0x00, 0x40\}$、$\{0x01, 0x41\}$、$\cdots$、$\{0x3f, 0x7f\}$。总结规律可知在传统负包裹卷积 NTT 的第 n 轮中，RAM 双端口的读（或写）地址之差为 2^{n-1}（第一轮为 1，第二轮为 2，以此类推）。此外，第 n 轮中还包括 $64/2^{n-1}$ 个内部循环（双端口 RAM 读/写 128 次多项式共需 64 次），每次内部循环的地址初始值为 $\{2^n \times (m-1), 2^n \times m + 2^{n-1}\}$，其中 m 为第 m 次内部循环。内部循环共需循环 2^{n-1} 次，生成的地址为 $\{2^n \times (m-1)+l-1, 2^n \times m + 2^{n-1}+l-1\}$，其中 l 为内部循环的第 l 次。例如，在第 2 轮 NTT 运算中，共存在 32 次内部循环，内部循环的循环次数为 2，则第 2 轮 NTT（$n=2$），第 2 次内部循环（$m=2$）的第 1 次运算（$l=1$）所生成的地址对为 $\{0x04, 0x06\}$。根据上述规律，在硬件实现上即可通过移位与加法完成地址反码的生成，最后通过地址倒序生成 NTT 正变换的 RAM 访问地址。

sNTT 的运算与 NTT 仅存在两处不同。其一，sNTT 的本质是对序列进行移位并对第一项取相反数后进行 NTT 变换，因此在 sNTT 的第一轮的读地址为

NTT 的读地址减一，而写地址不变，且读取的第零项需要做相反数处理。其二，$\{s_1, s_0\}$ 的偶次项序列实际上进行了两次 NTT 运算，因此在进行第一步 sNTT 时，不能对 RAM1 中 $\{s_1, s_0\}$ 偶次项的存储块进行写入中间数据，否则无法进行第三步负包裹卷积 NTT。具体方式为 sNTT 第一轮读取 $\{s_1, s_0\}$ 偶次项的存储块，第二轮以后改变高位地址以更换存储块来进行读/写来回切换。

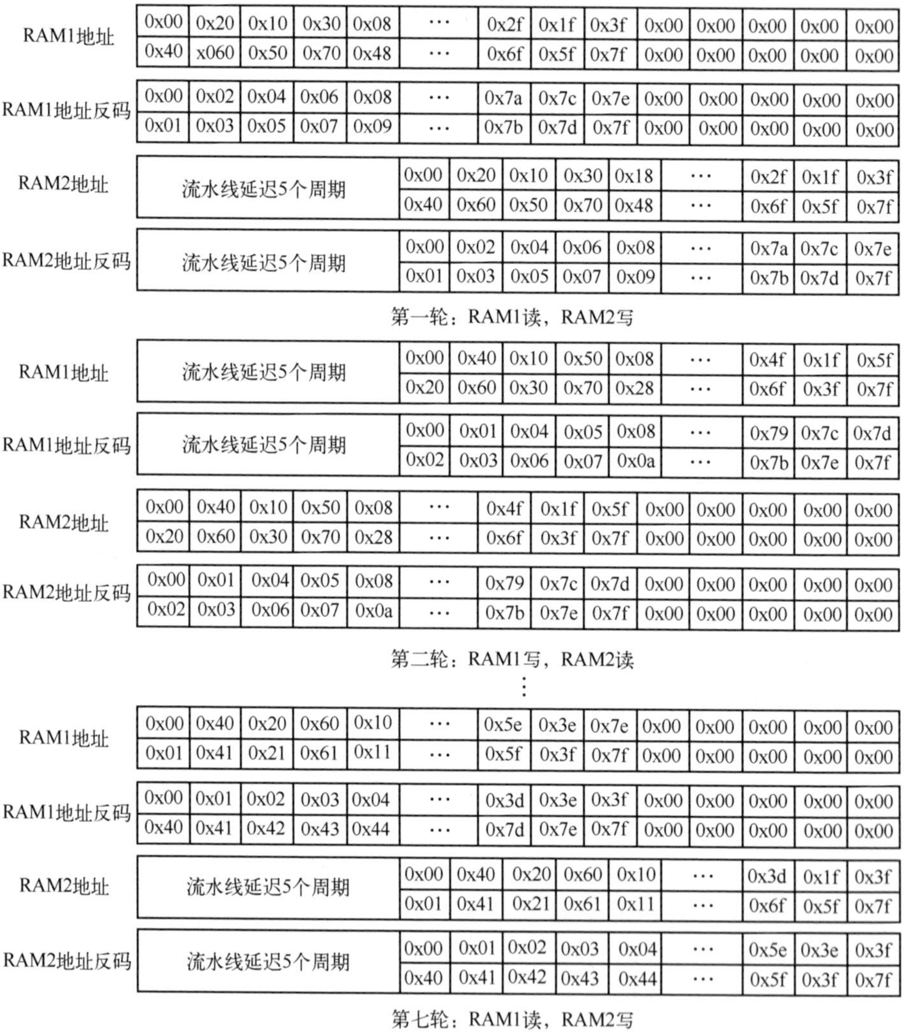

第一轮：RAM1读，RAM2写

RAM1地址	0x00	0x20	0x10	0x30	0x08	⋯	0x2f	0x1f	0x3f	0x00	0x00	0x00	0x00	0x00
	0x40	x060	0x50	0x70	0x48	⋯	0x6f	0x5f	0x7f	0x00	0x00	0x00	0x00	0x00

RAM1地址反码	0x00	0x02	0x04	0x06	0x08	⋯	0x7a	0x7c	0x7e	0x00	0x00	0x00	0x00	0x00
	0x01	0x03	0x05	0x07	0x09	⋯	0x7b	0x7d	0x7f	0x00	0x00	0x00	0x00	0x00

RAM2地址	流水线延迟5个周期	0x00	0x20	0x10	0x30	0x18	⋯	0x2f	0x1f	0x3f
		0x40	0x60	0x50	0x70	0x48	⋯	0x6f	0x5f	0x7f

RAM2地址反码	流水线延迟5个周期	0x00	0x02	0x04	0x06	0x08	⋯	0x7a	0x7c	0x7e
		0x01	0x03	0x05	0x07	0x09	⋯	0x7b	0x7d	0x7f

第二轮：RAM1写，RAM2读

RAM1地址	流水线延迟5个周期	0x00	0x40	0x10	0x50	0x08	⋯	0x4f	0x1f	0x5f
		0x20	0x60	0x30	0x70	0x28	⋯	0x6f	0x3f	0x7f

RAM1地址反码	流水线延迟5个周期	0x00	0x01	0x04	0x05	0x08	⋯	0x79	0x7c	0x7d
		0x02	0x03	0x06	0x07	0x0a	⋯	0x7b	0x7e	0x7f

RAM2地址	0x00	0x40	0x10	0x50	0x08	⋯	0x4f	0x1f	0x5f	0x00	0x00	0x00	0x00	0x00
	0x20	0x60	0x30	0x70	0x28	⋯	0x6f	0x3f	0x7f	0x00	0x00	0x00	0x00	0x00

RAM2地址反码	0x00	0x01	0x04	0x05	0x08	⋯	0x79	0x7c	0x7d	0x00	0x00	0x00	0x00	0x00
	0x02	0x03	0x06	0x07	0x0a	⋯	0x7b	0x7e	0x7f	0x00	0x00	0x00	0x00	0x00

⋮

第七轮：RAM1读，RAM2写

RAM1地址	0x00	0x40	0x20	0x60	0x10	⋯	0x5e	0x3e	0x7e	0x00	0x00	0x00	0x00	0x00
	0x01	0x41	0x21	0x61	0x11	⋯	0x5f	0x3f	0x7f	0x00	0x00	0x00	0x00	0x00

RAM1地址反码	0x00	0x01	0x02	0x03	0x04	⋯	0x3d	0x3e	0x3f	0x00	0x00	0x00	0x00	0x00
	0x40	0x41	0x42	0x43	0x44	⋯	0x7d	0x7e	0x7f	0x00	0x00	0x00	0x00	0x00

RAM2地址	流水线延迟5个周期	0x00	0x40	0x20	0x60	0x10	⋯	0x3d	0x1f	0x3f
		0x01	0x41	0x21	0x61	0x11	⋯	0x6f	0x5f	0x7f

RAM2地址反码	流水线延迟5个周期	0x00	0x01	0x02	0x03	0x04	⋯	0x5e	0x3e	0x3f
		0x40	0x41	0x42	0x43	0x44	⋯	0x5f	0x3f	0x7f

图 10-5　在传统负包裹卷积 NTT 中，RAM1 与 RAM2 的地址访问

　　INTT（NTT 逆变换）的思路与 NTT 完全一致，唯一的不同则是 INTT 的生成地址就是 NTT 中的地址反码，即直接使用地址反码即可完成 INTT 的数据读/

写地址生成。

4．旋转因子地址存储

在现有的实现方式中，NTT 正逆蝶形运算过程中的旋转因子均采用常数存储的方式，并共用一套地址生成方案。然而经过理论计算，我们找到了正逆旋转因子的数学关系，以此减少了一半的旋转因子存储空间。其数学推导如下：

正变换旋转因子受负包裹卷积的影响，故一共存在 128 项：

$$W_{256}^0 W_{256}^{64}, W_{256}^0 W_{256}^{32}, W_{256}^{64} W_{256}^{32}, W_{256}^0 W_{256}^{16}, \cdots, W_{256}^{64} W_{256}^{63}$$

逆变换旋转因子不受负包裹卷积影响，一共存在 64 项：

$$W_{256}^0, W_{256}^{-128}, W_{256}^{-64}, \cdots, W_{256}^{-2} \quad , \quad \text{其中} W_{256}^n = g^{\left(\frac{q-1}{256}\right)n}$$

因此，在现有共用一套地址生成器的实现方式中共需要存储 256 项旋转因子（共用地址生成器时，逆旋转因子存储两次）。

然而，通过理论证明，我们发现 $W_{256}^{-n} = q - W_{256}^{128-n} \bmod q$。因此仅需要存储正变换所需的 128 项旋转因子，并以旋转因子的次幂为地址，在逆变换时对正变换的地址和存储数据进行两次减法操作即可完成逆变换旋转因子的参数提取，将整个系统的旋转因子存储空间减少了一半。

5．$\hat{A} \cdot \hat{s}$ 点乘

针对 Kyber 中多项式矩阵 A 与多项式向量 s 的乘法运算，后量子密码 Kyber 处理器在 Pt-NTT 的基础上提出图 10-6 所示的数据流实现方式。其中，$\{\hat{s}_e^1, \hat{s}_e^0\}$、$\{\hat{s}_o^1, \hat{s}_o^0\}$、$\{\hat{s}_e^1, \hat{s}_e^0\}$ 为多项式向量 s 经过 Pt-NTT 变换后的得到的三个序列。"▲"表示为该过程所参与运算的源数据块，"☆"表示该过程所生成的数据块。

由矩阵运算可知，$A \cdot s$ 的计算公式为

$$\begin{pmatrix} A_{11} & A_{10} \\ A_{01} & A_{00} \end{pmatrix} \cdot \begin{pmatrix} s_1 \\ s_0 \end{pmatrix} = \begin{pmatrix} A_{11} \cdot s_1 + A_{10} \cdot s_0 \\ A_{01} \cdot s_1 + A_{00} \cdot s_0 \end{pmatrix} \tag{10-1}$$

相乘结果为一个多项式向量 $\{ A_{11} \cdot s_1 + A_{10} \cdot s_0, A_{01} \cdot s_1 + A_{00} \cdot s_0 \}$。若使用 Pt-NTT 计算该多项式向量，则需得到式（10-2）、式（10-3）所示 NTT 域多项式。$\hat{A} \cdot \hat{s}_o^1$ 和 $\hat{A} \cdot \hat{s}_o^0$ 经过 INTT 变换后即可得到 $A_{11} \cdot s_1 + A_{10} \cdot s_0$ 和 $A_{01} \cdot s_1 + A_{00} \cdot s_0$ 的奇数次项；$\hat{A} \cdot \hat{s}_e^1$ 和 $\hat{A} \cdot \hat{s}_e^0$ 经过 INTT 变换后即可得到 $A_{11} \cdot s_1 + A_{10} \cdot s_0$ 和 $A_{01} \cdot s_1 + A_{00} \cdot s_0$ 的偶数次项。

$$\begin{aligned} \hat{A} \cdot \hat{s}_o^1 &= \hat{A}_o^{11} \cdot \hat{s}_o^1 + \hat{A}_e^{11} \cdot \hat{s}_e^1 + \hat{A}_o^{10} \cdot \hat{s}_o^0 + \hat{A}_e^{10} \cdot \hat{s}_e^0 \\ \hat{A} \cdot \hat{s}_o^0 &= \hat{A}_o^{00} \cdot \hat{s}_o^0 + \hat{A}_e^{00} \cdot \hat{s}_e^0 + \hat{A}_o^{01} \cdot \hat{s}_o^1 + \hat{A}_e^{01} \cdot \hat{s}_e^1 \end{aligned} \tag{10-2}$$

$$\hat{A} \cdot \hat{s}_e^1 = \hat{A}_o^{11} \cdot \hat{s}_e^1 + \hat{A}_e^{11} \cdot \hat{s}_o^1 + \hat{A}_o^{10} \cdot \hat{s}_e^0 + \hat{A}_e^{10} \cdot \hat{s}_o^0$$
$$\hat{A} \cdot \hat{s}_e^0 = \hat{A}_o^{00} \cdot \hat{s}_e^0 + \hat{A}_e^{00} \cdot \hat{s}_o^0 + \hat{A}_o^{01} \cdot \hat{s}_e^1 + \hat{A}_e^{01} \cdot \hat{s}_o^1$$

（10-3）

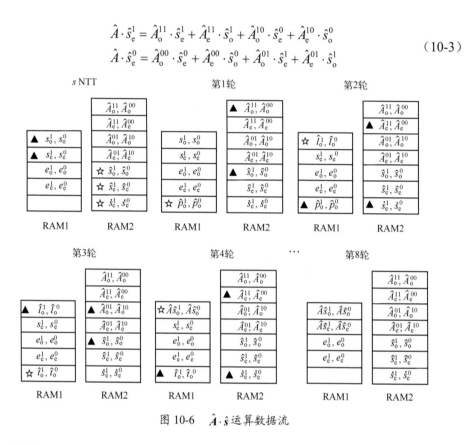

图 10-6　$\hat{A} \cdot \hat{s}$ 运算数据流

其中，

$$\hat{p}_o^1 = \hat{A}_o^{11} \cdot \hat{s}_o^1 \qquad\qquad \hat{t}_o^1 = \hat{l}_o^1 + \hat{A}_o^{10} \cdot \hat{s}_o^0$$
$$\hat{p}_o^0 = \hat{A}_o^{00} \cdot \hat{s}_o^0 \qquad\qquad \hat{t}_o^0 = \hat{l}_o^0 + \hat{A}_o^{01} \cdot \hat{s}_o^1$$
$$\hat{l}_o^1 = \hat{p}_o^1 + \hat{A}_e^{11} \cdot \dot{s}_e^1 \qquad\qquad \hat{A} \cdot \dot{s}_o^1 = \hat{t}_o^1 + \hat{A}_e^{10} \cdot \dot{s}_e^0$$
$$\hat{l}_o^0 = \hat{p}_o^0 + \hat{A}_e^{00} \cdot \dot{s}_e^0 \qquad\qquad \hat{A} \cdot \dot{s}_o^0 = \hat{t}_o^0 + \hat{A}_e^{01} \cdot \dot{s}_e^1$$

在双 RAM、两倍位宽的结构下完成该运算共需要 8 轮点乘运算。在第 1 轮点乘中，系统从 RAM2 读取 $\{\hat{A}_o^{11}, \hat{A}_o^{00}\}$、$\{\hat{s}_o^1, \hat{s}_o^0\}$ 后，将高 12 位数据 $\hat{A}_o^{11}$、$\hat{s}_o^1$ 送入 BAU2 的输入端 a_2、b_2，低 12 位数据送入 BAU1 的输入端 a_1、b_1。将两块 BAU 的乘积项输出 $\{p_2, p_1\} = \{\hat{A}_o^{11} \cdot \hat{s}_o^1, \hat{A}_o^{00} \cdot \hat{s}_o^0\}$，并写回 RAM1。在第 2 轮，系统从 RAM2 读取 $\{\hat{A}_e^{11}, \hat{A}_e^{00}\}$、$\{\hat{s}_e^1, \hat{s}_e^0\}$ 并与第 1 轮一样送入 BAU 的 a、b 输入端；同时，从 RAM1 的 A 端口读取 $\{\hat{A}_o^{11} \cdot \hat{s}_o^1, \hat{A}_o^{00} \cdot \hat{s}_o^0\}$ 分别送入 BAU 输入端口的 c_2、c_1，则两块 BAU 的输出端结果为 $\{c_2+p_2, c_1+p_1\} = \{\hat{A}_o^{11} \cdot \hat{s}_o^1 + \hat{A}_e^{11} \cdot \dot{s}_e^1, \hat{A}_o^{00} \cdot \dot{s}_e^0 + \hat{A}_o^{00} \cdot \hat{s}_o^0\}$，按照该顺序写回 RAM1 即可。第 3、4 轮与第 1、2 轮存在些许不同，不同之处

在于第 3、4 轮中，RAM2 的高低 12 位数据分别送入 BAU2、BAU1 时，模乘结果分别 $\{p_2, p_1\} = \{\hat{A}_o^{01} \cdot \hat{s}_o^1, \hat{A}_o^{10} \cdot \hat{s}_o^0\}$ 和 $\{p_2, p_1\} = \{\hat{A}_e^{01} \cdot \hat{s}_e^1, \hat{A}_e^{10} \cdot \hat{s}_e^0\}$。此时 p_2、p_1 运算的乘积项分别为低位数据与高位数据，与第 1、2 轮相反。故在第 3、4 轮中，BAU 乘法端输入不变的情况下，输入端口 c_2、c_1 应分别为 RAM1 A 端口数据的低 12 位和高 12 位，并且按照 $\{c_1 + p_1, c_2 + p_2\}$ 的顺序写回 RAM1。经过上述四轮运算即可获得 $\hat{A} \cdot \hat{s}_o^1$ 和 $\hat{A} \cdot \hat{s}_o^0$，即多项式向量的所有奇数部分，后续再通过四轮类似的运算即可完成 $\hat{A} \cdot \hat{s}$ 点乘运算。

6. $\hat{t} \cdot \hat{r}^{\mathrm{T}}$ 点乘

针对 Kyber 中多项式向量 **t** 与多项式向量 **r** 的乘法运算，后量子密码 Kyber 处理器在 Pt-NTT 的基础上提出图 10-7 的数据流实现方式。其中 $\{\hat{r}_e^1, \hat{r}_e^0\}$、$\{\hat{r}_o^1, \hat{r}_o^0\}$、$\{\hat{r}_e^1, \hat{r}_e^0\}$ 为多项式向量 **r** 经过 Pt-NTT 变换后得到的三个序列，$\{\hat{t}_o^1, \hat{t}_o^0\}$、$\{\hat{t}_e^1, \hat{t}_e^0\}$ 为多项式向量 **t** 经过传统负包裹卷积 NTT 变换后得到的序列。"▲"表示为该过程所参与运算的源数据块，"☆"表示该过程所生成的数据块。

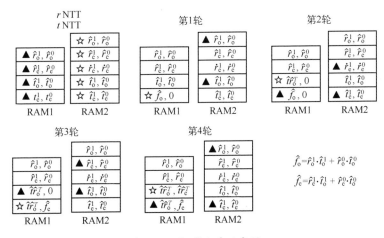

图 10-7　$\hat{t} \cdot \hat{r}^{\mathrm{T}}$ 点乘示意图

由矩阵运算可知 $t \cdot r^{\mathrm{T}}$ 的表达式为

$$\begin{pmatrix} t_1 \\ t_0 \end{pmatrix} \times (r_1 \quad r_0) = t_1 \cdot r_1 + t_0 \cdot r_0 \tag{10-4}$$

则利用 Pt-NTT 进行该运算时，需要计算 $\hat{tr}_o^{\mathrm{T}}$ 及 $\hat{tr}_e^{\mathrm{T}}$，$\hat{tr}_o^{\mathrm{T}}$ 和 $\hat{tr}_e^{\mathrm{T}}$ 经过 NTT 逆变换后即可分别获得多项式 $t \cdot r^{\mathrm{T}}$ 的奇数部分与偶数部分。其中，$\hat{tr}_o^{\mathrm{T}}$、$\hat{tr}_e^{\mathrm{T}}$：

$$\hat{tr}_o^T = \hat{r}_o^1 \cdot \hat{t}_o^1 + \hat{r}_o^0 \cdot \hat{t}_o^0 + \dot{r}_e^1 \cdot \hat{t}_e^1 + \dot{r}_e^0 \cdot \hat{t}_e^0$$

$$\hat{tr}_e^T = \hat{r}_e^1 \cdot \hat{t}_o^1 + \hat{r}_o^0 \cdot \hat{t}_e^0 + \hat{r}_o^1 \cdot \hat{t}_e^1 + \hat{r}_e^0 \cdot \hat{t}_o^0 \tag{10-5}$$

完成式（10-5）的运算共需要四轮点乘运算。在第 1 轮中，系统从 RAM2 获取 $\{\hat{t}_o^1, \hat{t}_o^0\}$ 和 $\{\hat{r}_o^1, \hat{r}_o^0\}$ 并分别送入 BAU 乘法输入端 a、b，输出端 $\{p_2, p_1\} = \{\hat{t}_o^1 \cdot \hat{r}_o^1, \hat{t}_o^0 \cdot \hat{r}_o^0\}$。写回时将 p_2、p_1 之和作为高 12 位写回至 RAM1 的 B 端口，并不包含低 12 位数据（设为零）。第 2 轮中系统从 RAM2 中获取 $\{\hat{t}_o^1, \hat{t}_o^0\}$ 和 $\{\hat{r}_e^1, \hat{r}_e^0\}$ 并分别送入 BAU 乘法输入端 a、b；从 RAM1 中获取 $\{\hat{t}_o^1 \cdot \hat{r}_o^1 + \hat{t}_o^0 \cdot \hat{r}_o^0, 0\}$ 并送入 BAU1 的 c_1，则 $\hat{tr}_o^T = c_1 + p_1 + p_2$。同样将 $\hat{tr}_o^T$ 作为高 12 位写回至 RAM1，低 12 位数据为 0。第 3、4 轮与第 1、2 轮基本相同，但需要将运算的新数据作为低 12 位写入，而高 12 位也需要同步进行写入，写入值即从 RAM1 中读取的高 12 位数据（数据搬移）。

7. 逆元点乘

逆元点乘是多项式乘法运算的最后一步，只需将 RAM 中存储的序列与 ROM 中的逆元进行模乘计算即可，但针对 Kyber 算法中存在的多项式加减法运算，Kyber 处理器采取了模乘与加减法合并的实现方式，并根据加减运算的不同定义出三种乘逆元运算：KeyGen 阶段乘逆元、Enc 阶段乘逆元和 Dec 阶段乘逆元。

KeyGen 阶段乘逆元对应于运算 $\boldsymbol{A} \cdot \boldsymbol{s} + \boldsymbol{e}$。经过 INTT 后 $\boldsymbol{A} \cdot \boldsymbol{s}$ 的运算结果已经存于 RAM2 中，接下来在乘逆元阶段系统从 RAM2 的 A 端口中取得 $\boldsymbol{A} \cdot \boldsymbol{s}$，从 ROM 中获取逆元，从 RAM1 的 A 端口中获取 $\boldsymbol{e}$，将此三项依次送入 BAU 的 a、b、c 端口，并将 BAU 的输出端口 $c + p$ 从 RAM1 的 B 端口写回，由此省去了 2×256 次加法运算的周期。

Enc 阶段乘逆元与 Dec 阶段乘逆元均涉及 256bit 信息 m。在硬件设计中，Enc 阶段的 $\lceil q/2 \rceil \cdot m$ 的实质是根据 m 的对应位选择 12'd1665（位 1）或者 12'd0（位 0），故通过数据选择器即可实现；而 Dec 阶段对 $\boldsymbol{v} - \boldsymbol{s}^T \boldsymbol{u}$ 的压缩实质上是根据每项系数的值选择比特 1（系数值处于 832～2497）或者比特 0，故通过比较器 Comparator 实现。信息 m 的存储通过两个 128 位移位寄存器组成，分别在 Enc 阶段乘逆元和 Dec 阶段乘逆元完成移位读和移位写。

Enc 阶段乘逆元对应于运算 $\boldsymbol{t}^T \boldsymbol{r} + e_2 + \lceil q/2 \rceil \cdot m$。为了适配对应的采样设计，我们将设计简化为 $\boldsymbol{t}^T \boldsymbol{r} + \lceil q/2 \rceil \cdot m$。该运算与 KeyGen 阶段乘逆元思想一致，只是 BAU 的 c 变为 $\lceil q/2 \rceil \cdot m$。

Dec 阶段乘逆元对应运算 $\boldsymbol{v} - \boldsymbol{s}^T \boldsymbol{u}$，同样与上述 KeyGen 阶段乘逆元思想一致，只是输出端变为 $c - p$ 以对应算法中的模减运算。

10.4.3　SHA-3 单元设计

SHA-3[12]是 NIST 在 2012 年评选出了最终的算法并确定了新的哈希函数标准，其算法结构已在 4.3 节进行了详细介绍。

在 Kyber 算法中，SHA-3 模块用于生成伪随机数序列和对关键信息进行散列，并用到了其中的 SHA3-256、SHA3-512、SHAKE128、SHAKE256 这四种函数。

与第 9 章 Saber 算法硬件设计相同，SHA-3 算法硬件实现的高效性使其即使不进行专门的优化，理论上也不会成为制约密钥交换系统性能的瓶颈。就目前国际上相关的硬件实现实例来看，后量子密码系统中制约系统性能的模块均为多项式乘法器。因此，本文在设计 SHA-3 模块时，主要是从节省资源开销的角度确定设计方案，即采用展开系数为 1，不插入流水线的方式实现轮函数。此外，由于 Kyber 算法中只用到了 SHA3-256、SHA3-512、SHAKE128、SHAKE256 这四种函数，因此在设计时对外围控制逻辑也可以进行一定的精简。

Kyber 算法中的 SHA-3 模块采用了与 9.3.2 节相似的结构，整体架构如图 10-8 所示。根据 SHA-3 标准的定义，SHA3-256 等函数实际上就是以不同的参数调用 Keccak 函数的实例，因此整体硬件结构可以分为外围控制逻辑和负责执行迭代运算的 Keccak 核。Keccak 核采用纯组合逻辑实现，不插入流水线。外围控制逻

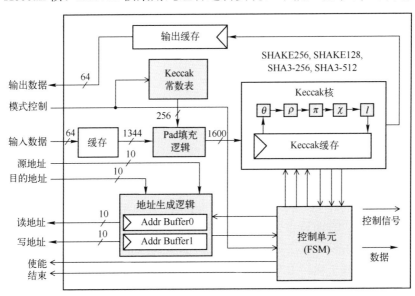

图 10-8　SHA-3 模块整体结构

辑包括填充输入消息的 pad 填充逻辑，用于生成读/写地址的地址生成逻辑，用于控制模块工作进程的主控状态机等。在 Kyber 算法（kyber-512）中，SHA3-256 函数的输入消息长度有三种情况，分别为 256 位、5376 位和 6144 位，输出消息长度固定为 256 位；SHA3-512 函数的输入消息长度分为两种情况，分别为 256 位和 512 位，输出固定为 512 位；SHAKE128 函数的输入固定为 272 位，输出则序列不固定，具体需要根据采样情况进行条件判断；SHAKE256 也存在两者种情况，分别是输入序列为 264 位、输出序列 1024 位和输入序列为 512 位、输入序列为 256 位。根据上述分析，整个 SHA-3 模块的工作模式可以分为 8 种情况，由输入模式控制信号进行控制。模式控制信号一方面作为填充消息的选择信号，参与消息填充过程；另一方面决定主控状态机中，写回状态的结束标志位的生成方式，从而达到控制输出消息长度的目的。

10.4.4 采样模块设计

1. 二项分布采样模块

与 Saber 算法一样，Kyber 算法中同样采用二项分布获取误差向量 s、e，其采样算法流程见算法 10-7。

算法 10-7：$\mathrm{CBD}_\eta(\beta_0, \beta_1, \beta_2, \cdots, \beta_{512\eta-1})$

---

1. **for** i from 0 to 255 **do**

2. $a = \sum_{j=0}^{\eta-1} \beta_{2i\eta+j}$

3. $b = \sum_{j=0}^{\eta-1} \beta_{2i\eta+j+\eta}$

4. $f_i = a - b$

5.   **end for**

6.   **return** $(f_0, f_1, f_2, \cdots, f_{255})$

二项分布采样模块的核心部分也采用了与 9.3.3 节类似的结构。该模块实例化了 4 个基本采样单元，其目的是能在一周期内生成 4 个 12 位采样数据并同时写入 RAM1 中。二项分布采样的过程比较简单，采样单元的资源开销也比较低，采用并行化的设计方法可以最大限度地保证算法执行效率。为了方便后续多项式运算，在生成采样结果时，我们选择将负数结果转化为 NTT 域内数据。其方法就是根据二步求和结果的最高位进行选择，若 sum[2] 为 1，则输出 3329-sum[1:0]，反之则输出拓展为 12 位的 sum[1:0]。

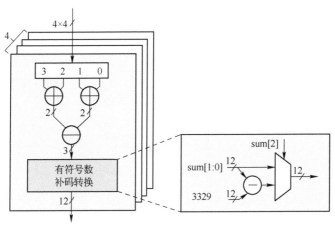

图 10-9　二项分布采样模块

二项分布采样模块的外围控制逻辑与 SHA-3 模块相似，均包含了主控状态机、RAM1 的地址生成逻辑和 16bit 的输入缓存。二项分布采样模块的输入/输出信号也与 SHA-3 模块基本相同，便于系统顶层控制逻辑通过指令调用该模块。

2．均值分布采样

Kyber 算法中通过算法 10-8 的均值分布采样获取多项式矩阵 *A*。

算法 10-8：均值采样(b_0, b_1, b_2, $\cdots$,$b*$)

---

1. $i = 0$

2. for j from 0 to 255 do

3. 　$d = 12'b\{ b_{12i}, b_{12i+1}, \cdots, b_{12i+11} \}$

4. 　**if**(d<3329) **then**

5. 　　f_j=d

6. 　　j=j+1

7. 　**end if**

8. $i = i$+1

9. **end for**

10. 　**return** (f_0,f_1,f_2,$\cdots$,f_{255})

均值分布采样的硬件结构如图 10-10 所示。该模块实例化了四个基本采样单元，每个采样单元的结构十分简单，仅由一个加法器组成，其作用是执行 Random-q 以生成进位信号并传输到控制器完成条件判断。当四个模块的数据均处于 0～q-1 时，控制器才会允许将随机数写入 RAM2，否则会控制对应的缓存进行数据更新并再次判断。

225

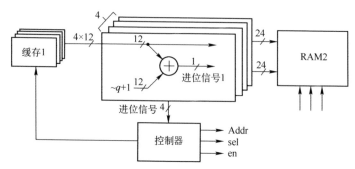

图 10-10　均值分布采样结构图

这样并行化设计使得双口 RAM 写数据时的低位地址完全相同，有利于地址生成操作，并有效防止了由于双倍位宽而产生的数据覆盖问题。

10.5　FPGA 与 ASIC 实现结果

10.5.1　FPGA 实现结果

FPGA 实现结果性能对比见表 10-3。资源开销对比见表 10-4。

表 10-3　FPGA 实现结果性能对比

方案	平台	密钥生成（cycles）	封装（cycles）	解封装（cycles）	频率（MHz）
本章方案	Aritix7	5258	8265	10341	60
Yiming Huang[16]	Aritix7	—	49015	68815	155
Xing Y[17]	Aritix-7	7807	8396	10494	159
M. Bisheh-Niasar[18]	XCZU9EG	9030	10260	12300	150
Haswell[19]	—	—	161440	190206	—
Avanzi, R[20]	CortexM4	666000	904000	934000	

表 10-4　资源开销对比

方案	平台	LUT（个）	Slice（个）	FF	DSP	BRAM	除法器
本章方案	Aritix7	23726	0	6823	6	3	0
Yiming Huang[16]	Aritix7	88901	152875	0	354	202	2
Xing Y[17]	Aritix-7	7900	2300	3900	4	16	—
M. Bisheh-Niasar[18]	XCZU9EG	24900	10700	—	0	2	—

上述各研究中，Avanzi, R[20]和 P. Schwabe[19]分别采用 Arm-Cortex M4 和 Intel Core i7-4770K（Haswell）处理器对 Kyber 进行了纯软件实现，文献[18-20]的方案则是使用 FPGA 对 Kyber 进行了纯硬件实现。

在与纯软件（Cortex M4）的纵向对比中，本章提出的 Kyber 处理器的密钥生成、封装和解封的时钟周期数分别为 8%、9.1%和 11%，足以证明对于存在如 NTT、SHA-3 等复杂运算的 Kyber 加密而言，采用硬件实现具有非常大的优势。

在与纯硬件[16-18]的横向对比中，我们在时钟周期数相差不大的条件下，大大减少了各类资源的开销。其原因是在蝶形单元及 Keccak 内核上实现了多次复用。然而也正因为多次复用，导致了我们在最高速度上与文献[17-18]的方案对比存在差距。

综合来看，本章提出的 Kyber 处理器更适合用于如可穿戴式设备等低速、低功耗的应用场景。

10.5.2　ASIC 实现结果与芯片版图

基于 SMIC40nm_LL_HDC40_RVT 工艺进行制造，对上述 Kyber 芯片架构进行了 ASIC 实现评估。其中，对于多项式数据的存储，使用 Memory Complier 工具生成了大小为 512×24bit 的双口 SRAM IP，在整个芯片的共用存储中包括 4 块位宽和深度相同的 SRAM，因此 SRAM 容量总计为 48Kbit。对于旋转因子的存储，由于 Kyber 中所使用到的旋转因子总数据量较多，采用寄存器阵列的方式存储可能会导致旋转因子在读取时容易出现错误，数据不够稳定。因此使用 Memory Complier 工具生成了大小为 $256 \times 12bit$ 的单口 ROM IP 来对 $128 \times 12bit$ 的旋转因子进行存储，由于所采用的制造工艺与数字标准库单元及 IP 的限制，12 位位宽下 ROM IP 的最小深度为 256，对于 Kyber 芯片而言浪费了一半的 ROM 存储空间。最终通过数字后端版图设计与后仿真验证结果通过，形成如图 10-11 所示的后量子密码 Kyber 协议芯片版图。

该后量子密码 Kyber 协议芯片拥有以下特性：

（1）芯片的核心电压为 1.1V；

（2）芯片的 IO 电压为 3.3V；

（3）芯片的最高工作频率为 80MHz（受限于 IO 速度）；

（4）芯片的常规工作频率范围为 12～80MHz，具备标准 SPI 接口；

（5）芯片的工作环境温度为-40～125℃；

（6）芯片的整体面积为 $1.06mm^2$（0.98mm×1.081mm），核心面积为 $0.34mm^2$（0.64mm×0.53mm）。

后量子密码 Kyber 芯片顶层的接口定义见表 10-5，共计 9 个数字 IO，其中包含 4 个 Input IO 和 5 个 Output IO。

表 10-5 后量子密码 Kyber 芯片顶层接口定义

引脚名称	位宽	输入/输出类型	描述
IO_clk	1	Input	系统时钟
IO_rst_n	1	Input	系统复位，低电平有效
IO_cs	1	Output	spi 片选信号
IO_s_clk	1	Output	spi 时钟
IO_mosi	1	Output	spi 主机发送信号，负责发送硬件计算结果
IO_miso	1	Input	spi 主机接收信号，负责接收相关硬件计算所需的初始数据
IO_kyber_en	1	Input	spi 传输开始信号和芯片硬件计算开始信号，高电平有效
IO_kyber_done	1	Output	芯片硬件计算完成信号，高电平指示计算完成，同时指示进入测试模式
IO_KEY_write_fin	1	Output	spi 发送开始信号，高电平指示芯片向外发送测试数据

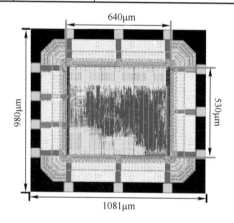

图 10-11 后量子密码 Kyber 协议芯片版图

参 考 文 献

[1] BOS J, DUCAS L, KILTZ E, et al. CRYSTALS-Kyber: a CCA-secure module-lattice-based KEM[C]// 2018 IEEE European Symposium on Security and Privacy (EuroS&P). London, UK,IEEE, 2018: 353-367.

[2] XUE H, LU X, LI B, et al. Understanding and constructing AKE via double-key key encapsulation mechanism[C]// Advances in Cryptology-ASIACRYPT 2018: 24th International Conference on the Theory and Application of Cryptology and Information Security, Brisbane, QLD, Australia, December 2-6, 2018, Proceedings, Part II 24. Springer International Publishing,

2018: 158-189.

[3] ZHOU S, XUE H, ZHANG D, et al. Preprocess-then-NTT technique and its applications to kyber and new h ope[C]// Information Security and Cryptology: 14th International Conference, Inscrypt 2018, Fuzhou, China, December 14-17, 2018, Revised Selected Papers 14. Springer International Publishing, 2019: 117-137.

[4] ZHANG N, YANG B, CHEN C, et al. Highly efficient architecture of NewHope-NIST on FPGA using low-complexity NTT/INTT[J]. IACR Transactions on Cryptographic Hardware and Embedded Systems, 2020(2): 49-72.

[5] CHEN Z, MA Y, CHEN T, et al. Towards efficient kyberon FPGAs: a processor for vector of polynomials[C]// 2020 25th Asia and South Pacific Design Automation Conference (ASP-DAC). IEEE, 2020: 247-252.

[6] YAMAN F, MERT A C, ÖZTÜRK E, et al. A hardware accelerator for polynomial multiplication operation of CRYSTALS-KYBER PQC scheme[C]// 2021 Design, Automation & Test in Europe Conference & Exhibition (DATE). Grenoble, France, IEEE, 2021: 1020-1025.

[7] GUO W, LI S, KONG L. An efficient implementation of kyber[J]. IEEE Transactions on Circuits and Systems Ⅱ: Express Briefs, 2021, 69(3): 1562-1566.

[8] HOFHEINZ D, HÖVELMANNS K, KILTZ E. A modular analysis of the Fujisaki-Okamoto transformation[C]// Theory of Cryptography: 15th International Conference, TCC 2017, Baltimore, MD, USA, November 12-15, 2017, Proceedings, Part I. Cham: Springer International Publishing, 2017: 341-371.

[9] DADDA L. Some schemes for parallel multipliers[J]. Alta frequenza, 1965, 34: 349-356.

[10] BERNSTEIN D J. Fast multiplication and its applications[J]. Algorithmic number theory, 2008, 44: 325-384.

[11] RACKOFF C, SIMON D R. Non-interactive zero-knowledge proof of knowledge and chosen ciphertext attack[C]//Advances in Cryptology—CRYPTO'91: Proceedings. Berlin, Heidelberg: Springer Berlin Heidelberg, 2001: 433-444.

[12] PRITZKER P, GALLAGHER P D. SHA-3 standard: permutation-based hash and extendable-output functions[J]. Information Tech Laboratory National Institute of Standards and Technology, 2014: 1-35.

[13] CHEN D D, MENTENS N, VERCAUTEREN F, et al. High-speed polynomial multiplication architecture for ring-LWE and SHE cryptosystems[J]. IEEE Transactions on Circuits and Systems I: Regular Papers, 2014, 62(1): 157-166.

[14] KHAIRALLAH M, GHONEIMA M. Tile-based modular architecture for accelerating homomorphic function evaluation on fpga[C]// 2016 IEEE 59th International Midwest Symposium on Circuits and Systems (MWSCAS). IEEE, 2016: 1-4.

[15] DU C, BAI G. Towards efficient polynomial multiplication for lattice-based cryptography[C]// 2016 IEEE International Symposium on Circuits and Systems (ISCAS). IEEE, 2016: 1178-1181.

[16] HUANG Y, HUANG M, LEI Z, et al. A pure hardware implementation of CRYSTALS-KYBER PQC algorithm through resource reuse[J]. IEICE Electronics Express, 2020, 17(17): 20200234-20200234.

[17] XING Y, LI S. A compact hardware implementation of CCA-secure key exchange mechanism CRYSTALS-KYBER on FPGA[J]. IACR Transactions on Cryptographic Hardware and Embedded Systems, 2021(2): 328-356.

[18] BISHEH-NIASAR M, AZARDERAKHSH R, MOZAFFARI-KERMANI M. High-speed NTT-based polynomial multiplication accelerator for post-quantum cryptography[C]// 2021 IEEE 28th Symposium on Computer Arithmetic (ARITH). Lyngby, Denmark,IEEE, 2021: 94-101.

[19] AVANZI R, BOS J, DUCAS L, et al. CRYSTALS-Kyber algorithm specifications and supporting documentation[J]. NIST PQC Round, 2019, 2(4): 1-43.

[20] HUANG Y, HUANG M, LEI Z, et al. A pure hardware implementation of CRYSTALS-KYBER PQC algorithm through resource reuse[J]. IEICE Electronics Express, 2020, 17(17): 20200234-20200234.

第11章

总结与展望

11.1　本书内容总结

2016—2022 年，在国内外相关组织的不断推动下，后量子密码快速进入标准化的最终评审阶段。可以预见，在不远的未来，后量子密码将全面替代传统的公钥密码体制，逐步融入信息化的工作和生活中，那时与信息安全相关的行业都会产生巨大的变化与需求。考虑到后量子密码在从云到端的部署与应用都离不开后量子密码芯片的支撑，因此，设计出实用性、灵活性、高效性与安全性有机统一的后量子密码芯片至关重要。

本书不仅介绍了后量子密码相关的基本概念和理论知识，还详细分析了国内外后量子密码芯片设计的发展现状，以及所面临的诸多技术挑战，由此引出了对核心算子高效硬件实现、侧信道攻击防御机制设计和安全处理器架构这三大关键技术的最新研究成果的探讨。本书所探讨的所有技术需要从应用场景的根本需求出发，在理解它们之间相互影响的前提下，在实际的设计中力求做到算法与硬件的共同优化，才能全面取得面积、性能和功耗的最佳平衡。

11.2　未来展望

通过对后量子密码算法和芯片的发展现状进行分析，未来的后量子密码芯片设计将朝着以下方向发展。

（1）核心算子高效 IP 设计。后量子密码在本质上依赖于数学难题所构建，算法和具体协议的性能瓶颈取决于所使用的核心算子。为后量子密码系统提供随机不确定性和数学分布特征的高斯采样、二项分布采样及哈希函数，算法加速所需的模运算、数论变换等核心算子都需要更加深入细致的研究与应用范式的形成。随着知识产权（IP）与数字版权交易的发展，核心算子的研究与实现逐渐向着更高效的方向推进，并注重形成 IP 设计与产业化的氛围，为后量子密码的安全应用奠定坚实的基础，也将开拓出广阔的未来应用市场。

（2）多元侧信道防御机制。后量子密码芯片在应用中面临各种手段的攻击和窃取，检测技术的精密化与分析方法的多样化也对后量子密码芯片的侧信道防御强度提出更高的挑战，单一的侧信道防御方法已远不能满足要求。为了强化后量子密码芯片抵御攻击的能力，探索功耗攻击、时间攻击、故障注入、差分功耗分析等多种侧信道攻击方式的防御策略与设计方法，并结合新型的数字化安全检测技术，对多元侧信道攻击防御机制的研究将成为未来重要的发展方向。

（3）多模可重构芯片。当前后量子密码的标准化进程仍处于关键的发展阶段与变革时期，研究者从安全性、应用性、兼容性等层面考虑和分析多种后量子密码方案的多维属性与特征，不同的方案在大型网络、物联网、数字签名、安全认证等相异的场景中具备不同的优缺点。在现在乃至未来，后量子密码领域中多种方案并存的现象仍将持续一定时期，以至于可能最终多方案共存。对不同的后量子密码方案进行分析，从算法顶层构造到基础数据单元模式，求同存异，探索兼容多方案的架构与可重构的核心单元。例如，对基于差异化的数学难题构造的格密码方案、编码密码方案的兼容，以及不同维度、位宽、计算流程下的多项式乘法器、数论变换加速器、伪随机数生成器等核心单元的可重构。从数据中心到蓝牙互联，从文件加密到短信密传，多模可重构后量子密码芯片均可在多样化的应用中大显身手，对这类芯片的研究也将是未来重要的发展方向。

（4）低功耗安全 SoC。后量子密码在资源受限的设备或嵌入式系统芯片中的应用常面临低功耗的要求，资源与性能冲突也是亟待解决的问题。针对这些问题，一方面研究采用集成电路设计的低成本、低功耗设计技术和方法，同时结合算法的各种加密参数进行优化，对算法实现占用的存储资源、门电路资源及功耗进行研究分析和评估，以达到优化电路的目的；另一方面提取其中的核心算子，采取优化策略进行核心运算单元的设计，有效提高安全逻辑单元面积的性能比，缓解性能与资源限定的冲突问题。另外，还要在芯片中统合集成 CPU、MPU、BLE、Wi-Fi 等多种功能模块，设计低功耗安全 SoC，适用于物联网中的各类应用。也将在未来大量嵌入和融合到现有的信息基础设施中。

　　回顾过去的短短几年，量子计算机飞速发展带来新的安全问题，催生了后量子密码算法与芯片技术，并推动其迅猛发展。如今，万物互联、信息赋能的时代来临，安全技术铺展融合至方方面面，从宏观的"云"到细微之"端"，数据中心的高通量与超强可靠性的严苛要求，边缘节点的高保真、低功耗的诉求，都为后量子密码芯片技术带来更高层次的挑战。未来的道路崎岖坎坷，然智勇者愈难愈至，期待与诸位携手并进！

反侵权盗版声明

电子工业出版社依法对本作品享有专有出版权。任何未经权利人书面许可，复制、销售或通过信息网络传播本作品的行为；歪曲、篡改、剽窃本作品的行为，均违反《中华人民共和国著作权法》，其行为人应承担相应的民事责任和行政责任，构成犯罪的，将被依法追究刑事责任。

为了维护市场秩序，保护权利人的合法权益，本社将依法查处和打击侵权盗版的单位和个人。欢迎社会各界人士积极举报侵权盗版行为，本社将奖励举报有功人员，并保证举报人的信息不被泄露。

举报电话：（010）88254396；（010）88258888

传　　真：（010）88254397

E-mail：dbqq@phei.com.cn

通信地址：北京市海淀区万寿路 173 信箱

　　　　　电子工业出版社总编办公室

邮　　编：100036